U0274857

A FORTUNATE UNIVERSE

LIFE IN A FINELY TUNED COSMOS

[澳]杰兰特·刘易斯 (Geraint Lewis)

[澳]卢克·巴恩斯 (Luke Barnes)

著

任烨 译

揭示138亿年来
宇宙诞生和进化的奥秘

幸运的宇宙

中信出版集团 · 北京

图书在版编目（CIP）数据

幸运的宇宙 / （澳）杰兰特·刘易斯，（澳）卢克·
巴恩斯著；任烨译 . -- 北京：中信出版社，2018.6
　　书名原文：A Fortunate Universe
　　ISBN 978-7-5086-8747-6

　　I. ①幸… 　II. ①杰… 　②卢… 　③任… 　III. ①宇宙 –
普及读物 　IV. ① P159-49

中国版本图书馆 CIP 数据核字（2018）第 047265 号

A Fortunate Universe: Life in a Finely Tuned Cosmos by Geraint Lewis and Luke Barnes
ISBN 9781107156616
© Geraint F. Lewis and Luke A. Barnes
This simplified Chinese translation for the People's Republic of China (excluding Hong Kong, Macau and Taiwan) is published by arrangement with the Press Syndicate of the University of Cambridge, Cambridge, United Kingdom.
© Cambridge University Press and CITIC Press corporation 2018
This simplified Chinese translation is authorized for sale in the People's Republic of China (excluding Hong Kong, Macau and Taiwan) only.
Unauthorised export of this simplified Chinese translation is a violation of the Copyright Act.
No part of this publication may be reproduced or distributed by any means, or stored in a database or retrieval system, without the prior written permission of Cambridge University Press and CITIC Press Corporation.
此版本仅限在中华人民共和国境内（不包括香港、澳门特别行政区及台湾省）销售。

幸运的宇宙

著　　者：[澳] 杰兰特·刘易斯　[澳] 卢克·巴恩斯
译　　者：任　烨
出版发行：中信出版集团股份有限公司
　　　　　（北京市朝阳区惠新东街甲 4 号富盛大厦 2 座　邮编　100029）
承　印　者：北京诚信伟业印刷有限公司

开　　本：787mm×1092mm　1/16　　　印　　张：24.5　　　字　　数：300 千字
版　　次：2018 年 6 月第 1 版　　　　　印　　次：2018 年 6 月第 1 次印刷
京权图字：01-2018-2269　　　　　　　　广告经营许可证：京朝工商广字第 8087 号
书　　号：ISBN 978-7-5086-8747-6
定　　价：79.00 元

杰兰特

套用爸爸妈妈乐队的一首歌的歌名，把这本书献给我们所爱的人。

卢克

套用快转眼球乐队的一首歌的歌名，把这本书献给我们所爱的人。

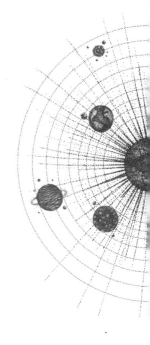

目 录

宇宙就像巴赫的赋格曲一样美丽优雅，时间的节拍器赋予宇宙法则一定的数学精度。这些物理学方程都刚好达到平衡状态，方程中的自然常数的值是经过微调的，这样才能让人类有机会研究这个不同寻常的宇宙。假设稍微改变一下这些常数的值，宇宙瞬间就不再有原子存在，也无法形成行星了。看来，我们能生活在这个宇宙中真是太幸运了。

一种看似完美合理的观点对这种好运气的解释是，由于我们存在，所以我们必须生活在一个允许我们存在的宇宙中。但是，这个观点实际上是说我们的宇宙是从很多宇宙中甄选出来的，并没有证据支持或者反对这种自然构造的存在。

现在的宇宙对我们来说是唯一的，对于研究宇宙的人来说这是一个值得关注的问题。宇宙为什么会是这样呢？科学就是基于已知的观点（往往也叫作理论）来做出预测，但我们只有一个可以观测的宇宙，怎么办呢？当一种理论对唯一的研究对象有可能成立也有可能不成立的时候，还能做出预测吗？

在这本书中，我的同事杰兰特和卢克将带你全面领略宇宙的辉煌与神秘。在这个过程中，你将会了解决定我们能否存在的量子力学基本方程，能与熵背后的概念，当然还有引力。在行星和更大的尺度上，引力都是宇宙最主要的统治者。

在跟随杰兰特和卢克探索宇宙的过程中，你会看到人类是一颗特殊的行星在特殊的时间点及不同寻常的环境中的一部分，这颗行星围绕着一颗特别的恒星运转，这一切都发生在一个特别定制的宇宙中。正是因为这些特别的条件，人类才对自己在空间和时间中的位置感到好奇。我不知道我们为什么会在这里，但我知道宇宙是很美的，这本书以一种通俗易懂的方式记录了宇宙的神秘之美。

布莱恩·施密特
澳大利亚国立大学
堪培拉

对人类来说，住在地球上的感觉是很不错的。当然，每天都有很多人面临着诸如贫穷和疾病的挑战，但我们依然觉得地球是最理想的栖息地。

我们已经知道地球正在环绕着一颗处于壮年期的稳定恒星有规律地运行着，我们的骨骼强度与地球的万有引力完美匹配，这让我们能够在地球上自由漫步。空气中有氧气供我们呼吸，我们还可以通过摄取地球上美味的动植物来获取能量。而如果我们身处临近的行星上，就只能存活几秒钟。我们会在金星表面被压碎，然后被烤熟，或者在火星稀薄的大气中呼吸困难，全身冻僵。对人类来说，地球是一个特殊的地方，一个相对广阔的天堂，这里的环境正好适合生命存活，包括人类。

在过去几个世纪里，我们逐步认识到人类是如何成功地适应地球环境的。我们的物理特性、骨骼结构、器官和感官都是生命在过去35亿年间不断改变和进化的结果，目的就是为了适应我们生存的环境。

我们意识到地球并不是宇宙中独一无二的星球，这改变了我们对自己在宇宙中的位置的认识。借助不断进步的科学技术，我们了解到人类只是生命网中的一部分，地球只是无数行星中的一个，太阳也只是一颗典型的恒星。我们在宇宙中的位置和许许多多其他生物一样，毫无二致。

当我们更加深入地挖掘这些科学进步的成果，仔细研究宇宙的基本构成，就会发现我们并不像表面看上去的那么普通。构成万物的基本粒子和决定物体间相互作用的基本力，似乎都是为了生命量身打造的。不管哪里发生细微的变动，都会导致宇宙走向死亡和贫瘠。

随着科技的进步，与微调有关的问题也变得越来越重要。我们开始研究许多习以为常的事物，探究它们的本质，从空间和时间的构造到宇宙的数学基础。不管在哪一个层面，我们都会发现宇宙创造和维持生命形态的能力十分难得而且惊人。

从学术殿堂中的哲学家和物理学家，到见过神秘上帝之手的宗教信徒，都密切关注着对于宇宙哲学微调论的探讨。微调论也吸引了大众媒体的注意力，在互联网的各个角落引发了激烈的争论。而科学和科学界针对宇宙微调论真正想要表达的观点，却往往被淹没在众说纷纭之中。

这本书的目标就是呈现有关宇宙微调论的学术观点，深入探讨微调论与宇宙内部运转的紧密联系。我们会借助学术界和哲学界的最前沿观点来阐明宇宙微调的真正意义，进而从我们以生命形态存在的事实中得出结论。

这本书的写作经过了长时间的构思，最初的想法来自我们与其他人的几次闲聊，这种讨论和争执都是以科学为中心的。我们围坐在桌子旁，对宇宙膨胀说和电子的性质充满好奇，想知道可能存在多少种不同的宇宙。我们绞尽脑汁地思考暗物质和暗能量的组成，深入探究宇宙有没有可能是另一种样子。但我们很快就意识到，在无数种其他可能的宇宙中，生命会很难存活。

我们希望这本书能把这些问题解释清楚，真实地反映科学旅程的跌宕起伏。我们希望你现在就开始思考一直困扰人类的问题，以及我们认为自己正在接近答案的问题：我们为什么会在这里？

A
Fortunate
Universe

第 1 章

如果换一个宇宙，丰富多彩的生命会
怎么样？

无论你是不是科学家，都不影响你欣赏美丽的夜空，但**宇宙**[①]远不只是美丽那么简单。科学家的目标就是揭示大自然内部的工作机制，以及影响宇宙各个部分的运动及相互作用方式的法则和性质。

科学经过几个世纪的发展，已经解决了很多有关宇宙基本力和基本构成的问题，但它现在正面临着一个看似简单的问题，而这个问题的答案可能会完全颠覆我们对于物质世界的看法。这个问题就是："为什么**宇宙**刚好适合有智慧的复杂生命产生呢？"这似乎是一个奇怪的问题：我们的**宇宙**（或者至少是我们所在的这一部分）当然是适合人类生存的……我们就住在这里，不是吗？但是，宇宙有没有可能是另一种样子呢？会有多么不同呢？**宇宙**有没有可能是完全贫瘠、没有生命存在的呢？

也许你会问自己："**宇宙**怎么可能会变得不一样呢？"答案是，宇宙物质和能量的基本法则是有可能发生变化的。最优秀和深刻的物理学理论描述了**宇宙**的运转方式，但仍有未尽之处。尽管这些法则具有预测能力，但还是有理论家无法计算的基本参量，我们只能靠从实验中得到答案。这些尚未解释清楚的问题迫切需要人类形成更加深刻的认知。

---

① 在这本书中，代表我们实际居住的宇宙会用加粗的字体来表示，而假想的宇宙则以正常字体来表示。

就像创作虚构历史小说的作家一样，我们可以围绕**宇宙**提出一些假设性问题。更确切地说，如果与生俱来的基本属性完全不同，**宇宙**会变得多么不同呢？

这些假想的宇宙也许与我们身处的**宇宙**并没有多大的不同，所以我们会猜测它们同样适合人类生存。又或者它们完全是另一种样子，但有另一种形式的生命存在。

如果几乎所有的假想宇宙都是不毛之地，环境要么太原始要么太极端，完全没有任何生命存在呢？

于是，我们遇到了一个难题。在充满无限可能的海洋中，为什么我们的**宇宙**生来就有适合生命起源的条件呢？

这就是这本书要讨论的话题。

烘焙蛋糕和宇宙微调论

微调是什么意思呢？我们不妨从烤蛋糕开始说起（图 1–1）。首先拿

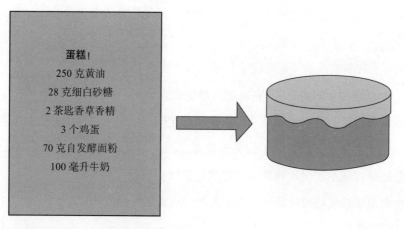

蛋糕！
250 克黄油
28 克细白砂糖
2 茶匙香草香精
3 个鸡蛋
70 克自发酵面粉
100 毫升牛奶

图 1–1　把黄油、糖和香草香精打发至蓬松状。加入鸡蛋，搅拌均匀。添加面粉和牛奶，每次加一半。把混合物铺在准备好的烤盘里。在 180 摄氏度的温度下烘烤 1个小时，直到变成漂亮的褐色

出你最喜欢的烹饪书，找到告诉你如何把原料变成美味蛋糕的一系列说明。接下来，你按照顺序添加原料，把它们搅拌均匀。然后放进烤箱烤一个小时，最后拿出来冷却。你知道，尽管食谱上说加 56 克面粉，但稍多一点儿或者稍少一点儿都不会影响蛋糕的品质。

然而，如果你加了 112 克面粉，而其他所有原料的量保持不变，你烤出来的就可能是一个失败的作品。加入过多的盐也会毁掉蛋糕的口感。当然，你可以把所有原料都加倍，烤的时间稍长一点儿，就能烤出两倍大的蛋糕！

所以，蛋糕食谱多多少少是经过微调的。你可以略微调整每一种原料的用量，最终也能烤出美味的蛋糕。你也可以按比例增加或者减少所有原料的用量，只要适当调整烹饪时间，就不会有什么问题。但是，如果偏差过大，你做的蛋糕可能就没办法吃。当然如果你不按顺序烘焙，那么你做出来的蛋糕也很有可能没办法吃。

适合生命存活的环境也是经过微调的吗？

不妨举一个简单的例子，我们以后还会提到它。你眼前的万物都是由原子组成的，原子是由带正电荷的原子核和周围的电子组成的小球。每个电子的质量都完全相同，如果从一开始电子的质量就是现在的两倍，那么**宇宙**会变得多么不同呢？在这个假想的宇宙中，电子轨道会发生变化，进而改变原子的大小，继而改变由原子组成的分子大小。或许这种质量的变化并不会产生太大的影响，像我们这样的生物仍然可以存活。如果电子的质量变成现在的 100 万倍或者 10 亿倍呢？在原子和分子的物理结构变化如此巨大的情况下，复杂的生命形式还能存在吗？显然，我们能想象出多种多样的宇宙，每一种宇宙中的电子质量都各不相同，而微调论的核心问题就是这其中能够维持复杂生命存活的宇宙所占的比例是多少。

在继续讨论之前，我们应该先消除有关微调的潜在误解。对于物理学家来说，"微调"意味着结果对于某些输入参数或假设具有敏感性。就像烤蛋糕一样，如果一项实验只在某种精确的条件下才能产生惊人的结果，这项实验就是经过微调的。"为生命服务的微调"是一种物理微调，这种微调的结果就是生命的产生。

"微调"是一种暗喻的说法，会让人想起老式收音机，你必须小心地转动调谐钮才能听到诺维奇①电台的"诺福克之夜"节目（图1–2）。不幸的是，这种暗喻牵扯到一只转动调谐钮的手，从而给人们留下一种印象，即微调意味着某个角色出于某种目的而进行了巧妙的安排和布置。不管在我们的**宇宙**中，这样的角色是否存在，这都不是我们想要表达的意思。"微调"是从物理学中借用的技术名词，指的是广泛的可能性与小范围的结果或现象之间的巨大差异。科学界是完全接受明喻和暗喻的，前提是我们要记得它们所代表的对象，比如宇宙像一只正在膨胀的气球。

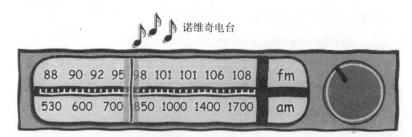

图1–2　一台收音机能接收到的频率范围很广，但是只有在调谐度盘上精确地定位才能让你收听到诺维奇电台的"诺福克之夜"节目。"微调"一词是从物理学借用来的术语，指的是广泛的可能性与小范围的结果或现象之间巨大的差异

所以，从物理角度来说，"**宇宙**是为生命量身打造的吗？"和"**宇宙**是造物者为了生命量身打造的吗？"这两个问题是有区别的。

---

① 史蒂夫·库根塑造的经典喜剧角色艾伦·帕特奇的故乡。

阳光沙滩上的一场对话

引入有挑战性的话题从来就不是一件容易的事，否则这些话题就没有挑战性了。所以，我们从科学革命的源头中寻找灵感，那时的伽利略也遇到了同样的问题。他正在努力推广一种颠覆性的观点，那就是**宇宙**的中心不是地球，而是太阳。当然，伽利略还被卷入了与学术界和教会的冲突之中，在 17 世纪，这可能会带来严重的后果。

伽利略解决问题的方法并不像现在的科学家一样，写一篇明确阐释自己观点的论文，发表在学术期刊上。为了呈现出与主流意识相悖的"世界体系"，伽利略写了一篇对话体文章，内容是三位主人公——萨尔维亚蒂、萨格雷多和辛普利西奥——在讨论以太阳为中心重新安排宇宙结构的利弊。这样的对话很像学术界的争论或是酒吧中的闲聊，或者兼而有之。

接下来，我们想为你介绍这本书的核心内容，也就是**宇宙**是否经过了微调才使得生命蓬勃不息这一问题。有些人可能认为探讨这个问题没什么意义，可是一旦我们意识到自己对宇宙的奥妙知之甚少，"如果情况发生变化会怎么样？"的问题就会变得极其有趣，也会引出一些相当惊人的结论。

我们的对话将为后面的章节做好铺垫，通过加深我们对于宇宙最基本性质的理解，来探究生命的产生与地球的宜居性。但是，对话体文章的可读性并不高（读莎士比亚戏剧的剧本要比看舞台表演难得多），所以之后的章节会以一种更加常见的文体呈现出来。

当然，现代的"管理语言"已经摆脱了对话、讨论、辩论和抨击的形式，以此来取悦无处不在的中层管理者。但我们接下来要展开的对话是一次注重可行性的头脑风暴，目的是确认宇宙为了生命存活而进行微调的附

加价值 [①]。

旁白者：我们把场景设置在悉尼的沙滩上。尽管游客看不到的公路干线和公寓大楼已经人满为患了，但还是有很多美丽宁静的地方能让人坐下来思考人生。我们的故事就从那里开始，在一个阳光灿烂的日子，有两位宇宙学家正在思考**宇宙**的奥秘。

杰兰特：天文学正处在一个了不起的时代。几十年来，我们已经知道银河系中有数十亿颗恒星，**宇宙**中有数十亿个星系。多亏了开普勒太空任务，我们才知道大多数恒星都有行星，而大量的行星意味着可能有大量的生命存在！

卢克：没错儿，的确有很多行星，但这未必意味着有很多生命存在。即便生命普遍存在，我认为其中的大多数也只比绿藻类层略微高级一点儿。像波巴·费特和斯波克那样的人更是少之又少。

杰兰特：但是，生命在这里出现了！如果物理定律适用于整个宇宙，我们难道不应该期待有类似的生命形式存在吗？

卢克：这不只是共用一套物理定律的问题。很显然，要创造出以碳为基础、呼吸氧气、由恒星提供能量的生命的话，就需要有一些碳、氧气和那颗偶然出现的恒星。

但是，我们并不清楚生命最初是如何出现的。我们已经掌握了一些线索，但没有人知道充满化学物质的温暖的小池塘和活细胞是由怎样的化学反应联系在一起的。而且，很多行星的环境明显比地球差。

杰兰特：我想我们只需要看看太阳系中远一点儿的行星就可以了。冥王星表面的温度极低，在无法获取足够的太阳热量的情况下，出现任何生命都需要非常长的时间。

---

① 附加价值在我们参加的"科学家应该更具创业精神"研讨会上重复出现了很多次，我们对其含义知之甚少。

卢克：没错儿。生命需要适宜的环境，但是，物理定律也发挥着关键作用。

杰兰特：何以见得？

卢克：表现在多个方面。物理定律有几个关键的部分：一是构成**宇宙**和物质的基本单元；二是这些基本单元相互作用的方式，也就是基本力；三是预先假设基本单元存在及其相互作用的阶段、空间和时间。

杰兰特：好吧，这些都是初学者要掌握的物理知识：微粒、原子、分子、万有引力、电磁、光和放射性，也是决定宇宙运转方式的规则。

卢克：完全正确。在**宇宙**的历史中，我们就是物理定律不断作用的结果。正是这些定律为太阳提供动能、合成元素、组成行星、构成分子，也启动了生命形成的化学过程。

所以，现在我们就可以问：如果物理定律发生改变，会怎么样？如果原子和分子等基本单元的质量不同，会怎么样？如果电力和磁力变强，或者万有引力变成排斥力，会怎么样？如果元素的放射性更强，或者完全没有放射性，会怎么样？如果我们搞混了宇宙的发展阶段，或者弄错了构成宇宙的空间和时间，会怎么样？宇宙会变成什么样子，这对生命来说意味着什么？

杰兰特：问这种问题难道不是很傻吗？有什么意义吗？

卢克：首先是为了满足人类的好奇心。生命似乎是偶然出现的，所以有无限的可能性。有很多方法可以让事情变得不同：要是我能赶上那辆公交车，抓住那只掉落的花瓶，接住那个球，该有多好。历史上意想不到的迂回曲折催生了题为"如果路易十六是一个意志坚定的人"和"如果苏格拉底在公元前 424 年死于第力安之战"的学术论文。

在科学界，这种"如果……会怎么样？"的问题也是有意义的。我们想知道在各种相互竞争的理论中，到底哪一种是最好的。我们对阿尔伯特·爱因斯坦的相对论和艾萨克·牛顿的引力理论进行比较，判断出哪一种理论能最准确地描述我们身处的**宇宙**。在比较的过程中，我们会问：如果牛顿的理论是正确的，**宇宙**会是什么样子？如果爱因斯坦的理论是对的，宇宙又会是什么样子？

而且，哪怕是最优秀、深刻的理论也有无法解释清楚的地方。方程式中依然有理论无法预测的数据，我们只能靠测量，这些数据被称为大自然的常数。它们的数值为什么就是我们测量出的那些呢？如果这个问题有答案，那它一定超越了我们现有的理论。或许从"如果这些常数改变了，会怎么样？"的问题中，我们能找到一些线索。

杰兰特：为什么你会认为这些常数有可能改变呢？或者，为什么你会认为有可能存在这些假想的宇宙呢？

卢克：我并不清楚假想的宇宙是否有可能存在，这正是我们要借助更深刻、朴素和统一的自然法则去了解的。大自然的常数或许是数学常数，如果不彻底换一套理论，它们是不能改变的。否则它们就不是常数，而是因地而异。

杰兰特：即使我们真的改变了物理定律，**宇宙**究竟会变得有多不同呢？

卢克：也许你认为，由于生命如此多姿多彩，所以任何宇宙都能维持生命存活。在我们的**宇宙**中，生命是从五花八门的化学反应中产生的，或许假想宇宙的化学反应也能做到这一点。

所以，我们应该认真地研究一下那些假想宇宙，思考一下如果我们改变了自然法则，情况会变成什么样，这一定很有趣[①]。

---

① 请注意，宇宙学家对"有趣"的定义可能和你的想法截然不同。

杰兰特：好吧。

卢克：科学家经过必要的计算之后发现了一件令人惊讶的事情，即更改物理定律会从根本上改变**宇宙**运转的方式。很多假想宇宙都是不适宜生命存活的，甚至可以说是不毛之地。

杰兰特：这样看来我们的**宇宙**无异于一个幸运的巧合。那么，所有适宜的条件是如何出现在这个**宇宙**中的呢？

卢克：对了！这就涉及微调问题。为什么我们的**宇宙**中有各种基本粒子和法则？了解**宇宙**为了生命的存活所进行的微调将会让我们认识到，如果物理定律发生改变，哪怕只是一点儿，生命也将不复存在。

杰兰特：那么，如何解决这个问题呢？

卢克：当面对一些看起来不太可能发生的事情时，我们会做些什么呢？也许它确实不太可能发生，那就无所谓了；也许这件事并不像我们想的那么毫无希望；也许它就像买彩票，是因为有很多人买才让中奖变得不那么容易。

最后一种观点充满雄心壮志，也适用于研究**宇宙**为了生命存活所进行的微调。也就是说，因为有众多不同属性的宇宙，才有适合生命存活的宇宙存在。在买宇宙"彩票"这件事情上，我们很幸运地中了头奖。

杰兰特：这听起来像科幻小说。

卢克：有些人可能是这么认为的。但是，其他人很重视这种观点，因为他们知道现在缺乏相对合理的关于大自然的常数值的解释。

杰兰特：那我们呢？

卢克：我们应该为此写一本书。

很难回答的简单问题

在开启这趟宇宙之旅前，我们先讨论几个看似简单的问题热热身。

问题 1：生命是什么？

这本书会讨论很多有关生命的话题。我们本打算从定义入手，但很快就遇到了困难，因为生命已经被证明是一个很难准确定义的概念。我们都能看出兔子和岩石之间的差别。当兔子看到狐狸靠近它时，会跑进洞穴中；岩石可能会被风吹进洞里，但这完全是另一种反应。那么，生命是根据对外界做出反应的能力来定义的吗？岩石对风做出反应，但兔子即使不进行有意识的思考，也会对"狐狸来了"的信息做出反应。是这一点定义了生命吗？

或者是繁殖能力定义了生命？兔子的繁殖速度是出了名的快；岩石也可以被砸成好多小石块，但也完全不是一回事儿。兔子的繁衍行为发生在兔子群体内部，以遗传信息为密码，通过生物繁殖的方式进行。遗传密码的细微差别正是每一代和每个物种不同的原因。

假设我们遇到一个外星族群，我们能和对方畅谈火星上的天气和他们对自然定律的研究成果。如果外星人碰巧提到他们的族群从不繁衍后代，或许他们就像没有生殖能力的工蜂一样，是一位过世很久的女王的后裔，但可以无期限地活下去。这时，我们一定不会口不择言地说："哦，抱歉……我还以为你是生物呢。"这种话肯定会得罪对方。

生物需要从环境中获取能量，然后加以利用。那么，是这种新陈代谢的能力定义了生命吗？更普遍的说法是，生命似乎具有在变化的环境中维持内部有序状态的能力。生命不断延续，生生不息，它们不会轻易走向灭亡。

在定义生命的过程中，难对付的是那些介于生命和非生命之间的疑难案例。虽然病毒不通过细胞分裂的方式繁殖，但它难道就不是一种生命形式吗？朊病毒蛋白（PRION）呢？它是一种具有传染性的蛋白质，能导致疯牛病。病毒和朊病毒蛋白强行利用健康细胞的机能进行自我复制，它们算生命吗？

计算机和机器人能对周围环境的信息做出反应，它们是生命吗？晶体能生长，有独特的结构，虽然它们在完成这些事情的时候依据的并不是像人类细胞中的 DNA（脱氧核糖核酸）那样的遗传密码，它们是生命吗？

我们还会围绕生命谈到一些更加模糊的问题。我们会专注于生命形成的条件，以及这样的条件在我们的**宇宙**之中和之外有多普遍。如果我们能简单地给出一份类似蛋糕烘焙食谱的生命配方，就再好不过了。

1 颗恒星

1 颗行星（表面不要太热或太冷）

在你的行星表面洒下：

    10 份水，

    5 份碳，

    3 份氧气，

    少许氢气、氮气、钙、磷、钾、硫、五香粉、橄榄油和柠檬汁（酌量加入）。

用行星形成早期的余热进行烘焙。

当外壳变硬时，在星光下烤 10 亿年，不断地用彗星碰撞产生的水加以滋润，直到手感变得结实。

用陨石和火山搅拌。

室温下享用（可与配菜同食）。

遗憾的是，我们掌握的线索只和生命在地球上形成的顺序有关。这是一个极难回答的科学问题，原因有三个。第一，生命是一个复杂的奇迹，哪怕只是一个"简单"的细胞。比如，你身体里的每个细胞都有自我移动、选择和运输分子、加工营养物质、抵御入侵者、复制和修复 DNA、生产蛋白质和接收处理外界信号的分子机器。最重要的是，单个细胞在大约 20 分钟内就能把自己平分成两部分，产生一个完全可用的新细胞。现代化的计算机虽然很棒，但也做不到这一点。

第二，对于生命起源的研究类似于司法科学。就像侦探搜集线索一样，科学家正在努力还原生命起源的真相，但科学家面对的犯罪现场是 40 亿年以前形成的，而且有整个地球那么大，还经过了水、风、板块运动、火山和阳光的不断塑造和陨石偶尔造成的灾难性破坏。

第三，也是更糟糕的一点是，就算有"适宜"的条件，生命起源也可能是一件极其罕见的事。生命形成的过程也许是一个小概率事件，以至于在银河系中只发生过一次。这使得科学家的工作变得更加艰难，因为他们可能正在探索一种单一的环境。统计学上的哪一种巧合能解释生命的起源呢？①

我们应该就此止步吗？如果我们不清楚适合生命存活的条件，我们又如何知道这些条件会随着物理定律的变化而怎样变化呢？

让我们深入讨论一个例子，顺便预习一下后面的章节。我们的**宇宙**似乎拥有一种反重力的能量。从它对**宇宙**膨胀的影响中我们知道了它的存在，但我们并不清楚这种能量到底是什么。于是，我们把它命名为"暗能

---

① 这难道不会让生命自然而然形成的可能性变低吗？为了计算宇宙中自然形成生命的概率，我们需要知道宇宙的大小。这件不太可能发生的事情有多大的概率呢？我们不知道宇宙的大小，也就不知道该如何计算这个概率。我们没有理由认为可观测的宇宙大小（光有机会到达我们这里的那部分宇宙）能代表整个宇宙的大小。

量"：一个神秘得恰到好处的名字，毫无疑问会激起媒体的兴趣。

暗能量可以是很多东西，其中包括"真空能量"（Vacuum energy）。真空能量存在于真空中，甚至是没有粒子存在的空间中。当今最优秀的物质结构理论告诉我们，不管是积极的还是消极的，每一种基本物质都会贡献真空能量。令人吃惊的是，这种理论上的真空能量通常是宇宙中的暗能量的 10^{120} 倍。

如果宇宙中的暗能量变成现在的 10^{12} 倍，会怎么样呢？这听起来好像巨大的增长，但是与 10^{120} 相比，不过是九牛一毛。在这样的宇宙中，空间膨胀的速度极快，以至于不会形成星系、恒星或者行星，只有稀薄的氢气和氦气。这些粒子最多只是偶尔碰撞一下，然后又回到宇宙中，孤独地度过下一个 1 万亿年。

我们也许不能确切地定义什么是生命，或者解释生命到底是如何形成的，但我们知道生命不会是那种样子。这样的宇宙极其简单，因为物质永远不会大量地聚集在一起，组成比氢分子更复杂的东西。重力也不会让物质瓦解成星系、恒星、行星或者任何东西。物理定律因此变得过于简单，以至于任何生命都无法存活。

这个时候，人们往往会借用科幻小说的套路，反驳说即使在这样简单的宇宙中也可能有非常奇特的未知生命，而人类浅薄的思想根本想象不到它们的存在。但这里的关键词是"小说"，我们假设的生命起源的所有方式都以科学为基础，而不是科幻小说。任何能孕育生命的宇宙都必须具备储存和处理信息的环境，光有稀薄的氢气和氦气根本不够。

让我们继续举例来说明宇宙的简与繁。假设我们正在开发一款新的棋类游戏，这个游戏有点儿像国际象棋，但规则略有不同。国际象棋的规则是只有"马"可以越过其他棋子，而在新游戏中只有"象"可以越过其他棋子。为了与国际象棋（chess）有所区别，我们把新游戏叫作 schmess 棋。

schmess 棋好玩吗？等一下……我们还没有给出"好玩"的定义。如果我们不清楚好玩的定义，或者在不同的人看来好玩的点不同，我们如何判定一款游戏是否好玩呢？

说到底，这个问题其实不太重要。爱好者们认为国际象棋好玩的地方之一是其错综复杂的策略。有关国际象棋策略的教材多达几百页，大师们要花一辈子的时间才能精通这项游戏。而我们的 schmess 策略只需要两句话就可以概括：执白者把"象"从 f1 移到 b5。将死对方的"王"。这样一来，执黑者还没走出第一步，游戏就结束了（图 1–3）。

图 1–3 如何在 schmess 棋中取胜

我们不需要知道"好玩"的准确定义，就能判断出一款一方总是获胜而另一方什么都没做就输了的游戏，一点儿也不好玩，因为太简单了，而且整个过程非常无趣。

让我们再扩展一下这个例子。假设你花了一下午的时间开发新的棋类游戏，你尝试了 1 000 种不同的规则，其中有 998 种规则与 schmess 棋的游戏规则一样无趣。现在，我们可以讨论一下哪种"好玩"的定义比较中肯，以及剩下的这两种游戏是不是真的好玩。但重点是，在所有可能的游戏中，好玩的游戏如此难得，就算我们不知道"好玩"的准确定义也能得出这个结论。

为了得出大部分游戏都不好玩的结论，我们并不需要去评判那些模棱两可的个案，只要辨识出那些明显不好玩的游戏就可以了。

同样地，我们在研究微调论的过程中，只要识别出那些明显没有生命迹象的宇宙即可。如果一个宇宙简单到某种程度，我们就有把握认定那里不会存在生命。

有一些假想宇宙虽然不能排除有生命形式存在的可能性，但它们的物理定律和大自然常数完全是南辕北辙。比如，一个超级大坏蛋用操控宇宙的手把所有原子都粉碎成氢原子。虽然在这样的宇宙中可能有某种形式的生命存在，但最好是你喜欢的超级英雄。

因此，我们不需要过于执着生命的准确定义。字典给出的定义是：生命的特点是生长、代谢、主动抵抗外界干扰和繁殖的能力。

问题 2：人择原理是什么？

对于宇宙为了生命进行微调的程度和意义，科学家和哲学家已经争论了几十年。这种争论在对这个话题感兴趣的普通人中也屡见不鲜而且不可避免地会涉及人择原理（Anthropic Principle）。

关于人择原理的讨论因为很多自相矛盾的定义而蒙上了阴影。我们需要追溯至困惑的根源，才能厘清这个混乱的局面。

1973 年，出生在澳大利亚的宇宙学家布兰登·卡特在华沙的一次著名演讲中首次提出人择原理。卡特提出的弱人择原理（Weak Anthropic Principle，WAP）是：

我们必须随时考虑一个事实，那就是我们在宇宙中的位置一定是非常特殊的，在某种程度上和我们观察者的身份是匹配的。

某个版本的科学史告诉我们，人类逐渐意识到自己并不是宇宙的独一无二、至关重要的中心。中世纪的神话傲慢地表现出宇宙以人类为中心的思想，不料却被哥白尼和伽利略推翻了。人类并不处于太阳系的中心位置，更不用说**宇宙**的中心位置了。相较这种观点，卡特的人择原理似乎有些过时。

然而，真实的历史却是另一番景象。把地球定义为宇宙中心的并不是中世纪人，而是古代人。更确切地说，在公元前 4 世纪，亚里士多德就认为宇宙中有大约 50 颗透明球体围绕着地球运转。恒星和行星是由一种独特的材料——天体以太构成的，这种材料非常完美，不会腐烂。相较之下，地球则是由泥土构成的。以太本质上能够维持完美的圆周运动，但泥土的重量和缺点则会导致地球下沉。所以，我们的地球并不在宇宙中心，而是在底部——**宇宙**垃圾的聚集地。

亚里士多德提出这样的宇宙体系假说是有原因的，而且与人类的傲慢 ① 无关。更确切地说，这完全是经验主义使然。当你跳起来，你会落回

---

① 人类的傲慢，我们最好记住，尽管《希伯来圣经》把人类放在接近创世巅峰的位置，但希腊和巴比伦的故事却没有这样做。巴比伦创世史诗讲述了原始时代混沌之神马尔杜克与提阿玛特之间的战斗，提阿玛特是不同竞争派系的神的首领。最终，马尔杜克胜利，并将提阿玛特的尸体撕成两半，分别变成了天和地。一个叫金古的神奋起反抗煽动战争，结果被杀死了，于是马尔杜克用他的血创造了：

……一头野兽，"人"就是他的名字。

其实，我要创造的是野蛮人。

他要肩负起为诸神服务的众人

这样，诸神就能随心所欲了！

史诗以一众参加宴会的神高喊着国王马尔杜克的 50 个神圣化身的名字。无论是什么促成了这个人类是以混沌之神的奴隶而存在的故事，都不能说明人类的自大。希腊神话对人类在万物中的地位评价也同样不高。

原地，而不会落在向西 500 米的地方。在古代人看来，这就证明是天空在转，而不是地球在转。（只当有人能理解伽利略的运动相对性理论时，才能彻底颠覆这一观点。）但是，地球上的运动都不持久。如果你的马停止拉车，车就停了。如果你在地球上扔出去任何东西，它都会逐渐恢复静止状态。所以，永远做着完美圆周运动的天空一定是由独特的材料组成的。

对于古代人和中世纪人来说，哥白尼把地球和天空归为一类是非常荒谬的做法。这不是因为我们被从宇宙中心的宝座上拉了下来，恰恰相反，哥白尼的学说让我们上升至一个更高的层级。我们并不属于那些完美的星球，地球上的物质不可能像天上的物质那样运动。我们怎么能把带来阳光和生命的太阳置于**宇宙**底部呢？无论如何，它都不应该受到这样的侮辱。

这时，就需要建立新的物理定律，对物质和运动形成全新的认知。这场革命由伽利略发起，由牛顿完成。任何物体都维持着匀速运动的状态，除非受到外力。行星沿圆形轨道运动是由于太阳的引力，否则它们会畅通无阻地穿行在几乎什么都没有的宇宙中。地球上的物体停止运动是因为其他力，比如摩擦力、空气阻力和接触力。有了这些定律，我们才能系统地解释地球和其他行星的运动。

现代天文学研究表明，我们甚至不在银河系的中心。（也许这是一件好事，因为银河系的中心有一个黑洞，是太阳质量的 100 万倍。）我们身处一个中等大小的星系，居住在一颗恒星的第三颗行星上。在我们周围还有很多其他行星、恒星和星系。我们并不在宇宙中心，事实上，**宇宙**根本没有中心。

那么，卡特所说的我们的位置一定很特殊，是什么意思呢？

举一个简单的例子。我们对于空气的存在已经习以为常，但我们吸入的空气密度是**宇宙**物质的平均密度的 10^{27} 倍。在整个**宇宙**中，密度至少和空气一样大的地方可谓凤毛麟角。为什么人类居然能生活在如此稀有的地方呢？

找到这个问题的答案并不难。人类是地球数十亿年进化的产物，由大量复杂的分子组成。这个进化过程需要富含化学物质的环境，而且地球密度要足够产生有效的化学反应。尽管这样的环境极其罕见，但我们没必要感到惊讶。

事实上，**宇宙**中其他任何有智慧的生命在探究自己存在的原因时，都会发现他们身处特殊的环境之中。

我们还可以进一步延伸这个观点。卡特所说的"位置"不仅指空间，也指时间。我们认为生命不仅有可能出现在特定的地点，还有可能出现在特定的时间。

早期的**宇宙**主要由氢气和氦气组成，几乎没有能构成行星、树木和人类的任何元素。**宇宙**需要创造出好几代恒星，才能产生大量的碳、氧气和其他元素。作为有智慧的生命，当你发现自己身处一个有将近 140 亿年历史的**宇宙**中时，你不应该感到惊讶，因为只有花足够的时间才能产生构成人类的物质。

弱人择原理认为，**宇宙**不是你的实验对象，你不能随意地设置，也不能不客观地观察。你不是法兰克斯坦博士[①]，而是博士一手创造的怪物。你虽然对他创造你的各个环节都了如指掌，但依然身处其中。所以，我们观察到的结果可能受到已知事实的影响。

顺着这个思路，卡特又提出强人择原理（Strong Anthropic Principle，SAP）。内容是：

> **宇宙**（及其基本参数）一定要允许观察者在某个阶段出现在其中。

---

① 法兰克斯坦博士，电影《新科学怪人》中的人物。——编者注

简单地说，弱人择原理问的是"我们为什么在这里？为什么是现在？"的问题，而强人择原理问的是"为什么是这些物理定律和常数？"的问题。弱人择原理讨论的是我们在空间和时间中的位置，而强人择原理讨论的是宇宙的属性，比如大自然常数的值。

卡特的强人择原理很容易遭到误解，大多数困惑都来自一个词，那就是"一定"。它给人的感觉是不太符合逻辑和有些形而上学，似乎在暗示没有观察者的宇宙是不可能存在的，以及正是我们造就了宇宙。确切地说，这里的"一定"是表明结果的，和"地上有霜，外面一定很冷"中"一定"的意思是一样的。考虑到我们存在的事实，宇宙（及其物理定律）一定允许观察者出现。

卡特的弱人择原理和强人择原理是从我们作为观察者出现的事实中推导出的结论，所以无法解释为什么一定会出现观察者。这些原理只是同义反复，不能给出任何解释。但是，有些同义反复却能帮助我们科学地认识这个世界。用望远镜只能看到那些能被望远镜看到的东西，只有愿意接受调查的人才会成为调查对象，只有生存能力强的生物才有可能生存下来。这些事实虽然不能解释某些现象，比如自然选择问题，但它们也很重要。

可是，后来的学者并没有沿用卡特的观点。1986 年，两位著名物理学家约翰·巴罗和弗兰克·提普勒，出版了一本颇具影响力的书——《人择宇宙学原理》。他们深入探究了有关智慧生命的存在及其对自然规律产生影响的问题。这本书的内容很精彩，却不太巧妙地重新定义了弱人择原理和强人择原理，造成相当混乱的局面。根据巴罗和提普勒的说法，弱人择原理是指：

> 所有物理量和宇宙参数的观测值并不是随机的，而是受到两个条件的约束。其一是具有碳基生物能够进化的环境，其二是**宇宙**的年龄

要足够大，才能确保进化的完成。

事实上，这是把卡特的强人择原理和弱人择原理结合起来的一种说法。"所有物理量和宇宙参数"中包含空间和时间（即卡特的弱人择原理），以及大自然的常数（即卡特的强人择原理）。我们认为把这两者结合起来没什么问题，但是结果可以简单地概括为"人择理论"。

那么，巴罗和提普勒是怎样定义强人择原理的呢？

宇宙一定具有允许生命进化的属性。

巴罗和提普勒还提供了关于这个观点的几种解释，包括：

1. 存在一种可能的**宇宙**，它是以产生和供养"观察者"为目标而被"设计"出来的。

2. 观察者是生命出现在**宇宙**中的必要条件。

3. 所有其他宇宙都是我们的**宇宙**存在的必要条件。

这些已经大大偏离了卡特的强人择原理，巴罗和提普勒的强人择原理中的"一定"，意味着智慧生命从某种角度来说是宇宙所有生命形成的中心，甚至暗示人类造就了这一切！

经过重新定义，强人择原理变成了准形而上学主义，它让哲学家陷入沉思，让科学家充满疑虑。

像这样的重新定义是很不明智的，因为弱人择原理和强人择原理应该是同一种理论的不同版本。卡特的原理是，同一个观点既可以严格适用于空间和时间（WAP），也可以广泛适用于自然常数（SAP）。然而，巴罗和提普勒混杂着循环推理的观点不过是打着"人择原理"的旗号，结果导致卡特最显而易见的弱人择原理也备受质疑。

我们暂且搁置人择原理的问题，它还会时不时地在这本书中出现。如果你迫不及待地想要知道更多，而且时间充裕，就在你常用的网络搜索引擎中输入"人择原理"，尽管搜索结果会让你一头雾水，但是了解一下也不错。

问题 3：科学是什么？

我们会小心地避开边缘科学，我们需要知道自己什么时候离题太远，什么时候迷失在猜测和形而上学之中，或者是遇到更糟糕的情况。

作为科学家，我们对于科学事业的看法往往属于内部人观点。我们对自己的领域、同事和项目最熟悉，所以必须退一步才能对科学、科学家以及科学方法进行概括。更难的是，超越时间和文化描绘出科学史的真实面貌。我们在悉尼大学 H90 号楼里的经历难免会影响我们对于科学方法的描述。

事实上，这种"科学方法"一直不被外界所知晓。就好像每个科学家都有一本小册子，里面严格规定了如何提出问题、做出假设和进行实验，从而确定你的想法会被大自然的丑陋现实打败，还是有幸存活下来。实际上，科研活动是一个边学边做的过程，换言之，它是一个相当混乱、复杂的实践过程。

我们的探讨将集中在物理学领域，因为这是我们最熟悉的学科，也是和微调论最相关的学科。物理学家常常被分为两类，即试图构建起关于**宇宙**运行方式的数学规则的理论物理学家，以及研究**宇宙**的实际运行方式的实验物理学家。实际上，理论物理学家和实验物理学家的差别并不是特别明显，因为有很多人兼具这两种身份。但是，我们有必要弄清楚两者之间的差别，先从实验物理学家说起吧。

实验物理学家

当然，总要有人真正地去观察**宇宙**。

事实上，有很多不同类型的实验物理学家。比如在天文学领域，我们通常是**宇宙**的被动观察者，因为我们不能为了验证有关恒星的观点就在实验室里造出一颗恒星。

对于我们来说，更具代表性的是在实验室里工作的实验物理学家，他们身边有各种仪器、化学药品和大脑标本。这些实验物理学家摆弄着自然界中的各种物质，比如用某种方式发射电子，或者把晶体放在超强磁场中，只为了看看会发生什么。但是在物理学领域，仅仅用语言描述你的观察结果是不够的（尽管这一点很重要），你还需要进行定量分析，记录数据。对于事物属性的记录，特别是它们在实验条件微调后的变化情况，是科研的关键环节。

思考一个简单的问题：天空是什么颜色的？当我写下这句话的时候，我正坐在悉尼飞往墨尔本的飞机上，窗外是澳大利亚冬日美丽的天空。除去下方零散的云朵，天空的颜色可以说呈淡蓝色，但是飞机上方的天空颜色深一些，越靠近地平线的地方颜色越浅。

这看似一段很棒的文字描述，但我看到的这片天空和在地球上其他地方看到的天空相比，又如何呢？为了让比较更有意义，我们需要测量每个地方天空的物理特性。我们不能只比较感官印象，我们还要比较数据。

光是一种能量，而且我们都知道不同的光有不同的波长。所以，我们可以制作一种装置来测量有多少光能进入我们的眼中。我们还可以测量在光的波长改变时，又有多少能量进入我们的眼中。这样的装置叫作光谱仪，它能把接收到的光分解成彩色光谱。平克·弗洛伊德乐队的所有粉丝都知道棱镜能把一束白光分解成彩虹光。

我们还能测量在不同波长的光下天空呈现的颜色，以及地平线上方天空的颜色。有了这些测量结果，我们就能比较在地球上的不同地方看到的天空有什么不同了。

遗憾的是，现实很残酷。从来就没有完美的设备和探测器，所以我们记录下的所有数据都有不确定性，也就是人们常说的误差。然而，误差并不意味着错误，改用"噪声"[1] 这个词其实更贴切。

举个例子，假设我们把探测器放在阳光下，探测器收集到 10 784.3 焦耳的能量，误差为 0.1 焦耳。我们可以说探测器真正收集到的能量可能为 10 784.2~10 784.4，也有可能为 10 784.0~10 784.6，但几乎不可能收集到 100 或 10 万焦耳的能量。

科学家们与测量结果中的不确定性斗争了很长时间，现在他们已经可以通过有效的数学方法解决这个问题了。这种方法被称为贝叶斯统计学，尽管广为人知，但并不总是适用。科学为什么会以这样的方式发展并非本书要讨论的话题。

实验物理学家不仅要观察，还要测量数据，才能确定我们这个世界的属性。然而，这只是科学的一个侧面。

理论物理学家

我们要怎么处理繁多的测量数据呢？我们可以通过寻找规律和趋势，找到数据背后隐藏的**宇宙**运转的奥秘。在物理学领域，理论家们一直在寻找揭示大自然运转机制的数学规律。

尽管人们总在赞扬数学的魅力和实用性，但直到晚些时候才发现它在物理学中的关键作用。中世纪的大学生率先学会用三个学科——语法、逻辑和修辞——来进行批判性思考。后来，他们又学会用另外四门学

---

[1] 我们下一步计划写一本关于噪声与科学不确定性的书。从本质上讲，这些才是所有科学门类中最重要的东西，但那些领域之外的人却对此知之甚少。我们梦想着有一天，媒体在报道测量结果时加上不确定性能成为一种惯例。

科——算数、几何、音乐和天文——来进行批判性思考。音乐显得有点儿格格不入，但学生们学的并非演奏或者作曲，而是关于和声部的数学理论。

同样地，按照亚里士多德的观点，天文学被视为"中间科学"，介于抽象数学和实验物理学（但基本上不做定量分析）之间。我们可以用数学术语来表述宇宙的几何结构，但这种对称性真的存在就显得不可思议了。

在 17 世纪早期，勒内·笛卡儿就非常明确地提出一个观点，即物理学问题和天文学问题一样都是数学问题。笛卡儿还预见到"数学会统一所有的量化科学"。[①]

第一步就是统一天体力学和地球力学，也就是天文学和物理学。但笛卡儿几次尝试都没有成功，一部分原因是他认为真空在物理学上是不可能存在的。很多伟大的科学家都为这项重要的工作奠定了基础，其中包括开普勒和伽利略。最终是艾萨克·牛顿这位卓越的天才最先实现了笛卡儿的设想，后来的理论物理学家都以他为榜样。

理论物理学家的主要工具是模型，构成模型的不是乐高积木，而是数学。回到之前天空颜色的问题，相关模型需要具备几个要素。首先，我们需要了解进入我们眼中的光的来源，也就是日光，尤其要清楚日光的能量分布与波长之间存在函数关系。其次，我们需要了解大气的特性，即各种气体的含量及其分子结构，以及大气随高度的变化情况（越靠近地面，大气越温暖稠密；越远离地面，大气越寒冷稀薄）。

再次，我们需要考虑光是怎样穿过构成大气的诸多分子的。光是畅行无阻，还是遇到分子会发生散射？如果发生散射，又会对光的波长造成什么影响？

---

① 《笛卡儿：纯粹探索工程》，伯纳德·威廉姆斯著（1978，第 16 页）。

在每个阶段，理论物理学家都会用到已知信息，比如构成大气的分子有哪些，还有不同高度的大气压强和温度。他们可能还需要做一些计算，比如推导出光分别被氮原子和氧原子散射时的情况有什么不同。

理论物理学家的模型由 4 个部分构成。模型的第一个部分是，把自然界中的物质用一个数学对象来代表，也就是像数字集合、函数、域或者流形这样能捕捉模型所代表的研究对象所有特点的数学对象。比如，如果研究对象是房间中的空气，就要用每个点的空气温度、压强和密度来表示。此外，还有很多精巧复杂的数学对象可供理论物理学家选择。

模型的第二个部分是数学方程式。方程式能够描述物质的移动、受力和反应情况。方程式不同，它所描述的经典粒子可能会相互吸引或者排斥，场可能会发生振荡，或者量子可能会……运动。物理方程式通常都是动态的，能告诉我们一个系统随时间的变化趋势。

模型的第三个部分是一组常数，也就是简单而古老的数字。它们会告诉我们两个粒子间的排斥力有多大，或者粒子的质量是多少。根据定义，方程式是算不出这些常数值的，必须进行测量。

模型的第四个部分是方程的适用情况。数学家把它们称为"初始条件"[①]，由于方程式会告诉我们在特定情况下物质会如何运动（移动、弹起或者转到一边），所以我们需要收集更多的信息来确定真实的运动情况。比如，已知牛顿的引力理论，我们就可以研究太阳系、星团甚至整个银河系；已知一种描述电荷流经导线的物理学理论，我们就可以研究所有种类的电气设备。

这就是模型的 4 个部分：物质、运动（以方程的形式呈现）、常数和适用情况。图 1-4 展示了一个理论模型的各个部分是怎样共同推导出较小

---

① 或者更概括地说，是边界条件。

粒子（m_1）围绕较大粒子（m_2）的运动轨迹的。

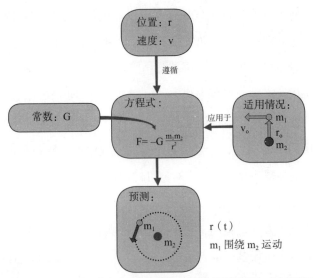

图1-4 我们举一个利用牛顿引力定律预测行星轨道的例子。四部分必须要聚集在一起。数学对象表示系统的状态，在这个例子里，就是粒子的位置和速度。方程把系统的状态与它随时间的变化联系起来。这个方程需要一个控制引力的强度的常数 G。我们将这个一般方程应用到某个特定的适用情况中，比如有两个物体，而且以图中给出的方式运动。预测的结果就是：行星（m_1）将围绕恒星（m_2）运动

现在，关键时刻到了：把你的理论推导和观察结果做比较。这是科学的本质，严格地说，这才是科学！我们的模型杂糅了经过反复论证的理论、合理的假设和猜想；正如理查德·费曼所说："猜想是完全符合科学原理的。"[1] 当我们验证猜想时，科学理论就诞生了。否则，实验物理学家就只能集邮，而理论物理学家则只能玩数字游戏了！

科学家用概率法来表示推论与其观察到的宇宙有多吻合，以及数据是否更支持某种物理学理论。表现不佳的理论会被淘汰，表现良好的理论会被继续利用，直到它们不能准确地描述我们周围的世界，这时我们就需要

---

① 《物理定律的本性》，费曼著（1965，第165页）。

从新的视角构建起更好的理论。

通过这种方式，科学界找到了越来越准确的能预测我们在自然界观察到的现象的数学理论。

金库密码与宇宙学

那么，微调论是怎样与科学融为一体的呢？

我们说过，科学就是把理论和实际的数据相比较，但不仅仅是这样。我们偏爱那些普适性、严谨而且不会为了有利于自己而随意变化的理论。一般来说，如果你有 10 个数据和一个包含 10 个自由变量 ① 的方程，你的模型就不可能出错，因为总能找到与之匹配的数据。结果虽然是成功的，但不会让人印象深刻。就像魔术师猜对了你挑选的那张牌……不过是在猜第 43 次的时候。那些只需几步就能解释大量数据的理论，才更令人印象深刻。

还有一种理论同样可疑，它们先要求出自由变量的精确值，才能解释数据。我们来看一下下面这个小故事。

一家银行的金库被劫。装甲门没有被暴力破坏的痕迹，所以劫匪肯定知道门的密码。警方很快就到达了现场。

德瑞宾：也许他们猜出了密码。

霍肯：不可能，有 10^{12} 种组合呢。而系统显示他们一次就输对了密码，这样的概率绝对微乎其微。

德瑞宾：但也是有可能的，对吗？

———————————

① 一个自由变量是为了使模型与数据吻合可以进行调整的数字。当把一条直线与数据拟合时，我们会用方程 $y=mx+c$，符号 m 和 c 是自由变量；m 是斜率，c 是截距，它们取不同的值，我们就会得到不同的直线。

不难看出德瑞宾的看法是有问题的，因为可能的密码组合是 10^{12} 种。其中一种是劫匪输入了 0000–0000–0000，一种是劫匪输入了 0000–0000–0001，一种是 0000–0000–0002，以此类推。

在德瑞宾的"劫匪是猜对了密码"的假设中，每一种组合的概率在本质上都是相等的。但是，只有一种能解释劫匪成功进入金库的事实，那就是他们输入了正确的密码。这就使得德瑞宾的看法几乎站不住脚，"猜密码"必须经过微调，才能确保找到准确的密码。

这就是物理学家所说的"微调"的含义，它是一种精确得出奇的假设。（数据精确是很棒的，假设精确则不然。）

物理理论和物理体系一样是分层级的，我们可以在小理论的基础上构建大理论。我们用最基本的定律来描述物理学中最小的基本单元，比如电子、夸克、光子等微粒，这是粒子物理学的研究范畴。

同样地，我们希望能为整个**宇宙**建模，尽可能地包罗万象。这是宇宙学的研究范畴。为了找到初始条件，我们要追溯到时间的起点，在第 5 章我们会详细讨论这个问题。

因此，如果粒子物理学和宇宙学中的自由变量（常数或初始条件）精确得出奇，我们就在对宇宙最深层次的理解中发现了微调论。

宇宙为了生命存活所进行的微调，是只针对宇宙维持生命存活这一事实进行的微调。对于我们已知的自然法则，其自由变量发生的微小变化都会对**宇宙**维持生命存活所需的能力造成剧烈甚至无法弥补的不利影响。

大自然的基本常数

让我们仔细研究几个自由变量。

电子是**宇宙**中的基本粒子之一。电子环绕原子核运动，而这些原子影响着化学反应的过程。利用合适的实验仪器，我们就能测量出单个电子的质量：$9.109\ 382\ 15 \times 10^{-31}$ 千克（这是最精确的仪器测量出的结果，误差为 $0.000\ 000\ 45 \times 10^{-31}$ 千克）。你测量**宇宙**中的任何一个电子，都会得到相同的结果！

当我们以千克为单位测量一个物体的质量时，实际上是在把这个物体的质量和位于巴黎近郊的国际法制计量组织实验室里的一块铂铱合金在相同条件下的质量做比较。这块合金没有什么特别之处，所以千克这个单位也没什么特别之处。就算我们以磅、长吨、格令或者克拉为单位表示电子的重量，其测量结果也不会有任何变化。

然而，电子的质量对于**宇宙**中的其他粒子是很重要的。每一种基本粒子都有它们的质量，虽然有些是零，但很多数据都是单一且无法解释的。

现在，我们可以问一个"如果……会怎么样？"的问题了。如果我们改变了基本粒子的质量，会对正坐在一颗围绕恒星运动的行星上打字的复杂多细胞灵长类动物产生什么影响呢？在后面的章节中，我们会知道生命能否存活关键取决于粒子的质量。质量比异常的宇宙往往是不毛之地。

宇宙的另一个基本元素是力。日常生活中的推力和拉力主要来自摩擦、风、弹簧、墙壁、重力、发动机、肌肉等。在微观层面，4 种力就足以表示基本粒子之间所有已知的相互作用，它们是万有引力、电磁力，以及神秘的强核力和弱核力。

以万有引力为例。牛顿用他著名的"平方反比"定律来描述万有引力：任意两个质量体之间相互吸引，引力的大小与二者间距离的平方成反比。爱因斯坦的广义相对论[①] 比牛顿的万有引力定律更加完善精确，也更

---

① 这里有一个小问题，有些人谈论的是爱因斯坦广义的相对论，而不是他的广义相对论。前者是错误的，因为它说理论是广义的，而不是相对性。

加复杂深奥。在这两种理论中，都出现了广为人知的万有引力常数，通常用符号 G 来表示，它的值为 $6.67 \times 10^{-11} \mathrm{m}^3 \mathrm{kg}^{-1} \mathrm{s}^{-2}$（图 1–5）。

$$F = -G \frac{M_1 M_2}{r^2}$$

$$R_{\alpha\beta} - \frac{1}{2} R g_{\alpha\beta} = 8\pi G T_{\alpha\beta}$$

图 1–5　万有引力定律。上面是牛顿的引力理论，而下面是爱因斯坦的引力定律。不要纠结细节；只需注意尽管在这两个方程式中都出现了 G，但你并不能只用这些方程就算出 G 的值

　　如果 G 的值变了，会发生什么呢？对于这个问题，我们要小心一点儿了。假设我们把你送到另一个宇宙中，并让你测量 G 值。你需要校准仪器以便测量距离、时间和质量，但那块铂铱合金还在我们的宇宙中。幸运的是，G 值的变化并不会影响元素，所以我们（原则上）还是能找到所需要的参照物。你可以用铯 133 原子校准计时器，通过测光速你能得出 1 米的长度，也就是光在 1/299 792 458 秒内通过的距离。接着，我们可以复制出一块铂铱合金作为 1 千克的参照物。然后，你就可以测量 G 值了。

　　牛顿或者爱因斯坦的理论都没有告诉我们 G 值，所以我们必须借助实验，[①] 从大自然那里得到答案。

　　在牛顿的理论中，如果 G 值增大一倍，质量体间的万有引力就会增大一倍。爱因斯坦对于万有引力的理解比牛顿更深刻，他认为 G 表示质量和能量在几何时空中发生弯曲的程度（详细内容见第 5 章）。G 值的改变会影响天体物理学中的所有问题，从**宇宙**膨胀、星系形成到恒星和行星的大

---

　　① 　如果你想读一个科学家全情投入，坚持不懈做实验的故事，你应该找记叙 18 世纪科学家亨利·卡文迪许勋爵是如何潜心用小球和金属丝，第一次精确地测量出 G 值的故事！

小、稳定性。

类似的常数出现在所有的力学定律中，被称为耦合常数（coupling constants）。只有通过测量，我们才能知道它们的值。

在接下来的几章里，我们会针对粒子和力提出一系列"如果……会怎么样"的问题，从而揭示它们的属性对于宇宙微观和宏观层面的影响。

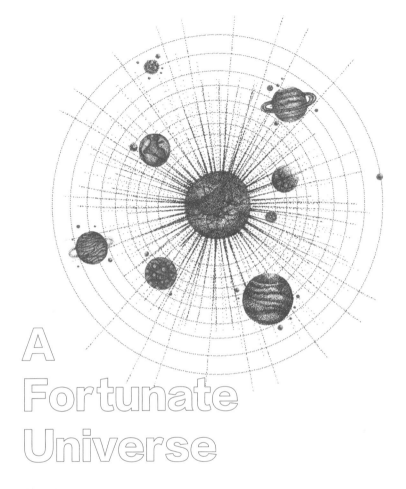

A
Fortunate
Universe

第 2 章

如果没有微小的粒子，人类会怎么样？

我们先从一个看似简单的问题开始这一章的讨论：你是由什么构成的？当你看着自己的双手时，你能看到皮肤、指甲和汗毛，但在它们下面还有骨骼、器官和不同颜色的液体。这些都是由更小的分子和原子构成的，分子和原子又是由电子、质子和中子构成的。

在这一章中，我们会由内而外地探索**宇宙**的奥秘。我们将研究微观世界的属性对宏观世界有着怎样的影响，在宇宙的基本单位和生命的奥秘之间有着怎样的联系。我们要在骨骼、皮肤和细胞间披荆斩棘，穿过层层阻碍，进入分子和原子的世界，一睹基本粒子的真容。

当到达微观层面时，我们会发现所有结构都是由较少的基本粒子构成的。牢记这一点，我们就能了解这些基本粒子属性的改变将如何通过不同程度的复杂机制，从多个方面影响**宇宙**，以及**宇宙**维持生命存活的能力。

人体的构造

尽管"是什么造就了一个人"的问题已经困扰了人类上千年，但它在意识层面仍显得有些神秘。[①] 当然，在过去的几百年间，科学界已经揭示

----

① 在某种程度上，这种说法并不恰当。

了很多有关人体的基本单元的惊人细节。

科学研究告诉我们，人体就是大量相互作用的化学信号，通过一系列错综复杂的化学过程完成吃饭、睡觉、运动等功能，满足正常的生存需要。你的体内有组织有序的化学物质，还有复杂程度各异的构造。

借助肉眼（和一把锋利的刀），我们能看到典型的人体由许多关键组件构成，包括一副用来支撑身体的骨架，它能够与肌肉纤维和肌腱配合产生力量完成运动，还有很多用于消化食物和呼吸的独立器官。

所有看过人类生物学基础教科书的人都知道人类进食所经历的复杂的处理过程，从口腔开始，食物经过肠道，能量被人体吸收，残渣则被排泄系统排出体外。如果继续深究下去，我们就会发现人体构造的精巧之处。肝脏看起来像一块毫无特点的肉，但它里面有一套极其复杂的血液过滤机制。血液看起来只是一种红色的液体，但在人体受伤流血的时候，一连串复杂的化学反应会促使伤口处的血液凝固。难道深入研究总能发现更多复杂的问题吗？

答案很简单，也相当惊人，就是"不"！当我们深入研究时，生物问题变成了化学问题，化学问题变成了物理问题，复杂被简单取代，直到我们能用最浅显的术语在餐巾纸的背面写下人体的构造。让我们从显微镜下的发现开始，揭开这些复杂问题的奥秘吧。

生命的奥秘

全世界每年都有上百万的学生考入大学，接受高等教育，他们入学后做的其中一件事就是去校园里的实体书店或者网上书店逛逛。实体书店的优点在于，你可以一边浏览着无数与陌生学科相关的书名，一边思考着"成本核算"的秘诀是什么，"博雅汉语"是什么，以及"当代修辞学"的要点是什么。

在近几年的物理学教育中，各种各样讨论像经典力学、量子论、相对论和电磁学这样的单一话题的专业教材，已经被一本重达几千克的综合教材取代。如果文明衰落，哪怕是蟑螂也能靠一本这样的教科书从废墟中重建近代物理学。

与包罗万象的物理学教材相比，还有一类书与之重量相当，就是专门讨论细胞生物学的教材。它们怎么会如此厚重呢？

细胞是身体的基本单元，身体中有各种类型的细胞，每一种都扮演着不同的角色。有些细胞早已广为人知，比如为肌肉提供氧气并把二氧化碳带回肺部的红细胞，或者是组成新生命的精子和卵子。

就像维持生命存活的不同构造，比如骨骼、器官和血液等，每个细胞都是生命的缩影。只不过这个舞台上的主角是复杂的分子，它们是一种由单个原子组成的结构，参与着细胞内精妙的相互作用。

这些相互作用的复杂程度令人震惊，比如，你身体里的每个细胞都有自己的"邮政系统"。尽管细胞的直径不到 1/10 毫米，但它们也需要从周围的环境中不断收集资源。所以，当一个分子需要从细胞的一端被送到另一端时，就会被印上地址、装上卡车、经过高速公路到达目的地，地址经过验证后，分子就会被卸下来，投入使用。分子机器能完成这一切，最令人印象深刻的是，细胞能在大约 20 分钟内产生一个完整可用的复制品。

如果你对细胞里令人吃惊的微观世界还不太熟悉，我们建议你在看完这本书之后去详细了解一下，[①] 你一定会对细胞里正在发生的一切感到震惊！

那么，细胞是如何工作的呢？它们是如何分工的呢？这个秘密大约

---

① 对于那些不想读生物课本的人，我们衷心地推荐约翰·格里宾写的《双螺旋探秘》（1985），理论性并不强，但对于细胞生物学的描写绝对令人着迷。

在 19 世纪的时候就已经被揭开了，那时人们了解到万物都是由原子构成的。为了理解生命的奥秘，我们需要知道当原子结合成分子的时候发生了什么。

在地球上，单个原子是相当少见的，而分子更常见。我们喝水的时候，感觉很顺畅，而且非常解渴，但是我们从上学的时候就知道这种感觉事实上是无数水分子在我们的体内四处移动。所有水分子在本质上都是相同的，都由两个氢原子和一个氧原子组成（图 2–1）。

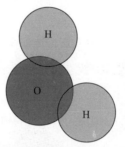

图 2–1　水分子由一个氧原子和两个氢原子组成，在生命的化学组成中有个特殊的作用。注意图中的原子大小是按比例画的。原子的大小是由其中的电子轨道所决定的，而不是原子核的质量。尽管氧原子要比氢原子重 16 倍，但由于氧原子核带的正电荷更多，从而使电子离核更近，所以它只比氢原子大 13%

除了水分子，你还能找到很多其他分子。我们的大气主要是由两个氮原子构成的氮分子组成。大气中还有由一个碳原子和两个氧原子构成的二氧化碳，所有人都会呼出这种气体。当然，21% 的大气是由一种我们熟知、喜欢而且需要的分子构成的，那就是由两个氧原子组成的氧分子。

这些分子都很简单，都仅由几个原子结合而成。某些化学元素能够形成长链和原子环，进而形成复杂分子。例如，在一杯咖啡里，漂浮在水分子中间的是 2– 糠基硫醇、3– 巯基 –3– 甲基丁基甲酸盐和其他赋予咖啡诱人香味和口感的分子。

当然，咖啡因（1，3，7– 三甲基黄嘌呤）才是开启全新一天的正确方式。复杂的命名正是原子组成分子的多种方式必然带来的副产品，如图 2-2 所示，咖啡因由几十个原子组合而成。我们会发现这种形状对于分子间的相互作用非常重要，包括让你在早晨加速清醒。

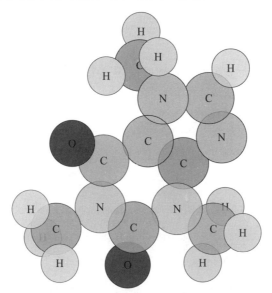

图 2-2　咖啡因是一种复杂的分子，在人类文化中继续发挥着重要作用

也许你听说过的最大分子是 DNA。这是一种长链分子，呈螺旋形。它有 4 种关键的分子单元，分别是鸟嘌呤、腺嘌呤、胸腺嘧啶和胞嘧啶，它们让 DNA 成了著名的双螺旋结构。DNA 上分子单元的排列顺序就像字母串一样，共同对遗传信息进行编码。

如果我们把你某个细胞中的 DNA 排成一条直线，将会得到几米长但只有几十个原子直径那么厚的分子链。它是怎么挤进单个细胞中的呢？这就是某些分子的另一个有趣的特性：它们会折叠。

为了理解这一点，我们先来看简单的水分子。原子核和电子携带的不同电荷会产生吸引力和排斥力，一个分子的形状就是这两种力博弈的结果。当单个原子结合在一起时，为了使水分子保持稳定，两个氢原子和一个氧原子之间分别有 104.45 度的夹角（见上图 2–1）。

较大的分子能够以多种方式进行折叠，它们的精确构造取决于各自的形成方式。比如，DNA 分子折叠盘绕了好几层，才把自己塞进了细胞核的微小空间中。

但是，DNA 有什么作用呢？它们是怎样创造了你呢？这些问题的关键就是蛋白质。大多数人一听到蛋白质三个字，总会联想到肉类、节食或者是"健康食品商店"出售的那些体积庞大、包装奇怪的"增重"食品。对于分子生物学家来说，蛋白质是一种大分子，有些甚至包含 50 多万个原子。有了蛋白质，细胞就能复制产生更多的细胞，进而形成组织和器官。

细胞是怎样合成蛋白质的呢？简单地说，蛋白质是由名叫氨基酸的小分子组成的。所有 20 种氨基酸都能在细胞中合成，组合之后就会形成大量蛋白质。某个细胞所需要的蛋白质都被编码在 DNA 中，由分子链上对应的序列表示。在合成蛋白质的时候，DNA 长链上的相关部分被解开，并被复制到一种名叫信使核糖核酸（mRNA）的分子中。mRNA 是核糖体生产蛋白质时所依据的代码，每读取三个 DNA 序列，就会有相应的氨基酸被转运核糖核酸（tRNA）抓取到正在合成的蛋白质分子链的末端。

当蛋白质离开核糖体的生产线时，会把自己折叠得更加紧凑。以 DNA 为例，蛋白质能把自己的原子全都塞进一个微小的空间中。但不是什么空间都可以，因为蛋白质的折叠方式对于它和其他分子间的相互作用至关重要，对它在细胞中发挥的作用也很关键。

如果你慢慢加热一份蛋白质样品，外部施加的能量会使紧凑的蛋白质分子链被解开。如果你让样品冷却下来，蛋白质分子链又会折叠成加热前的形状。这一点非常惊人，因为长链分子并不记得自己的初始形状，只是依靠电子和原子核之间的吸引力和排斥力恢复到之前的形状。我们不知道它们具体是怎么做到的，"蛋白质折叠问题"仍然是现代科学的一大未解谜题。

为什么蛋白质折叠出的形状如此重要呢？因为对于蛋白质来说，真正起作用的因素不在其内部，而在外部！一旦蛋白质折叠成复杂的形状，包裹在里面的原子从外面是看不到的。但是，那些处于外表面的原子（用管理术语来说，是"面向公众的"）呈现出的形状则决定了这个蛋白质和其他蛋白质间的相互作用。这些原子团能捕捉到其他分子结构。

所以，当你闻一杯咖啡时，负责产生诱人香味的分子中有能够与你鼻子中的分子结构相互作用的原子团，鼻子会向你的大脑发出"这是一杯咖啡"的信号。

不过，蛋白质的折叠特性并不总是完美的，有些蛋白质可能最终会有点儿畸形。这些畸形蛋白质通常是无活性的，但如果遇到形状刚好合适的分子空隙，这些蛋白质就能以一种崭新的方式活跃起来。然而，这些新生蛋白质未必有益，其中一些是朊病毒，会导致像克雅氏病这种损害大脑的疾病。

分子生物学揭开了生命的奥秘。我们每个人体内都有辛勤工作的分子机器，它们是齿轮、发条，是养料、补给车，也是防御屏障、遗传信息载体和解码器。它们共同形成细胞，细胞结合成组织，组织结合为器官，器官最终构成生物体。①

①　当你看着一盆矮牵牛花时，你会惊叹于动植物体之间表面上的巨大差异。但如果你想要更深入地观察，那么你不妨看看血红蛋白（你的血液中负责将氧气运送到组织的分子）和叶绿素（植物体内负责捕获二氧化碳的分子）之间的相似性。血红蛋白是围绕铁原子形成的环状分子，而叶绿素也是环状分子，不过是围绕镁原子形成的。查阅一下相关文献，认真观察，仔细思考这告诉我们什么有关地球生命的奥秘。

92 种基本元素

单个原子相互间的吸引力和排斥力驱动着你体内的分子机器。那么，原子到底有多复杂呢？

古代哲学思想认为，所有物质都是由有限的基本单元，也就是原子构成的。但是，人们经过了相当漫长的时间才理解这一点。伟大的科学家路德维希·玻尔兹曼认为，如果假设气体是由众多相互碰撞的原子构成的，就能解释气体的性质。然而，他的思想却遭到持续不断的抵制，并最终导致他在 1906 年绝望地结束了自己的生命。理查德·费曼在传奇般的《物理学讲义》开篇选择了一句最重要的话送给未来的物理学家们："万物都是由原子构成的，这种微粒不停地运动，当它们彼此间有点儿距离的时候就会相互吸引，但在碰撞时又会相互排斥。"

所以，当我们拆解开构成人体的众多分子后，一切都变得简单了。虽然分子数目庞大，但构成分子的各种基本单元的数量是有限的。事实上，大自然只为**宇宙**提供了其中 92 种基本元素。[①]

什么是原子？学生们对于原子的通常印象是一个带正电荷的小球（原子核），以及它周围一群不停运动的带负电荷的电子，从而使整个原子保持电中性。原子核是由单个核子组成的，包括携带着原子核的所有正电荷的质子，还有略重一些的净电荷为零的中子。

图 2–3 是原子的示意图，但并非按比例绘制。电子轨道和原子核之间的距离要比原子核的尺寸大得多。这就意味着大多数原子，以及由原子构成的万物，包括我们，基本上都是空的。如果我们把原子核想象成苍蝇那

---

① 尽管大自然提供了 92 种天然存在的元素，但其他质量更大的原子可以在实验室中合成。不过，人们已经发现这些原子是不稳定的，会迅速衰变成宇宙中的元素。

么大，周围的电子就会在它 100 多米以外的地方绕轨道运行。[①]

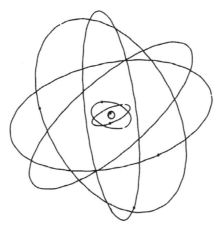

图 2-3　碳原子中 6 个电子围绕原子核运动的示意图。请注意，这张图并不是按比例绘制的。碳的化学性质是由它最外层轨道上有 4 个电子的事实所决定的。碳原子中与外界发生相互作用的正是这 4 个电子

　　两种元素之间唯一的区别就是原子核的电荷数，这是由原子核中的质子电荷数决定的。你认识的大多数原子都是电中性的，也就是说原子核的电荷数与周围电子的电荷数一致。对于某种特定的元素，单个原子的中子数量可能有所差别，从而产生了各种同位素。这些内容对我们之后的讲解非常重要，但由于一种元素的同位素的化学性质（大致）相同，所以我们暂时不必考虑它们之间的差异。

　　总的来说，细胞内的化学过程是极其复杂的。然而，深入研究之后，我们就会发现生物体的分子都是由 92 种基本元素构成的。这 92 种基本元素又由三个部分组成：质子、中子和电子。就像堆积木一样，有限数量的积木块能够拼出很多种组合。

_____

　　①　为了更详细地了解揭秘原子结构的历史过程，我们推荐一本相当精彩的书《大教堂里的苍蝇》（卡思卡特，2004 ）。

12 种基本粒子

我们还可以更深入一些。粒子物理学标准模型列出了构成万物的基本粒子，让我们认识一下它们吧。

我们已经尽了最大的努力，但还是无法把电子拆分成更小的粒子。看来，电子就是宇宙最基本的组成单元了。然而，借助强大的原子粉碎器（其功能不言而喻，更为人所熟知的名字是粒子加速器），我们深入了质子和中子的内部，发现了名叫夸克的粒子。和电子一样，我们也无法把夸克拆分成更小的粒子，所以我们认为夸克也是物质的基本组成单元。

图 2–4 列出了所有粒子。在质子和中子内部，我们发现了上夸克（u）和下夸克（d），在图的左边你还能找到电子（e）。电子带一个单位的负电荷，上夸克带 2/3 单位的正电荷，下夸克带 1/3 单位的负电荷。这三部分共同构成了你熟悉的所有物质。

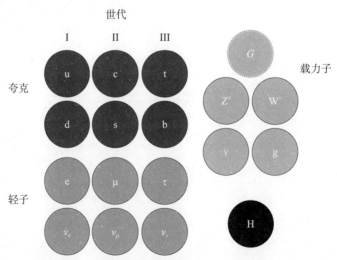

图 2–4　在标准模型中，轻子和夸克是所有物质的基本组成单元，尽管我们在宇宙中看到的几乎所有物体都是由上、下夸克和电子组成的。旁边还有载力子和与粒子质量有关的希格斯玻色子

要想合成一个质子，你需要两个上夸克和一个下夸克，才会得到一个单位的正电荷。要想合成一个中子，你需要一个上夸克和两个下夸克，中子的电荷数才会是零（图 2–5）。质子和中子都属于重子，也就是由三个夸克组成的粒子。

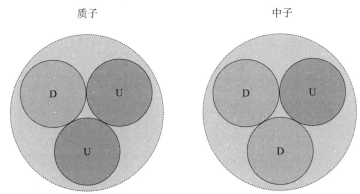

质子　　　　　　　　　　　　　　　中子

图 2–5　夸克组成了质子和中子。尽管有 6 种不同的夸克，但宇宙中每个原子核都包含的这些关键粒子，只由两种最轻的夸克组成，即上夸克和下夸克。

有了质子和中子后，你就可以把它们合成原子核，然后加上电子得到原子，进而合成分子、细胞和人体。[①]

聪明的读者可能会有这样的疑问："既然有很多种组合上夸克和下夸克的方式，那么我们可以把三个上夸克或者下夸克组合在一起吗？"

祝贺你，你现在已经是一位（见习）粒子物理学家了。没错儿，这些组合方式确实存在。把三个上夸克组合在一起就是名字很吸引人的 Delta++ 粒子（用符号可表示为 Δ^{++}），它携带的正电荷数量是质子的两倍多。而把三个下夸克组合在一起就是 Delta– 粒子（Δ^-），它携带的负电荷数量和电子一样多。为什么我们在日常生活中看不到夸克的这些组合呢？因为这些组合极其不稳定，很快（大约是 0.000 000 000 000 001 秒）就会

――――――――――――

① 免责声明：用夸克构建人类的过程比这一段叙述的要复杂得多。我们建议还是使用传统方法。

衰变为我们周围常见的物质。

那么，标准模型中的其他粒子呢？我们是在哪里发现它们的呢？

半个多世纪前，粒子物理学还是一团糟，但可能不像细胞生物学那么混乱，因为实验研究发现了大量不同的粒子。标准模型是物理学家为了寻求深层次的简化，付出几十年的辛勤劳动得到的最终成果。

他们发现，要想解释我们在粒子加速器里看到的粒子的所有性质，仅凭上夸克和下夸克是远远不够的。确切地说，我们需要 4 种夸克，带 2/3 单位正电荷的粲夸克和顶夸克，还有带 1/3 单位负电荷的奇异夸克和底夸克。上夸克和下夸克是最轻的夸克，标准模型中越靠右的夸克越重。它们被称为夸克世代。[①] 为什么在三代夸克中宇宙只采用了一代，这至今仍然是宇宙学的未解之谜。

夸克的名字为什么那么滑稽呢？因为我们必须给它们起个名字。要命名肉眼看不到的东西并不简单，更何况相关理论基本上只能提供一个论点和几个数据。

为了不被忽略，电子也有质量更大的兄弟，就是渺子（μ）和陶子（τ），它们被称为轻子世代。有三代轻子和夸克的事实也许在告诉我们关于宇宙深层次的奥秘，不过我们还不知道那是什么。

为了使标准模型更加完美，轻子世代的每一个成员都有像幽灵般质量几乎为零的粒子相伴，被称为中微子（ν）。尽管在核反应中会产生很多

---

① 作为新晋的粒子物理学家，你的首要任务是确认尽管在可能存在的 6 种夸克中，只有 56 种不同的三夸克组合，但实验中观察到的粒子种类要多很多倍。一个原因是，我们忽略了介子这种由夸克和反夸克组成的微粒。还有一个原因是质子，用更准确的方式来说，就是容易被激发。想象一下质子内部相互围绕的夸克。如果我们能注入一些能量，就能改变这种结构。这个新的状态看起来与原来的质子很相似，还是一样的夸克，一样的电荷，但由于它的能量更多，所以质量也更大。在我们认识到这些粒子只是处于激发态之前，人们把这种比质子重 20% 的粒子叫作 Δ^+（"Delta+"）。

中微子，但是这些"电中性的小家伙"很少与其他粒子相互作用，因此它们能够悄无声息地穿过任何物质。事实上，每秒钟都会有来自太阳中心的上万亿个中微子穿过你的身体。

每种粒子也都有一个孪生兄弟，就是反粒子。对于我们在粒子加速器中观测到的每一种粒子，我们都能找到另一种恰好与其质量相同但电性相反的粒子。由于历史原因，电子的反粒子被称作正电子，而其他粒子则只需要在名字前面加个"反"就可以了。有些粒子，比如光子（光粒子），它们的反粒子就是其本身。当一种粒子遇到它的反粒子时，就会变成两个光子。

从构成物质的基本元素角度来说，这就是全部了，即 12 种粒子（和它们的反粒子）就是宇宙最基本的组成单元。

简单地说，我们看到的所有复杂物质都是由几种基本粒子构成的，这些粒子就像乐高积木一样以多种方式排列，通过少数几种基本力组合在一起。整个宇宙（和任何其他的生命形式）都是以这样的方式构成的。

在接下来的几章中，我们会研究如果基本力不同会发生什么，不过我们可以先看看如果改变了基本粒子的质量，宇宙会有怎样的变化。

粒子的质量

一套只有三种积木粒的乐高积木需要孩子发挥丰富的想象力，才能被组合成有趣的作品。但环顾四周，三种粒子——电子、上夸克和下夸克——就构成了我们看到的万物。

有限的基本单元创造出了我们周围丰富的结构，比如原子、分子、树木、人类、恒星、行星等。既然我们已经了解了这一点，就该着手研究如果基本单元不同，宇宙会变成什么样子。

这些粒子非常简单，以至于用几个性质就可以描述它们，比如质量和电荷数量。从前文中我们可以看出，电荷数量似乎都是整齐的数字：以电子的电荷数量为单位，夸克的电荷数量是 +2/3 和 –1/3。还有其他与这些粒子相关的数据，它们被称为量子数，比如自旋量子数、同位旋、弱同位旋等。这些参数同样可以用整齐、完整的数据来表示。但是，有一种性质的数据就不那么整齐了，而且是我们认为最重要的一个参数——粒子的质量。

比如，上夸克和下夸克的质量分别是电子的 4.5 倍和 9.4 倍。[①]这些数字并不完美、整齐，但却是粒子物理学基本模型的基础。令人沮丧的是，尽管我们能测量它们的值，却不能给出任何解释。

基本模型中的其他成员也是一样的情况。其余 4 种夸克的质量分别是电子的 19 024 958 180 倍和 338 960 倍，渺子和陶子的质量分别是电子的 206.768 284 倍和 3 477.15 倍。

这些特定的数值有什么特殊意义吗？在一个电子和夸克质量与我们的宇宙略有不同的宇宙中，会发生什么呢？

有人也许会认为，因为生命如此坚强勇敢，所以我们应该会看到另一种形式的生命。既然我们**宇宙**中的生命能利用环境中五花八门的化学反应，那其他宇宙中也能发生点儿什么吧。真的是这样吗？

形形色色的宇宙

事实上，要构造一个完全没有化学物质的宇宙并不难。紧紧抓住掌控粒子质量的转盘，让我们创造几个不同的宇宙吧。

---

① 我们得到的电子、上夸克和下夸克的质量分别为 0.510 998 928 兆电子伏特、2.3 兆电子伏特和 4.8 兆电子伏特（奥利夫，2014）。

为了简化，我们只改变上夸克和下夸克的质量，因为它们是质子和中子的基本构成要素。你或许以为增大夸克的质量，只是让质子和中子的质量变大，进而使它们构成的物质质量变大。然而，真实的情况要更复杂一些。

尽管有很多种夸克组合的方式，但你一定要记住为什么我们只看得到由质子（两个上夸克和一个下夸克）和中子（一个上夸克和两个下夸克）构成的物质。当我们用粒子加速器制造像 Δ^{++}（三个上夸克）、$\sum^{+}$（Sigma+，两个上夸克和一个奇异夸克），甚至是像渺子这样较重的粒子时，它们都会衰变成较轻的粒子。

为什么较重的粒子能衰变成较轻的粒子呢？答案是爱因斯坦的著名方程 $E=mc^2$。粒子质量（m）乘以光速（c）的平方，就能算出粒子衰变释放的能量（E）。这部分能量可被用来生成新的粒子，前提是旧粒子能负担得起。

思考一下图 2-6 中的例子。Δ^{++} 粒子的质量是 1 232 单位（这里所用的单位是兆电子伏或者 MeV，它是粒子物理学家们首选的能量单位），质

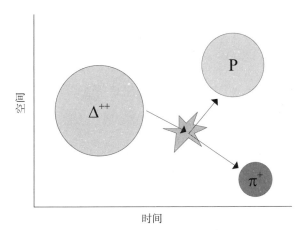

图 2-6 Δ^{++} 粒子比质子和 π 介子（π^+）的质量总和还要大。这意味着，高能量的 Δ^{++} 粒子有可能衰变为一个质子和一个 π 介子

子和介子（介子是由夸克和反夸克组成的粒子）的质量分别是 938MeV 和 140MeV。Δ^{++} 粒子有更多的能量可供消耗，所以它能够衰变成质子和介子。剩余的能量就变成了质子和介子的动能，之后，它们会很快离开衰变现场。

在深入研究宇宙对称性的时候，我们还会详细地讨论守恒定律的问题，但是有足够的能量并不能保证衰变的顺利进行。Δ^{++} 衰变也要保证重子数的守恒，即在衰变前后夸克数与反夸克数的差值不变。由一对夸克和反夸克组成的介子，其重子数是零，所以对总数没有影响。重子数守恒意味着即使 Δ^{++} 有足够的质量和能量，也不可能衰变成两个质子，否则重子数就不守恒了。

所以，质子有一个重要的特性，即它是由三个夸克组成的质量最小的粒子。质子很稳定，因为没有更轻的重子供它发生衰变。[①] 关于质子，我们只能讨论到这里了。相比之下，中子是会衰变的。在自由状态下，中子在 15 分钟内就能衰变成一个质子、一个电子和一个反中微子。

在早期的**宇宙**中，只有大量灼热、密集的粒子，剧烈的碰撞不断产生并摧毁着不同质量和种类的粒子。随着**宇宙**逐渐冷却，质量较大的重子衰变成质子和中子。**宇宙**成功地在一些中子衰变前的几分钟内，把它们锁定在原子核中。

通过调整上夸克和下夸克的质量，我们能改变很多事情。我们可以推翻质子"最稳定"的结论，甚至能影响原子核里的中子。接下来让我们看看会发生什么。

Delta++ 宇宙：我们先把下夸克的质量增大到原来的约 70 倍。即使

———————————

① 这里有一点需要说明。如果重子数不完全守恒，那么质子最终也会衰变。从来没有人观察到质子衰变，而且计算出的衰变所需的时间比宇宙当前的年龄要大很多个数量级。所以在这里，我们把质子看作稳定的。

在质子和中子内部，下夸克也会轻易地变成上夸克（和其他物质）。因此，它们会很快衰变成新的"最稳定"粒子，也就是 Δ^{++} 粒子，我们会发现自己正处在 "Delta++ 宇宙" 中。

我们已经知道，Δ^{++} 粒子包含三个上夸克。然而，与质子和中子不同的是，Δ^{++} 粒子上的正电荷以及由此产生的排斥力使得它们很难结合在一起。单个 Δ^{++} 粒子能捕获两个电子，形成一种类似氢的元素。这将是宇宙中唯一的元素，永别了，元素周期表！有机小分子生物活性（PubChem）的在线数据库列出了我们**宇宙**中存在的 60 770 909 种化合物（还在不断增加[①]）；而在 Δ^{++} 宇宙中只存在一种物质，而且它和氦一样不会发生任何化学反应。

Delta− 宇宙：回到我们原来的宇宙，这一次我们把上夸克的质量增大到原来的 130 倍。质子和中子会再次被一种稳定的粒子取代，这种粒子由三个下夸克组成，被称作 Δ^- 粒子。在这个 Δ^- 宇宙里，没有中子能帮助削减负电荷之间的排斥力，所以还是只有一种原子，不过它与 Δ^{++} 宇宙相比有了较大的改进，就是能发生一种化学反应。假设我们把所有的电子都换成它们带正电荷的"孪生兄弟"——正电子，两个 Δ^- 粒子就能形成一个分子。

氢宇宙：要创造一个只有氢元素的宇宙，我们至少要把下夸克的质量增大到原来的三倍。在这里，所有的中子都不稳定。即便在原子核中，中子也会衰变。再一次跟你的化学课本说再见吧，因为氢宇宙中只有一种原子和一种化学反应。

中子宇宙：如果你觉得氢宇宙没什么特色，这一次不妨把上夸克的质量增大到原来的 6 倍，其结果就是质子分崩离析。与我们在现有宇宙中

[①]　http://pubchem.ncbi.nlm.nih.gov。

的发现正相反，中子宇宙中的质子会衰变成中子、正电子和中微子，包括那些深埋在原子核中看似很稳定的质子。这是到目前为止我们遇到的最糟糕的宇宙了：没有原子，也没有化学反应。在无边无际、毫无特点的空间中，只有死气沉沉、令人厌烦的中子。

创造中子宇宙的方式不只有这一种，我们还可以把下夸克的质量减少8%，这样原子中的质子就会捕获周围的电子，从而形成中子。原子最终会变成平淡无奇、与化学反应无缘的中子。

如果改变常见物质中的另一种粒子——电子的质量，会怎么样呢？由于电子（及其反粒子——正电子）参与了中子和质子的衰变，所以它们也能让宇宙变成不毛之地。比如，把电子的质量增大到原来的 2.5 倍，我们也会进入中子宇宙。

图 2-7 对上述情况进行了总结。图中的每个点都代表一个不同的宇宙，随机选择一点，也就选定了电子质量与下夸克、上夸克的质量差。灰色区域表示这些宇宙中只有质子（氢宇宙）或只有中子，而不会像我们的宇宙一样发生复杂的化学反应。左侧白色的楔形区域表示可以接受的宇宙，也就是说这些宇宙中的化学物质能为生命的诞生提供基本元素。楔形区域里的黑点代表我们的宇宙，正如你看到的，我们幸运地在图中这块相当小的区域里找到了自己的容身之处，在这里繁衍生息，还能探究宇宙的本质。实际上，这才是微调之旅的起点。

在这幅图中，我们需要密切关注的一个重要部分是坐标轴的范围。在这里，我们选取的夸克质量差范围是 0~7MeV，电子质量是 0~4MeV。这个区域是所有可能中最令人感兴趣的部分，其余部分都是单调的灰色。如果我们想知道那块适宜生命存在的白色区域是多么渺小，那么我们可以把坐标轴的上限设定成目前已观测到的最大夸克——顶夸克的质量。设想一下在图 2-7 的右边和上下各增加 4 000 米长的灰色纸的情形。（如果你画出

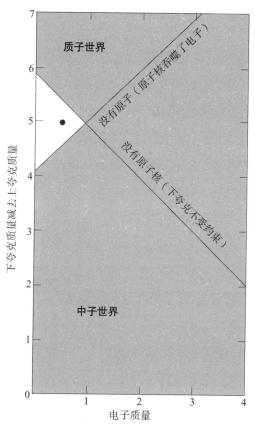

图 2-7　总结了改变电子质量和上下夸克的质量差所产生的影响。这个区域被分成两部分，灰色的阴影部分代表化学成分单一的宇宙，而很小的白色部分代表有生命所需的化学环境的宇宙。黑点就是我们的宇宙［根据霍根《密切相关的多个宇宙中的夸克、电子和原子》（2009）的图］

了这幅占地 40 平方千米的图，请寄给我们一张照片。）

　　如果我们把坐标轴的范围设定成我们的实验数据的范围，我们会在坐标轴的末端标上 650 万 MeV，那么这幅图就能盖住塔斯马尼亚的大部分，或者是整个瑞士，或者半个韩国，或者美国西弗吉尼亚州的大部分，或者两颗死星①，这取决于你住在哪个洲或者宇宙。

　　① 　两颗死星指的是两颗最早的（《星球大战：新希望》）死星。第 2 代死星（《星球大战：绝地归来》）的大小仍然是网上热议的焦点。

我们的理论适用的粒子质量上限叫作普朗克质量，人们推测这个质量的粒子会变成自己的黑洞。目前，我们还没有建立量子引力的理论，所以，普朗克质量就是我们物理理论的严格上限。要是你能想象出图 2-7 往各个方向都延伸几万光年的情景，就比我们强多了。

这只是万里长征的第一步，接下来还会有非常多的问题。对于不同质量的基本粒子的问题，我们并没有讨论完。为我们生存提供能量的恒星是通过核反应来维持运转的，我们在下一章中会看到，改变夸克和电子的性质会影响我们所熟知的能量源泉的稳定性和寿命。

玻色子和费米子

像电子和夸克这样的粒子，除了质量以外，还有其他决定它们和其他粒子间相互作用的性质。这当中最重要也是最奇妙的一个性质，就是粒子自旋。

顾名思义，粒子自旋就像地球自转，或者像孩子们玩的陀螺。[①] 但是，它们之间又有很多关键性区别，这些区别深刻影响着宇宙中物质的行为方式。

自旋是经过量子化的，也就是说对于不可分割的粒子来说，自旋只可能是某些离散的固定值。不过，有些粒子没有自旋，因此被称作自旋为零的粒子。所有电子的自旋都完全相同，为 1/2 个单位。有些粒子的自旋是一个单位，有些粒子的自旋是 2/3 个单位，并且以 1/2 个单位的幅度递增。

---

① 现在，孩子们还玩抽陀螺吗？如今，大多数孩子都把脸贴在苹果电脑和苹果手机上。我们年轻的时候可不是这样的（太遗憾了！）。

这听起来就像记账一样，它们和宇宙的运转又有什么关系呢？物理学家把粒子分为两类：那些自旋为整数（0，1，2，…）的粒子被称作玻色子，那些自旋为半整数（1/2，$1^{1/2}$，$2^{1/2}$，…）的粒子被称作费米子。[①] 全世界最著名的玻色子无疑是希格斯玻色子，但还有很多其他玻色子。为什么要把粒子分成这两类呢？

答案与粒子的结合方式有关。玻色子是一种有弹性的粒子：在一个小盒子里，我们可以不停地放入越来越多的玻色子，而且不会遇到任何阻力。我们在日常生活中最熟悉的玻色子就是光子，它的自旋为 1。如果你想把许多光子塞进一个盒子里，你无须担心盒子里是否已经有光子存在，只管放就可以。

然而，费米子的情况则完全不同。费米子不喜欢自己的同类，一旦它们形成了自己的空间，就不会允许其他费米子靠近。

所有试图在拥挤的沙滩上铺毛巾的人都会遇到一个问题，如果你不小心离已经躺好的其他游客太近，就会受到令人尴尬的注视。如果沙滩上已经人满为患，就更糟糕了。[②] 费米子也是一样，如果你想把许多费米子装进一个盒子里，最终这个盒子会被填满，再也塞不进去一个费米子了。

日常生活中最常见的费米子是电子，电子排布的限制对我们的世界产

---

① 玻色子是以印度物理学家萨特延德拉·纳特·玻色（Satyendra Nath Bose）的名字命名的。物理学家的发音方式是 ['baʊzɒn]，但是媒体有时会认为这个词和航海起源有某种关系，所以会说成 ['baʊsʌn]（澳大利亚广播公司《新闻 24 小时》的早间版团队，我们一直看着你们呢）。媒体从来没有提到与玻色子相对应的费米子，费米子是以意大利物理学家恩里科·费米（Enrico Fermi）的名字命名的。

② 当然，我们原本可以用很多大自然中的例子来说明这一点，比如崖壁上众多海鸟中的一只，或者狮子为夺取交配权而与狮群斗争，但是你应该记住：我们人类和其他动物之间并没有那么遥远！

生了深远的影响，有效地建立了化学这门学科。这就是著名的泡利不相容原理，至今仍发挥着巨大的作用。

回忆一下你学过的原子物理学知识，电子处于原子的某些能级上，原子的最低能级有两个电子，它们所处的状态叫作基态。为什么是两个呢？电子的自旋是 1/2，既可以自旋向上，也可以自旋向下，所以最低能级可以容纳一个自旋向上的电子和一个自旋向下的电子。（我们确定自旋方向的经典方法是右手法则：用右手环绕自旋的粒子，四指指向粒子旋转的方向。竖起大拇指，大拇指的方向就表明了粒子是自旋向上还是自旋向下。）就电子排布来说，当原子的最低能级被填满后，所有新增加的电子都必须进入更高的能级。当这些较高的能级也被填满后，新加入的电子就只能进入更高的能级。

那么，这与化学有什么关系呢？化学研究的是原子间相互作用的方式，这完全取决于电子的能级分布。这些电子最不受束缚，原子通过交换它们来结合成复杂的分子。正是这些电子及其自旋和绕轨运行的属性，赋予了原子个性。

上述情况也适用于原子核。质子和中子也是费米子，根据泡利不相容原理，它们只能存在于原子核的不同能级上。这就解释了为什么尽管单独的中子会迅速衰变，而原子核中的中子却相当稳定，这是因为没有更低的能级容纳中子衰变产生的质子。

如果电子是玻色子而非费米子，会怎么样？可能会有灾难性的后果，因为所有电子都不可阻挡地占据着原子的最低能级，就像你往盒子里塞进尽可能多的光子一样。我们将再一次挥手告别化学反应以及生命所需的复杂灵活的化学环境。

这些属于玻色子的电子会紧密地与原子核结合在一起，几乎不会被分享给其他原子。宇宙会因此成为单个原子遨游的海洋，原子不会组合成分子。

不过，情况还有可能更复杂！除了电子之外，夸克也是费米子，它的自旋也是 1/2，这样的自旋会对它们形成的粒子产生深刻的影响（以一种相当复杂的方式）。尽管质子和中子都是复合粒子，但二者的总自旋都是 1/2，所以它们也是费米子，并遵循费米子的排布规律。

这就意味着一个原子中质子和中子的运行轨道和遥远的电子运行轨道十分相似。如果夸克像电子一样，自旋变为整数，那么什么都不能阻止它们分崩离析，然后占据着最低能级，质子和中子同样如此。原子中所有质子和中子的分崩离析不一定会导致灾难，我们应该担心的是更重要的事情。

固态、液态和气态

电子还可以通过另一种方式为我们的宇宙带来不利的改变。当两个原子或分子结合使电子的排布发生变化时，就产生了化学反应。有时候，电子不是被转移而是被共享。当两个原子或分子争夺电子的所有权时，就形成了化学键。

在固体中，原子在化学键的作用下，结合成晶格结构。想象一个由小球和弹簧组成的三维网格，如图 2-8 所示。

通过用力晃动，我们可以破坏晶格。同样地，我们也可以通过加热使固体融化。热是由微观的不规则运动产生的，用力振动晶格会破坏原子间的化学键。如果原子的振动速度过快，任何化学键都无法维持很长的时间，物质就会从固态转化成液态或者气态。

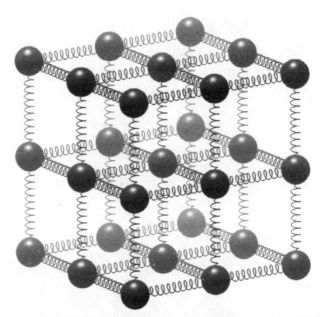

图 2-8 　用小球和弹簧表示分子晶格的简易模型。原子组成了重复的晶体结构，随着它们之间的化学键拉伸和压缩而振动。加热固体会使原子振动加快，幅度也变大，从而破坏化学键。如果增加足够的热量，就会使化学键断裂，导致物质熔化。晶格的熔点取决于基本粒子的质量和基本力的强度。改变这些可以使化学键更容易断裂，或者使原子振动得更剧烈，从而将固体熔化成液体

在所有物体内部都存在着一种天然振动，这种振动来自量子力学。与加热产生的振动不同，天然振动是量子世界的基本特性。当这个世界需要晶格中的原子处于完全静止的状态时，这种特性能阻止我们把物体冷却到绝对零度。在我们的宇宙中，这种振动相当微弱，只要电子比质子轻得多，物体就不会从固态变成液态。量子振动会促使电子绕核运动，但它们的质量太轻了（是质子质量的 1/1 836.15），不可能使原子脱离晶格。所以，只要温度足够低，固体材料就能长时间地保持固态。

但是，如果电子质量变成质子质量的 100 倍，电子的量子振动就会摧毁晶格结构。简言之，就不会有固体存在。没有固体行星，没有稳定的

DNA 分子，没有骨骼，没有半渗透性的活细胞壁，也没有器官。世界变得一团糟，几乎不可能有生命存活！

希格斯玻色子谜题

如果你没听说过希格斯玻色子，过去几年里你一定生活在一个与世隔绝的地方。即使你不是物理学家，也应该听说过人类苦苦追寻的"上帝粒子"[①]，这种粒子通过某种方式赋予基本粒子质量。《时代周刊》杂志甚至提名希格斯玻色子参与"年度风云人物"的评选。遗憾的是，在它的 5 句话的推荐词中，每一句都至少包含一个严重的知识性错误。[②] 所以，我们需要澄清一些事实。

尽管发现希格斯玻色子是粒子物理学领域的巨大成功，但也带来了微调论方面的难题。问题并不在于人们在粒子加速器中发现的事实，而在于那些尚未被看到的情况。这一点解释起来有点儿困难，所以我们不妨先回顾一下过去。

我们已经了解了粒子物理学的标准模型，这个模型描述了宇宙中物质的基本单元。标准模型所使用的数学语言被称作量子场论，这是一个充满科学魅力的名称。整整一代物理学家为了找到正确的公式而付出艰苦卓绝的努力，终于取得了伟大的成果。毫不夸张地说，量子场论的预测值可以精确到十亿分之一的量级。

---

① 1993 年，利昂·莱德曼（Leon Lederman）和迪克·泰雷西（Dick Teresi）将"上帝粒子"的名字用在了一本科普读物的标题中，此后媒体就一直将希格斯玻色子称为"上帝粒子"。希格斯玻色子最初被称为"该死的粒子"，因为太难找到它了。如果旁边有别的物理学家时，没有一位有自尊心的物理学家会把希格斯玻色子叫为"上帝粒子"，当新闻播音员这样说时，我们感到很难堪。

② 在 http:// blogs.scientificamerican.com 上搜索"错误百出的希格斯玻色子提名"。

然而在 20 世纪六七十年代，标准模型并不完整。粒子物理学家们不断探索，希望能把物理学领域的力统一起来，证明电磁力和弱核力（我们在下一章会详细讲解这两种力）实际上是一种基本力的不同表现形式。但是，公式却给出了他们不希望看到的结果。一种无质量、无自旋、带电的新粒子似乎有必要存在，虽然它们从未被发现。事实上，粒子物理学的几个关键成员都必须是无质量的。

这些问题都被希格斯机制解决了，这一机制以英国物理学家彼得·希格斯的名字命名。像其他发现一样，这项发现也不是凭空产生的，很多物理学家都为此提供了线索和想法。希格斯把这种机制称作"ABEGHHK'tH机制"，为了感谢物理学家安德森、布劳特、恩格勒、古拉尔尼克、哈根、希格斯、基布尔和特霍夫特做出的贡献。[①]

这种机制的一部分是假设一种新的场，场是近代物理学的核心课题。根据定义，场把一个物理量（或一组物理量）与空间和时间中的每个点联系在一起。你可以把一个房间中的温度看作标量场的一个例子，场中的每个点都单独对应一个数值。描述磁场和电场的矢量场要复杂一些，空间和时间中的每个点都对应一个数值和方向。此外，更复杂的物理现象还要通过更复杂的场来描述。

粒子物理学标准模型中的粒子通过与希格斯场相互作用获得质量，特别是基本粒子要从希格斯场中获得惯性质量。想象一头穿着溜冰鞋的大象，惯性就是当大象停下来的时候，你很难推动它；而当它运动的时候，你又很难让它停下来。你可以把希格斯场看作填满糖浆的空间，和场发生相互作用的粒子速度减慢，就好像获得了质量一样。

---

① 强烈推荐弗兰克·克洛斯（Frank Close）所写的《无穷的困惑》（*The Infinity Puzzle*，2011），他在这本书中所描述的史实，不仅对于物理学原理的解释浅显易懂，还巧妙地厘清了不同科学家的贡献。

请注意希格斯机制只是让基本粒子获得质量。在像质子和中子这样的复合粒子中，单个夸克的质量只占总质量的一小部分；其余的质量则以能量的形式存在，正是这些能量把夸克结合在一起。

所以，希格斯场只对基本粒子的质量负责。而且，希格斯场本身能够振动，产生的波表现得就像粒子一样。这种粒子就是希格斯玻色子，它的发现是近几年最重要的科学成就之一。希格斯玻色子大约是质子质量的133 倍，也就是 125GeV，它是粒子家族里质量相当大的一员。

科学家们都为这项了不起的成就而额手称庆！

但是，不要高兴得太早！

这就是微调论让人感到头痛的地方。在量子力学理论中，真空并不意味着什么都没有，而是充满着量子涨落，也就是粒子在不停地来回运动。不过，我们需要把这种量子的涨落归结到微观世界，从而准确地解释我们在**宇宙**中观察到的现象。

所以，我们讨论的粒子质量包含两个部分。第一部分是粒子的内在质量或者裸质量，第二部分是这些量子的追随者们不间断的运动。每个粒子都不只是它自己在运动，而是伴随着一定范围的真空涨落。我们在测量粒子质量的时候，得到的是两个部分的和。

对于电子来说，尽管有无穷多项的附加质量，但加总起来对于电子质量的影响也是微乎其微。

但是对于希格斯玻色子，情况就不那么简单了。如果我们加上真空涨落带来的附加质量，测算出的希格斯玻色子的质量将会是无穷大。很显然，有什么地方出错了。

每当面对这种趋于无穷大的偏差时，物理学家都会努力寻找可以阻止质量叠加的条件。有一个严格的上限，就是普朗克质量。我们没有有关量子引力的理论，所以预测超出普朗克质量的情况是毫无意义的。这样一来，希格斯玻色子的预测质量就会从无穷大大幅缩小到 10^{18}GeV。虽然已经接近观测值了，但仍然有非常大的偏差。

由于标准模型中的基本粒子质量都与希格斯场有密切的关系，如果希格斯粒子的质量与普朗克质量大致相等，所有标准模型中粒子的质量就都会和普朗克质量成一定比例。[1] 而我们已经看到，哪怕把基本粒子的质量增大几倍，对生命而言都是一场灾难，更何况是增大 10^{16} 倍……不用想了，后果简直惨不忍睹。

于是，物理学家们怀疑他们遗漏了一种物理效应，这种效应能非常精确地消除量子涨落带来的附加质量。消除两倍的质量并不能扭转局面，因为希格斯玻色子的预测质量和观测值之间仍然有非常大的差异。消除 100 倍或者 1 000 倍的质量也无济于事，甚至是 100 万倍或者 1 万亿倍。没错儿，我们需要抵消的真空涨落带来的附加质量高达 10^{16} 倍。

粒子物理学家们都非常严谨，一直在苦苦寻找可能的解决方案。其中，他们最认同的是超对称理论。

这个理论很简单：对于粒子家族的所有成员来说，假设它们都有超对称的同伴存在，叫作超对称粒子。每一种费米子的超对称同伴都是玻色子，反之亦然。对于像电子和夸克这样的费米子来说，它们的超对称粒子的命名规则就是在英文单词前面加一个 "s"，即 selectrons（超对称电子）和 squarks（超对称夸克）。对于玻色子，则是在它们的名字后面加上

---

[1] 一个技术性细节就是，标准模型中基本粒子的质量与希格斯场的 "真空期望值" 有关。这个值设定了粒子的典型质量标准；粒子具体的质量大致是 "真空期望值" 乘上一个 "汤川参数"。例如，电子的汤川参数是 2.6×10–6。上、下夸克的汤川参数也很小，这说明了一个事实，就是 "上、下夸克是一种不合常理的光"。希格斯玻色子的质量通过一个叫作四次耦合的无量纲参数与 "真空期望值" 密切相关，四次耦合参数的值为 0.13。我们假设希格斯玻色子的质量较大会使 "真空期望值" 也较大，从而使产生的粒子质量也很大。由于这个结论是错的，所以 4 次耦合参数和汤川参数中有一个是一定要进行微调的。

"ino"，所以 W 玻色子和 Z 玻色子的超对称同伴分别叫作 Winos（超对称 W 玻色子）和 Zinos（超对称 Z 玻色子）。

超对称理论的魅力在哪里呢？答案是，如果超对称理论成立，真空涨落对于希格斯粒子质量的贡献就完全会被它们的超对称同伴抵消。太棒了，超对称理论似乎拯救了世界！但是，至今我们还没有观测到任何超对称粒子。

如果超对称粒子的确存在，那么它们的质量必须非常大，大到连最大的粒子加速器也奈何不了它们。如果我们能在一个地方集中足够多的能量，那么根据爱因斯坦的方程 $E=mc^2$，我们应该能创造出超对称粒子。这就是为什么我们一直在艰难地寻找希格斯玻色子，它们巨大的质量需要动能更加强大的粒子加速器。

因此，只有当周围的能量大到足够形成质量巨大的超对称粒子时，才能证明宇宙确实是以超对称的方式运转的。所以，超对称理论只是抵消了希格斯粒子质量中超对称粒子质量（或能量）的部分。夸克与超对称夸克，以及轻子与超对称轻子之间巨大的质量差异，让人很难确定各种量子涨落带来的附加质量能够被完全抵消。目前，希格斯玻色子的质量是近代粒子物理学始终解决不了的问题。有人担心超对称理论根本行不通，我们还需要另想办法。

所以，希格斯玻色子的质量是我们面临的一个难题。量子力学预测的质量为 10^{18}GeV，而产生生命所需要的值和我们的观测值并没有太大差异，基本粒子的质量就不至于大到惊人。所以，一定存在目前尚未被发现的物理过程，它能消除量子的真空涨落带来的影响，将希格斯玻色子的质量降低到观测值。这种机制必须非常精确，既不能太多，也不能太少。为了不影响其他粒子的物理稳定性，最好精确到 10^{16} 分之一。或许有天然的解决方案来完成这项任务，这样看来我们的**宇宙**真是太幸运了，竟然拥有如此神奇的机制。这个被称为级列问题（hierarchy problem）的难题，至今仍让量子物理学家们夜不能寐。

小元素决定大宇宙

我们已经研究了**宇宙**的一些基本属性：构成物质的基本粒子的质量，以及电子和夸克的自旋。如果这些性质稍有改变，我们的**宇宙**中就不再有复杂的物理和化学现象了。这些可能的宇宙形成复杂分子的能力大大降低，而这些复杂分子对于我们已知的生命形成，甚至是我们能想象到的生命形式来说都至关重要。

在日常生活中，我们总是忘记赖以生存的小与大的极限。我们是生活在薄而坚固的地球表面上的小生物，脚下的这颗行星仍然有一多半处于熔化的状态，它的中心还有一个不停旋转的高温金属球。从内部结构来说，我们是由原子构成的，数万亿个原子在静止和运动、结构和能量上表现出惊人的协调性。单个原子小到让人难以想象，它里面的质子、中子和电子就更小了。这些粒子的性质可能用课本上的几句话就可以概括，但它们在**宇宙**运转的过程中发挥着巨大的作用。宇宙中最小的组成部分会影响庞大的结构，特别是生命的存活。

小元素撼动大宇宙，这确实是一个以弱胜强的实例！

A
Fortunate
Universe

第 3 章

如果基本力消失，蓝色星球会怎么样？

在上一章中，我们研究了人体的构成。现在，我们要看看是什么赋予人类生命。我们将着重探究自然界中的基本力，从而了解人体各个部分间相互作用的方式，正是这种相互作用产生了运动和变化。同样地，我们还要看看如果违背这些规律会发生什么。

本章和下一章将研究两个截然不同但最终相互交织的概念：力和能量。对于初学物理学的人来说，这两个概念看起来可能有很大的不同。我们都体验过重力的作用，橄榄球比赛中阻截对方时的身体撞击声和脚下枯枝的断裂声。而能量要么通过电线传导，要么由食物提供，并最终在跑步机上被消耗掉。

在经典力学中，人们可以通过计算力或能量来解决问题。我们假设一个木块沿着光滑的斜面向下运动，当滑到底部时它的速度是多少呢？我们可以关注力的变化，把每一个微小的推力和拉力加在一起。我们也可以关注木块中储存的势能中有多少转化为动能，要注意总能量保持不变。虽然两种方法得出的结果是相同的，但有时其中一种更容易计算。

接下来，我们先研究一下**宇宙**中的力。

4 种基本力

宇宙中有各种各样的推力和拉力，所以你可能会惊讶地发现，实际上只有 4 种基本力。在日常生活中，我们只接触过其中两种力：引力和电磁力。另外两种力是强核力和弱核力，除非你非常关注原子的中心部分，否则你不会常常接触到它们。

在上一章中，我们认识了宇宙的基本单元——夸克和轻子，也就是标准模型图中左侧的粒子（见图 2-4）。图中的另一侧是载力子，它们被称为规范玻色子，是力的载体。

电磁力由 γ 光子"承载"，引力的载体被视为至今尚未发现的引力子 G。强核力的载体是无质量的胶子，之所以这样命名，是因为它们把原子核黏合在一起。弱核力是 4 种基本力里最神秘的一种，它的载体是三种质量很大的粒子：Z^0，W^+ 和 W^-。弱核力能解释宇宙的一些奇特属性。

像电磁力一样，强核力可以在无限远的距离内发挥作用。无论如何，你和你朋友的身体呈现电中性，就意味着你们感受不到净吸引力或净排斥力的作用，你们也没有机会接触到真正强大的电磁力。我们可以把质子和中子看作"强中性"的，也就是说，在它们内部真正起作用的是强核力。然而，当质子和中子接近到足以感觉到彼此的夸克时，一部分强核力会转移到质子和中子之间，将它们结合成原子核。强核力实际上是一种短程力，一想到你身体中的原子稳定性源于剩余的强核力，还真让人感到吃惊。

让我们来详细了解一下这些力及它们的载力子。

费曼图

一个粒子如何能够"承载"力呢？力分为排斥力和吸引力，那么像电子这样的带电粒子是如何通过光子"感受"到电磁力的呢？

　　几位杰出的科学家在 20 世纪 40 年代末期就揭示了这个问题的答案，其中与这项理论研究成果关系最密切的是理查德·费曼。费曼一直在为保罗·狄拉克创立的量子电动力学（QED）而奋斗，QED 是一项宏大的项目，集合了量子理论、相对论、电磁学和电子的相关知识。在 QED 中，电磁力（及其载力子光子）和电子都用场来表示。

　　20 世纪三四十年代，QED 的缺陷几乎广为人知，就连像某个过程的发生概率这样完全合理的问题也会得出无限个答案。QED 遭遇了严重的危机。

　　费曼被电子问题折磨得苦不堪言。学生们在初涉电磁学这个复杂领域的时候，就知道电子是一种带电粒子，也是产生电场的源头。我们能想象出一个电子被它所产生的电场包围的情景。如果我们把另一个电子也放在第一个电子产生的电场中，电场就会对第二个电子产生作用力。第二个电子也不甘示弱，它也有自己的电场，这个电场也会对第一个电子产生作用力。最终结果就是两个电子相互排斥。

　　在电磁学入门课程中有一个少有人讨论的微妙问题，那就是每个电荷都会感受到周围其他电荷的电场的作用力，但感受不到自己电场的作用力。如果把这种自己电场的作用力纳入方程式的求解过程，就会得到无数个答案，导致电磁学的数学框架变得毫无价值。同样的问题在 QED 中反复出现，致使这一理论变得毫无意义。

　　费曼做的是只有伟大的物理学家才会做的事，同时开启了关于宇宙新认识的大门。他希望找到一种全新的方法来解释这套理论，一种更科学、更直观、更接近实验数据但仍基于 QED 方程组的方法。费曼摆脱了对场的传统认知，改用画图的方式。

　　在费曼之前，像朱利安·施温格和朝永振一郎（费曼与他们一起获得了 1965 年的诺贝尔物理学奖）这样的物理学家已经尝试过用复杂的数学方法来解 QED 方程组，这种计算可能需要数月甚至数年的时间。然而，费曼采用了一种解 QED 方程组的新方法，看起来就像画漫画一样。图 3–1 是费曼图的一个例子。我们可以先用一张纸盖住这张图，再慢慢地拖着纸向右滑动，模拟时间的流逝。左边的两条线表示电子，它们碰撞之后交换了一个光子（波浪线），然后分道扬镳。

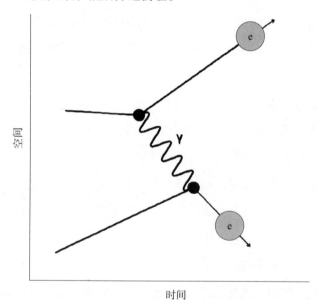

图 3–1　电磁力的费曼图。在经典电磁学中，力是通过一个无处不在的场来传递的，但是在费曼图中，力是释放载力子来传递的，在这个例子中传递力的是光子

你可能会产生疑问：一个基本粒子怎么能够发射，甚至被转化成另一种基本粒子？这难道不意味着它是由更小的单位组成的吗？比如，电子怎么能发射光子，除非它已经包含了一个光子？答案是，粒子物理学的基本内容是量子场，它们在不停地波动，并且填满了整个**宇宙**。当一个量子场以某种方式波动时，表现得就像一个粒子或反粒子，又或者是一群粒子。有一种特殊的场里是没有粒子的，那就是真空，但场依然存在。一个电子发射出一个光子的说法，其实是在简略地描述两个场相互作用产生光子的过程。

因此，在费曼图的背后，是一种严谨的求解 QED 方程组的数学方法，也是能得出正确答案的方法。不仅如此，费曼的方法还快捷得多，他曾经让一位名叫默里·斯洛特尼克的物理学家大为震惊，因为在听过费曼的讲解后，他花了一个通宵就把之前花了两年时间才完成的计算重做了一遍。但是，人们对于费曼图的重视和理解程度始终不高，直到 1949 年弗里曼·戴森证明费曼、施温格和朝永振一郎的方法是等价的。如今，费曼理论已成为现代物理学的基本内容。①

那么，在费曼看来，力是如何发生作用的呢？让我们回到图 3–1，图中两个电子迎面相撞。在经典模型中，电子被它自己的场包围，并通过这种场感受到彼此的存在。当二者靠近时，场（还有力）会变得越来越强，直到电子最终停下并且向后退。

但在费曼图中，情况则完全不同。根据量子力学，两个电子靠得越近，就越有可能发生一个电子释放出一个光子，这个光子又被另一个电子吸收的情况。当发生这种现象时，电子的运动路径就会改变。

当电子靠近和后退的时候，会分享很多光子。对于我们来说，粒子的运动路径似乎很顺畅，但从细节上来看，粒子常常借助一系列突如其来的碰撞进行 U 形转弯。

现在，我们可以利用费曼图的顶点来准确地介绍一下 4 种基本力了。费曼图的顶点就是粒子线和载力子线相交的点（图 3–2），我们能用这些顶点构建出宇宙中粒子的变化过程。我们已经看过一个电磁力发挥作用的例子：带电粒子能够发射或吸收光子。强核力则能够发射或者吸收胶子，它的图看起来有点儿像电磁力的图，只不过我们是用波浪线来表示胶子，而且不会涉及轻子。更复杂的一点是，胶子与胶子间也有相互作用。

---

① 正如上一章中所提到的，弗兰克·克洛斯的《无穷的困惑》完美地解释了所有的物理学原理和历史问题。

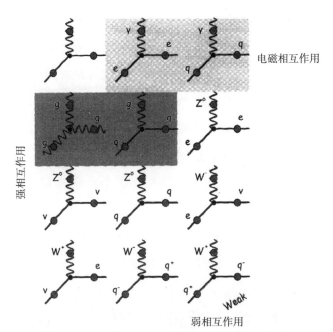

图 3-2　费曼图的顶点一览。这 12 张小图展示了标准模型中的粒子一些相互作用的方式。左上角的图片中是一个基本顶点，即一个费米子（实线）与玻色子（波浪线）之间的相互作用。电磁相互作用是像夸克和电子这样的带电粒子通过光子（γ）发生的相互作用。强相互作用的发生在夸克和胶子之间，甚至是胶子与胶子之间。Z^0 粒子与所有的费米子都会产生弱相互作用，包括不带电荷的中微子（ν），但 W 粒子更有趣，能将电子转化为中微子，或者将带 +2/3 电荷的夸克变为带 −1/3 电荷的夸克（反之亦然）

　　Z^0 粒子的顶点图也是这样。W 粒子的情况则复杂一些，它能够转化与之共享顶点的粒子。电子、μ 介子和 τ 介子会被转化为中微子，反之亦然。带正电荷的夸克（上夸克、粲夸克和顶夸克）会被转化成带负电的夸克（下夸克、奇异夸克和底夸克）。另外，弱核力的载力子间也有相互作用。

　　大多数物理学家都认为我们也可以画出引力的顶点图，因为引力是由引力子传递的。然而，我们接下来会看到，引力与宇宙中的其他力始终无法统一，是影响现代物理学发展的主要障碍。

耦合常数

在这本书的第 1 章里，我们提到了耦合常数，它能决定力的大小。在牛顿的引力理论中，常数 G 能决定相隔一定距离的两个物体之间的引力的大小。在爱因斯坦的广义相对论中，G 能告诉我们物质和能量对于时空的弯曲程度有多强。其他的基本力也有相应的耦合常数，[①] 那么，这些常数和费曼图之间如何对应呢？

费曼图受量子力学规则的约束，这个规则就是概率。耦合常数能告诉我们载力子被交换的概率。我们举例说明。

假设一个质子中有两个上夸克。两个夸克都带正电荷，根据电磁学定律，我们知道二者会相互排斥。但是，夸克和我们在图 3–1 中讨论过的电子不一样，它也能感受到强核力的作用，这种力会让夸克互相靠近（图 3–3）。那么，在某个瞬间更有可能发生的到底是电磁力导致两个夸克相互排斥，还是强核力导致它们相互吸引呢？

这大致取决于强核力和电磁力的耦合常数的比率。强核力的耦合常数 $\alpha_s \approx 1$，电磁力的耦合常数 $\alpha \approx 1/137$，后者又被称为精细结构常数。事实上，真正能说明问题的是二者比率的平方，也就是说，两个夸克在强核力下相互吸引的可能性，几乎是电磁力导致两个夸克相互排斥的可能性的 20 000 多倍。这就意味着在质子内部强核力占据着主导地位，而电磁力的作用较弱。

我们已经注意到，现代物理学无法告诉我们耦合常数为什么会取那样的值。我们也没有预测它们的值的基本理论，而最多只能通过实验去测定它们的值。我们将会看到，如果从一开始**宇宙**的这些基本常数的值就不一样，情况可能会完全不同！

---

① 实际上，可以认为耦合常数取决于粒子之间相互作用的能量。当我们说改变常数值时，指的是其某一特定能量下的值。

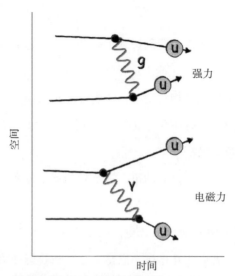

图 3-3　强力的吸引作用和电磁力的排斥作用作用于质子或中子内部的上夸克，分别释放出胶子和光子。由于每秒钟释放出的胶子要比光子更多，所以夸克会一直停留在质子和中子内，完全盖过了电磁力的作用

化学反应

我们已经讨论过很多让化学环境简单到不适宜生命存活的方式，事实上，我们也可以让它复杂化。

古代的炼金术士试图将普通金属转化成贵金属，大家都知道，伟大的科学家艾萨克·牛顿也尝试过用巫师的大锅和玄术制出奇怪的化学物质。虽然古人在条件有限的情况下，通过不间断的实验相继制出了合金、毒品、色素，还发现了从砷到磷再到锌的多种元素，为现代化学奠定了基础，但他们始终没能把铅变成黄金。现在，我们已经能解释其中的原因了。

铅和金都是化学元素，二者的差异源于原子核的构成不同。金原子的原子核包含 79 个质子和大约 118 个中子，而铅原子的原子核包含 82 个质子和大约 126 个中子。所以，如果我们能把手伸进铅的原子核中，取出 3 个质子和 8 个中子，就可以得到黄金了！

这就是炼金术士注定会失败的原因。当你点火加热或者往大锅里加入药水之后，就会引起化学反应。根据定义，化学反应实际上是围绕原子核运动的电子进行重新排布。就质量而言，一个电子想要打乱原子核的构成就像一只小鸡想要推开河马一样难。

但如果小鸡（也就是电子）的运动速度非常快，又会怎么样呢？或许我们可以利用温度极高的火，使电子以足够快的速度进入原子核，移走一些质子和中子。除此之外，还有一个问题：这些质子和中子不仅质量更大，而且受到强核力的控制。摆脱原子核中强核力的约束所需的能量大约是摆脱电磁力所需能量的 20 000 倍，再考虑到质子的质量是电子的 1 000 多倍的事实，可以说化学反应产生的能量根本不足以打乱原子核的构成。就算烧再多的火，用再大的锅，你也无法把铅变成黄金。

但如果我们改变了游戏规则呢？

通过对粒子物理学标准模型的自由参数做一些调整，我们就可以创造出一个在化学反应和核反应之间没有能级差的宇宙。如果你把蛋糕放在烤箱里烤太久，最后可能会得到一个烤焦的蛋糕，也可能会得到一大块铅。

在之前的讨论中，我们对化学环境的干预会创造出一个更简单的宇宙。但是，消除化学反应与核反应之间的能级差则会使宇宙变得更加复杂，可能会太过混乱和动荡，以至于不适合生命存活。

生命需要在稳定和运动之间取得平衡。我们的心脏既不能一动不动（过于稳定），也不能搏动异常（过于动荡）。我们不能总是无所事事，否则就会被那些积极进取的生命形式替代。但我们又需要 DNA 中的遗传信息保持稳定，这样新生的细胞才能与我们既有的细胞保持一致。

在化学反应与核反应之间不存在能级差的宇宙里，生命因无法获得稳定和可预见的化学环境而不能存活。氧气虽然是维持生命的化学能量来源，但如果有些氧原子和你的肺壁发生过于猛烈的碰撞，所产生的核反应可能会让你的肺中充满无用的氩气或有毒的砷。

在我们的**宇宙**中，现有的化学反应网络已经复杂得惊人，还会随着大量可用的核反应而变得更复杂，每一个反应网络都会从根本上改变你身体的各个部分的化学性质。如果基因合成 DNA 的化学反应变得不再可靠，那么保护 DNA 免受外界干扰将变得难上加难。

不过，在这样一个宇宙中，由于复杂性急剧上升，所以很难准确地预测到底会发生什么。或许生命会找到一种方式，在化学反应和核反应之间巧妙地取得平衡，从而造就一个与我们的想象完全不同的生命体系。①不管怎样，对于依靠如实存储和复制信息的生命体系来说，过于复杂不是一件好事（图3–4）。

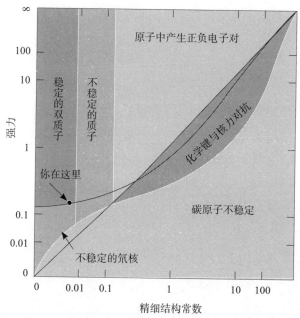

图 3–4　电磁力和强力的微调。改变这些力之间的关系会对宇宙产生巨大的影响，在表示我们宇宙的黑点附近有一个几乎觉察不到的稳定区域［根据泰格马克的理论（1998）］

①　请注意，这种演化当然是没什么用的，因为从一开始就需要一种能够自我复制的生命形式。如果原始的细胞全部溶解在一种核反应中，那自然选择也就没什么可选择的了。

宇宙大爆炸

考虑到化学反应的重要性，[①] 我们必须问一个问题：我们周围这些不同的元素是从哪里来的？在过去的 100 年间，我们已经知道**宇宙**有两个元素大熔炉。第一个是大爆炸，它在**宇宙**诞生的最初几分钟里就形成了轻元素。第二个是恒星，实质上就是很多靠自身引力结合在一起的核反应堆。由这两者产生的性质各异的元素，正是 4 种基本力互相较量的结果。让我们先从**宇宙**大爆炸说起。

我们将在第 5 章中更详细地讨论大爆炸理论，在这里，我们会把重点放在它的核反应堆上。作为一种物理理论，大爆炸告诉了我们**宇宙**从爆炸开始后几秒钟到几分钟之间的情况。在这段短暂的时间里，**宇宙**的温度恰好适合质子和中子结合成原子核。在巨大的熔炉里迅速出现了 75% 的氢（按质量计算）、25% 的氦以及少量的氘、锂和铍，几乎与我们现在观察到的**宇宙**是一致的。[②]

4 种基本力都有权决定每种元素的含量，它们是怎么做到的呢？

强核力是原子核的黏合剂，它显然会参与其中。在阻止两个原子核结合的所有因素中，电磁力要占一部分。原子核是带正电荷的，所以会相互排斥。如果它们的运动速度太慢，那么在（短程的）强核力发挥作用之前，它们就会被推开。所以，我们需要原子核快速移动，靠近到足够让强核力发挥作用的程度。换句话说，我们需要热量，但又不能太多。强核力不是无穷大的，一次足够激烈的碰撞就会使原子核分裂。

弱核力也非常关键。我们不可能只用质子来制造原子核，还需要中

---

① 作为物理学家，要承认这一点需要很大的勇气。

② 我们说"几乎"的原因是，虽然大爆炸理论成功地预测了氢-4、氦-3 和氘的丰度，但对锂的预测略有偏离。宇宙学家对这个问题进行了长期而深刻的思考，并决定将它命名为"锂问题"。

子。然而，中子是不稳定的，会在约 15 分钟的时间内发生衰变，所以其间我们需要源源不断的中子来合成原子核。多亏了弱核力及其可以使上、下夸克相互转换的独特能力，只要**宇宙**有足够的热度和密度，像"质子＋电子→中子＋微中子"这样的反应就会不断地产生中子，核反应就可以有序地进行下去，从而形成氘（质子＋中子），接下来是氦 –3（氘＋一个质子）和氦 – 4（氦 –3 ＋一个中子）。①

我们已经看到，这些过程都取决于宇宙的温度。引力控制着宇宙的膨胀和冷缩，特别是从宇宙过冷而无法制造更多中子与中子形成原子核之间的时间跨度。如果这个时间跨度超过 15 分钟，那么储备的中子将被耗尽。

所以，改变基本力的强度能够对宇宙早期的核反应产生巨大的影响也就不足为奇了，而且其中的某些影响未必对生命形式有害。比如，如果在早期宇宙中根本没有核反应，我们就会生活在纯氢的环境中（记住，氢原子的原子核就是单个质子）。这并不是一件很糟糕的事：宇宙中还是会有银河系和恒星，只要恒星一直运转，就会产生那些较重的元素。但有意思的是，我们会失去证明大爆炸理论的关键证据。

当然，核反应的效率太高也不是一件好事。因为这样一来，所有的氢元素在早期宇宙中就会消耗殆尽，无法为恒星提供动力。恒星只得利用效率较低的燃料，比如氦。除非**宇宙**能制造出一些氢的同位素，比如氘（原子核中有一个质子和一个中子）或者氚（原子核中有一个质子和两个中子），否则宇宙中不会有水或者任何含氢的碳基分子，但这些分子却占据着碳化合物的大部分江山。②

---

① 宇宙在这几分钟里非常繁忙，发生了许多核反应；感兴趣的读者可以使用 AlterBBN 计算机代码去了解一下其中最重要的 87 个反应，你可以从 superiso.in2p3.fr/relic/alterbbn/ 下载这个代码。

② 在 chemspider.com 数据库中列出的 2 400 万种碳化合物中，只有不到 8 000 种（0.03%）不含氢。

为了创造出一个氦宇宙，现有**宇宙**的属性需要改变多少呢？可以考虑增大强核力，让宇宙这个巨大的熔炉变得更有效率。核子能够在温度更高的环境下黏合在一起，原子核就会在**宇宙**的历史上早一点儿形成，那个时候的中子更多。我们的**宇宙**在诞生后的最初几分钟内就消耗了 25% 的氢，如果强核力增大至原来的两倍，就足以使宇宙消耗掉 90% 以上的氢。[①]

如果弱核力变得更弱，我们就会得到更多中子，这个结论或许与你的直觉相反。在最早期的宇宙中，周围的能量很多，弱核力会同时产生更轻的质子和略重的中子。如果弱核力变得更弱，当这些反应的效率降低，**宇宙**不再制造质子和中子（被称为冻结）时，质子和中子的数量大致相等。所以，当**宇宙**开始把中子和质子配对成氦核时，效率会很高，它能够把所有的氢都锁住（记住，氢原子核就是单个质子）。[②]

引力也与这一切有关。核反应并不影响恒温，因为对于已经身陷火海的早期宇宙来说，它们的增温作用微乎其微。更确切地说，引力通过控制**宇宙**的膨胀来决定宇宙的冷却速度。更强的引力和更弱的弱核力有同样的效果，产生中子的过程会结束得更早，从而得到大致等量的中子和质子。像之前一样，几乎所有的质子都被锁定在氦核内。

在元素形成的过程中，还有一个重要因素就是质子和中子的质量。由于中子更重一些（第 2 章），所以质子要更稳定一些，数量也更多。如果两种粒子的质量相近或者中子更轻一点儿，在早期宇宙中我们就会得到更多的中子，并再次失去氢。

---

① 麦克唐纳（MacDonald）和马伦（Mullan）（2009 年），他们标记的 G = 1.5 意味着 $\alpha_s \approx 2.25\alpha_s, 0$。

② 所谓更弱的弱核力，指的是弱核力的强度（或者希格斯真空期望值）更大，而所有其他粒子质量和力都保持不变。如果你想了解更多的细节，并且更精确地计算改变弱核力强度和基本粒子质量对大爆炸中核合成过程的影响，可以看一看霍尔（Hall）、平纳（Pinner）和鲁德尔曼（Ruderman）写的《大爆炸核合成的弱核力强度》（2014 年）。

影响质子和中子总质量的因素有三个。第一个因素是与强核力有关的结合能，它对于质子和中子的影响是相同的。如果结合能是唯一的影响因素，质子和中子的质量就是相同的，结果还是没有氢，这真是一个坏消息！第二个影响因素是电磁力：质子周围势必有一些电荷，使质子变得更重，这是一个坏消息。第三个影响因素是夸克的质量不同。尽管它们的质量比质子质量的1%还小，但下夸克要比上夸克重得多，足以让中子（两个下夸克和一个上夸克）的质量比质子（两个上夸克和一个下夸克）更大，这是一个好消息。夸克的质量又一次扭转了局面。[1]

原子核的衰变

物质的稳定性和元素在宇宙中形成和在恒星中心产生的过程一样，也是基本力之间持续较量的结果。

大自然为我们提供了从氢到铀的 92 种天然元素，但在实验室里我们已经可以人工合成质量更大的元素。这些元素存在的时间非常短，而且一直处于极不稳定的状态，直到强核力产生的吸引力被电磁力产生的排斥力破坏，并将原子核拆分成小块。迄今为止，人工合成的质量最大的元素是Og，它的原子核中有 118 个质子和 175 个中子！它在不到 0.89 毫秒的时间内就会分裂成铋和氦，铋原子核很快也会发生衰变。

在 92 种天然元素中，也有一些不完全稳定。这些元素具有放射性，能让一种元素嬗变成另一种元素，能把蜥蜴变成哥斯拉，能把卑微的乡下人变成横冲直撞的食肉怪物，能把温文尔雅的少年变成超级英雄或超级反派。（我们看的科幻电影太多了！）

---

[1] 改变电磁力产生的影响要稍微复杂一些。你可能会认为削弱斥力会使核燃烧变得更容易，而且更有效率。事实上，改变电磁力主要影响的是中子与质子的质量差异，电磁力越强就意味着质子越重，因此产生的中子就越多，最终形成一个由氢主宰的宇宙。

事实上，放射性是福也是祸，医学领域正致力于用放射性原子的衰变来识别和消除恶性肿瘤。如果你有时间，不妨研究一下正电子发射断层扫描（PET）或单光子发射计算机断层成像术（SPECT）的工作原理。

放射性是一头很难控制的野兽，这是对几个不同过程的笼统说法。在最普遍的意义上，放射性就是原子核自发释放能量的过程，这些能量能够破坏或者找到活体组织。

放射性可以根据被发射出的粒子来分类。其中最简单的应该是伽马（γ）衰变，即一个被激发的原子核发射出一个高能光子，这与原子中的电子在能级跃迁时发射光子的过程几乎相同。γ 衰变与其他衰变的不同之处在于，光子的发射并不会改变原子核内质子和中子的数量，因此元素的性质不会改变。

重元素发射出氦原子核（两个质子和两个中子）的现象叫作阿尔法（α）衰变，在这里氦核被称为 α 粒子。通过发射质子，α 衰变让一种元素嬗变成另一种元素。

α 衰变的过程是一场基本力的较量：短程的强核力让质子和中子结合成原子核，质子间的电磁排斥力则要让原子核分崩离析。

我们可以把原子核想象成一所监狱的院子，里面关着 α 粒子。[①] 它可以在院子里自由漫步，偶尔会被墙反射回来。这种反射就类似于强核力的效果，可以阻止 α 粒子逃逸。

计算一下 α 粒子的能量，然后和翻过监狱围墙所需的能量做比较，我们就会知道逃跑是不可能成功的。但是，粒子可以使诈。量子力学考虑到一种可能性，即在没有足够能量翻过围墙的情况下，粒子可以隧穿到围墙外。

---

① 这是一个非常贴切的比喻。不妨看看科恩（Cohen）（2008）利用平方势阱建立的一个原子核稳定性的简单数学模型。

原子核内的 α 粒子每秒钟数万亿次地尝试逃出监狱。对于缓慢衰变的原子核来说，绝大多数的尝试都以失败告终。比如，在典型的铀–238 原子核内，α 粒子在几十亿年间要撞击"墙壁"10^{36} 次，才能成功地隧穿出去。一旦它摆脱了强大但作用距离短的强核力，电磁排斥力就会让它迅速远离原子核。

这种量子隧穿现象听起来就像痴人说梦，似乎是量子物理学家在聚会上喝多了之后的胡说八道，但它确实存在，在实验室里也经常被观察到。这种现象在现代的电子产品中也时有发生：如果几根电线被包裹得过于紧密，电子就会从一根电线隧穿到另一根电线上。

当原子核释放出一个电子或者是电子的反物质（正电子）时，就发生了 β 衰变。这种放射性正是弱核力的表现。

回想一下，弱核力能够让基本粒子发生嬗变。从 W^+ 和 W^- 的顶点图中可以看出，夸克之间可以互换，一个电子可以被换成一个中微子。为了搞清楚弱核力的作用原理，我们要仔细研究中子的衰变。

令人奇怪的是，中子虽然是所有原子的重要组成部分，而且占据了大约 1/2 的原子质量，但却是不稳定的。如果你从原子核中取出一个中子，然后放在旁边 15 分钟，它就会变成质子，并在这个过程中释放出一个电子和一个反中微子。不过，幸好原子核内的中子是稳定的。

我们可以从弱核力的角度去理解中子的衰变。如图 3–5 所示，中子的两个下夸克中的一个变成了上夸克，中子就变成了质子，还发射出一个 W^- 粒子。请注意，总电荷数并没有改变。W^- 存在的时间很短，它马上就会衰变为一个电子和电子中微子。衰变产生的电子能量通常很高，不可能受到电磁力的束缚而进入质子周围的轨道，它们会逃逸得无影无踪。

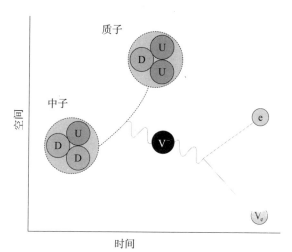

图 3-5　中子衰变就是一个体现弱核力的例子，当中子发射出一个 W⁻ 粒子时就变成了一个质子时，而 W⁻ 粒子又衰变成一个电子和一个中微子

在某些原子核中，弱核力作用有时会让中子变成质子，并发射出一个电子；有时则会让质子变成中子，并发射出正电子。每一次的 β 衰变，都会使原子核从一种元素转变成另一种元素。

放射性

我们已经看到，放射性是基本力共同作用的结果。在 α 衰变的过程中，氦核摆脱了强核力的束缚。β 衰变则是弱核力作用的结果，并把质子变成中子或者把中子变成质子。伽马射线是由激发态的原子核发射出的高能光子。

α 衰变的速率取决于强核力的吸引力作用和原子核内电磁力的排斥力作用间的平衡。量子隧穿效应的关键在于"监狱围墙"的厚度，也就是 α 粒子需要"挖多长的隧道"才能使排斥力战胜吸引力？

同样地，β 衰变的速率可以通过调整弱核力的强度来改变，也就是改变控制弱核力的（规范）玻色子 Z⁰ 和 W± 的发射概率的耦合常数。

我们不妨想象一下，一个没有放射性的宇宙会是什么样子的。或许除了我们会错过几个超级英雄、超级反派和怪物以外，宇宙会是一个更安全的地方。然而，彻底消除放射性也会产生一些惊人的后果。

地质运动

坚实的地面让人感觉踏实可靠，但我们会惊奇地发现，地表不过是一层薄壳，它包裹着高温的岩石和铁矿。地表究竟有多薄呢？不妨想象一下苹果皮，它就是那么薄。

在地表以下，经过漫长的地质年代，岩流奔涌使得板块运动、山脉隆起、火山喷发。滚烫的岩浆产生磁场，把来自太阳的带电粒子流（被称为太阳风）集中到北极和南极，产生美丽的极光，使地球上的生命免受有害辐射的影响。

地球的前身是一个高温岩石球，45 亿年来一直在冷却。如果没有内部热源，地球的中心早就冷却和凝固了。但是，能量通过元素的放射性衰变源源不断地被注入岩石，这些元素包括钾、铀和钍的同位素。

现在，地球的加热主要依赖长寿命的铀原子和钍原子的 α 衰变，而过去则主要依靠钾的 β 衰变。显然，强核力和弱核力的强度都会影响到达地球的放射性能量的总量。

我们以铀的衰变为例。在地球内部，铀元素贡献的热量大多来自它的 238 号同位素铀–238，这种同位素的半衰期几乎长达 50 亿年。因此，今天地球上的铀从地球诞生之日起就有了。在完成 α 衰变之后，我们得到了一个钍核（确切地说是钍–234），这个原子核也不稳定，在 25 天内就会发生 β 衰变。这一系列的 α 衰变和 β 衰变还会发生 27 次，中间产生的元素的半衰期从几秒到几十亿年不等，最终我们得到了稳定的铅核（图 3–6）。而且，每一次衰变都会把能量注入地球内部的岩石。

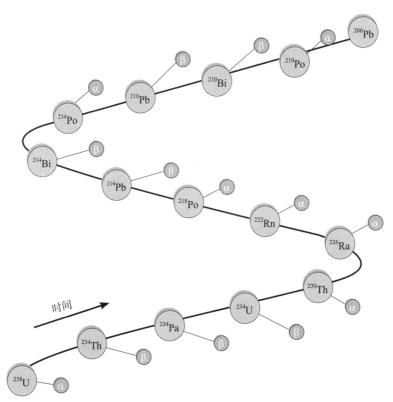

图 3-6　从铀到铅的放射性衰变要经过一系列的步骤，在每个阶段都会发射出一个 α 粒子或者 β 粒子

如果没有这些能量为地球加热，地球就会彻底冷却和凝固，失去有防护作用的磁场。我们的行星邻居——水星、金星和火星——几乎都没有磁场，所以它们饱受太阳风的摧残，大气中的元素也都被吹走了。

此外，如果没有放射性衰变产生的能量来为地球加热，地球就会变得非常坚硬，也就没有板块构造一说了。乍一看，这似乎是一件大好事：没有板块漂移，地震、火山、海啸将会极少发生。但是，也会带来严重的弊端。板块碰撞和火山爆发时持续不断的晃动和抬升作用，在维持生物圈的养分循环方面起着重要的作用。所以，爪哇、日本和夏威夷这类国家和地区的肥沃土壤都源自火山活动。而且，地壳的缓慢抬升创造了山脉，也为北美洲、印度和欧洲部分国家和地区带来了适合农业发展的肥沃土地。相比之下，澳大利亚正是由于板块构造稳定，火山活动较少，所以土壤相对贫瘠：数十亿年的雨水冲刷带走了营养物质，土地进入老年期。[①]

地壳和大气之间的碳循环确保着地球温度的稳定，使地球既没有走向海洋冻结的极端环境，也没有像金星那样陷入失控的温室效应。此外，地球表面的变化催生了新的环境和生态区位，这些是复杂生命进化的必要条件。

显然，地核的放射性太强也不好。如果放射性使得地表仍然处于最初的熔融状态，那么生活在熔岩中的智慧生命一定不会有光明的未来。你也许会说，不用担心，因为放射性衰变释放的能量是有限的。在大部分原子核发生衰变之后，地球就会冷却下来了。但不幸的是，太阳的能量也是有限的：在地表凝固的瞬间，地球就会被太阳吞噬，因为太阳已经耗尽了氢燃料，膨胀成一颗红巨星。

稳定谷

关于原子核，还有一个问题尚未解决，那就是哪种核是稳定的？化学元素是根据原子核中的质子数，也就是原子序数来定义的；化学性质则是由围绕原子核运动的电子排布方式决定的。对于一个电中性的原子来说，电子和质子的电荷数量是相等的。所以，每个铅原子都有 82 个质子，每个氮原子都有 7 个质子。

原子核中还有一定数量的不带电的中子，它们在强核力的作用下吸引

---

① 详情见黛蒙德《坍缩：人类社会的明天》（2005，第 13 章）。

其他中子和质子，且不会增大电磁排斥力，有助于维持原子核的稳定性。同一种元素的两个原子核（即质子数相同）中可以有不同数量的中子。对于铅来说，有的核中有 96 个中子，有的核中有 97 或 98 个中子，有的核中甚至有 133 个中子。一种元素的每一种同位素都有不同的质量。

我们已经知道，质量最大的元素会自发地拆分开来，因为内在的力量不足以对抗原子核持续不断的振动和脉冲。即使质量小一些的元素也可以通过放射性衰变变成其他元素。在已知的 2 000 种同位素中，只有不到 300 种是稳定的。而且这份名单还在不断修正中，因为时不时就有人发现某种所谓的"稳定"同位素在很长一段时间后还是会衰变。

对于某种特定的元素，为什么我们不能添加越来越多的中子，从而构造出质量越来越大的原子核呢？请记住，量子并不喜欢安静地待着。原子核会产生脉冲和浪涌，会发生旋转和变形。中子是费米子，在第 2 章我们讨论过，同一种费米子不喜欢待在一起。双中子（试图结合在一起的两个中子）之所以不稳定，就是出于这个原因，它会在 10^{-22} 秒里裂变成两个中子。所以，在一个有太多中子的原子核里，有些中子会因为束缚力不够而迅速逃逸。

同样地，添加的中子太少也不好。尽管质子很稳定，但双质子却不然。我们无法把两个质子结合在一起，因为这些费米子不仅拒绝待在同一个空间里，还会相互排斥。与双中子一样，双质子也很快会分崩离析。如果原子核里的质子太多，就免不了会丢失一个或几个。

即使由质子和中子结合而成的原子核也不稳定，它们很容易在弱核力的作用下发生衰变。如果原子核与质子、中子结合的紧密程度有差异，弱核力就会导致核衰变，即 β 衰变。

总结所有的情况，我们就能列出所有元素的所有同位素，从中可以看到只有很少一部分是稳定的，而大部分都是不稳定的。针对周期表中的每一种元素，我们要添加越来越多的中子来帮助原子核维持稳定。稳定的原子核都落在图中一个狭窄的带状区域中，被称为"稳定谷"（图 3-7）。

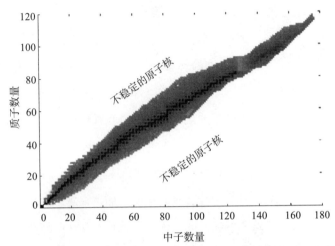

图 3-7　稳定谷。在我们知道的所有元素同位素中，位于暗色阴影中的同位素要更稳定，而那些黑色的是完全稳定的

正如我们看到的，稳定谷是三种基本力相互作用的结果。强核力使质子和中子结合在一起，电磁排斥力使质子彼此远离，弱核力则使质子和中子互相转化。

拓宽稳定谷

显然，改变这些基本力的强度会对稳定谷产生影响。没有弱核力的宇宙不会存在 β 衰变，其结果就是一些不稳定的同位素会变得稳定，而其他的则会发生 α 衰变。减弱电磁排斥力，则会使更多的原子核紧密结合在一起，阻止 α 粒子逃逸。

那么，这些新增加的稳定同位素对生命有益吗？20 世纪 60 年代的战争电影的影迷们一定记得《雪地英雄》，电影里帅气的柯克·道格拉斯奉命摧毁挪威威莫克城水电厂。毫无疑问，道格拉斯和他英勇的同伴们取得了成功，而其他的东西，正如他们所说，都是历史了。[①]

影片中的水电厂是生产重水的，重水对于德国的核武器研发至关重要。重水分子包含两个氘原子而不是两个氢原子。氘是氢的一种同位素，它的原子核里除了质子还有一个中子，这使得重水比普通的水要重10%，所以才有了重水这个名字。

相较普通的水，重水的化学性质不会有很大的改变。对于某种元素的不同同位素来说，原子外层电子的相互作用是类似的，但并不完全一致。比如，我们可以用重氢（氘）来制造重水分子。重水分子之间的化学键比普通水要略强一些，这对生物系统是有害的。事实上，尽管重水的味道（至少对人类来说）似乎与普通的水很像，但它其实是有毒的。重水分子间的相互作用和普通水分子完全不同。这不仅对人类来说是一个难题，对于大多数的多细胞生物来说也是一样。这种现象或许反映出地球上的生命对于可用资源的适应性，但我们不应该因此得出不存在以重水为基础的生命形式这一结论。

如果我们可以完全消除放射性，会怎么样？这样的宇宙太过复杂，我们当下还无法详细探讨。不过，我们可以进行一些有根据的猜测。

以碳为例，我们都知道它是生命的基石。每个碳原子核中有6个质子和一些中子。碳的质量最大的同位素有16个中子，而质量最小的只有2个中子。这意味着前者的质量几乎是后者的三倍！这两种极端情况的同位素都位于稳定谷的边缘，而且在不到1毫秒的时间里就会发生衰变。事实上，只有几种碳的同位素是足够稳定的，也就是那些含有6个、7个或者8个中子的同位素，它们对于生命来说是真正重要的。

---

① 与所有好莱坞根据真实事件改编的影片一样，这部电影也含有一定的真实成分。真实的突袭是1943年挪威特种部队执行长官指挥的几次袭击的最高潮，与电影一样惊险，相关的书籍也值得一看（如雷·米尔斯写的《泰勒马克真正的英雄》，2003）。

然而，如果我们拓宽稳定谷的范围，那么很轻和很重的碳同位素就会变得稳定，对于所有其他元素来说也是一样。结果就是，由这些原子构成的分子，比如氨基酸和蛋白质，可能在化学成分上并不完全相同。它们可能有不同的质量、不同的分子键强度和形状，功能也各不相同。

在看上去如此复杂的情况下，复杂分子间会产生相互作用从而构成生命系统吗？我们并不知道答案。但这无疑是在进化的过程中又设置了一个障碍，那就是最早的生命形式是如何形成的。对于那些倡导宇宙微调论的人来说，这是他们未来必须考虑的问题。

当然，我们已经讨论过，消除放射性并拓宽稳定谷对于像地球这样的行星来说是有害的。我们需要熔融的地核，也需要磁场和板块构造。这说明生命，至少像我们这样的生命，都得益于稳定谷两边那些不稳定的元素。

消除稳定谷

因此，为我们了解和热爱的宇宙增加更多的稳定元素，会带来不可预测的后果。把一些对于生命而言至关重要的东西从宇宙中抹去，我们才更容易看清微调论的本质，但这样做显然是倒退。彻底消除稳定谷就是这样一个例子。

对于威胁说要分解人类体内原子和原子核的超级坏蛋，我们一定要认真对待。只能短时间存在的化学元素在构造分子、细胞和生物体方面毫无用处，这个问题不难解决：将强核力的强度降至原来的1/4，元素周期表里碳以后的元素就都不存在了，剩下的元素也不会发生 α 衰变，而只会裂变。将电磁力的强度提高至原来的16倍也能实现相同的效果，千万不要让你附近的超级坏蛋知道这个结论。

如果调整的幅度小一些，就会使大多数元素具有放射性，而且半衰期各异。这会给生命带来一系列问题。每一次的 α 衰变和 β 衰变都会将一种化学元素嬗变为另一种元素，彻底改变元素的化学性质。在构成生命系统的氨基酸、蛋白质和细胞中，这种巨大而且不可预测的变化会造成不可估量的伤害。

此外，α 衰变、β 衰变和 γ 衰变还会背上一个坏名声。人们最早发现铀具有放射性，是因为有人注意到铀样品会逐渐使胶片的颜色变深（通过 X 射线）。后来，居里夫妇发现了镭，从此放射性一夜成名：镭能在黑暗中发光，似乎拥有无穷无尽的能量。很快，市面上就出现了各种各样的镭产品，商家声称这些产品能加快人体新陈代谢，增强活力和幸福感。产品广告也在大肆宣扬镭的威力：为什么不去体验镭水浴，喝一些镭水，买镭鞋油和镭淀粉……甚至镭避孕套。（幸好在这些产品中很多根本就不含镭。）

不过，人们很快就意识到，接触镭是非常不明智的行为。《华尔街日报》刊登了一篇文章，标题发人深省：在他的下颌脱落前，镭水依旧效果超群。

现在，我们已经知道原因了。当发生 α 衰变和 β 衰变的原子核进入人体后，会在细胞内释放出高能粒子。而我们体内的分子完全没有抵抗能力，分子机器和细胞外壁会接连被摧毁，受破坏程度最严重的莫过于 DNA。一个典型的 α 粒子的能量足以破坏成千上万个化学键。尽管我们的细胞有自我修复机制，少量的基因突变也是达尔文进化论所必需的，但放射性元素的影响已经远远超出了生命能够承受的范围。在所有生命都需要的 6 种元素（碳、氢、氮、氧、磷和硫）中，任何一种具有放射性对于生命来说都是非常危险的。

所以，稳定谷的特性是由强核力、弱核力和电磁力的相对强度决定的，而且对于宇宙中的生命来说，似乎它们之间已经达成了很好的平衡。我们有少数几种稳定的同位素，它们能为生命提供可靠、稳定的分子结构，而大部分半衰期长但却不够稳定的同位素，能够在像地球这样的行星内部进行放射性加热。在基本力强度发生变化的宇宙中，即使生命有可能存在，前景也是非常渺茫的。

消除一种基本力……

如果我们激进一点儿，彻底从**宇宙**中消除一种基本力，会怎么样？我们可以通过设定耦合系数，将一种力的强度减至零。如果你想创造一个适宜生命存在的宇宙，这样做通常只会弄巧成拙。

如果消除引力，就没有力能使物质坍塌成星系、恒星、行星或其他任何结构。如果消除电磁力，就不会存在化学物质，因为没有力能把电子束缚在原子核周围。如果消除强核力，就不会存在原子核，也就不存在化学物质。我们别无选择，只能将看似最无关紧要的弱核力的强度设为零。我们能成功吗？

在地球内部产生热量的过程中，放射性起着至关重要的作用，即便我们完全消除了弱核力，元素的 α 衰变还是可以继续进行放射性加热。但我们已经知道，将能量注入岩石的既有 α 衰变，也有 β 衰变。没有了弱核力，这些衰变就会减少，从而减少行星内部的热量。

罗尼·哈尼克、格雷厄姆·克里布斯和吉拉德·佩雷斯已经对这种"弱核力为零的宇宙"进行了研究，看看有没有生命存在的可能性。[①] 让我们详细了解一下他们的研究成果吧。

你应该能想到，增大希格斯场的强度可以消除弱核力，因为这时 Z^0 和 $W^\pm$ 粒子的质量会变得非常大。弱核力的作用哪怕只有短暂的一瞬，也

① 哈尼克（Harnik）、克里布斯（Kribs）和 佩雷斯（Perez），2006。

会产生这些粒子。但如果粒子的质量太大，它们的数量就会很少，弱核力也几乎消失了。

可是，如果我们让从希格斯场产生的粒子的质量都变得非常大，难道夸克和电子的质量不会也变得同样大吗？这可未必。我们可以简单地假设粒子只是偶尔和希格斯场发生微弱的耦合，这起码能让没有弱核力的宇宙和现在的**宇宙**相比仅仅经过了微调。

没有了弱核力，中子就会变得稳定，[①]而且大部分的质子和中子都会结合成氦，而只有一小部分会结合成氢。正如我们在上文中提到的，这对于恒星、水和几乎所有已知的有机分子来说都是坏消息。

但是，没有弱核力的宇宙可以通过"合理的参数调整"得到拯救，这种说法是由哈尼克和他的团队提出的。我们可以将理想的中子与质子的数量比（夸克比）作为宇宙的初始特性。由于质子过量，当宇宙将两个质子和两个中子结合成氦时，就会有多出来的质子。我们并不确定宇宙的这种初始特性的产生机制，所以我们可以放心地假设中子与质子的数量比也可以取其他值。

或者还有一种更可信的方法，我们可以将宇宙中的光子数量增加至原来的 100 倍。这能让宇宙更有效地摧毁新形成的原子核，以及一些"吞噬氢"的氦。

这样的宇宙可能有为恒星供应燃料的其他途径，从而创造出质量更大的元素，形成复杂的化学物质。但是，还有一个令人担心的问题。迄今为止，人们在对恒星和超新星产生元素的过程进行极其详尽的研究后发现，消除弱核力会导致宇宙缺氧和缺水。

---

① 事实上，我们并不清楚在没有弱核力的宇宙中是否有物质存在，因为弱相互作用对于物质的形成过程比对于反物质的形成过程更加关键。没有这种不对称性，几乎所有的物质都会在早期的宇宙中湮灭成光子。我们在第 6 章还会讨论这个问题。

这个没有弱核力的宇宙非常精妙，哈尼克和他的团队探索该宇宙构造的过程也很有意思。消除弱核力会大大改变宇宙的面貌，但有点儿出人意料的是，这对生命来说不一定是判了死刑。我们说过，没有弱核力的宇宙只是经过了微调。

有趣的是，在没有弱核力的宇宙中，那里的居住者们要经过艰苦的努力才能揭开基础物理学的奥秘。要发现弱核力的物理性质，包括希格斯场和基本粒子的质量来源，需要极其高的能量，比我们（几乎可以肯定还有他们）的最大型的粒子加速器的能量还要高出 10^{15} 倍。但是，即便他们设法弄清楚了这些物理学原理，他们也会比我们更加困惑，因为他们所处的宇宙显得更加幸运。

我们对力的讨论就到这里。下面，我们要讨论赋予宇宙生命的其他定律：能量和熵。

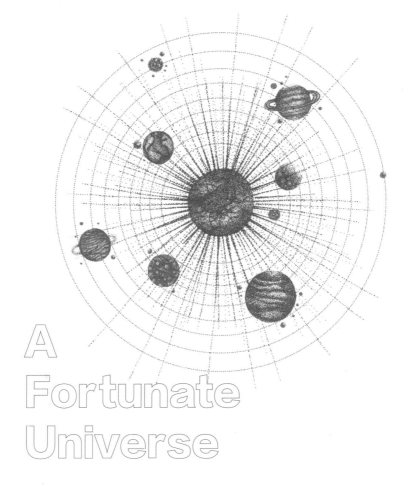

A
Fortunate
Universe

第 4 章

如果宇宙的熵一直增大，银河系
会怎么样？

宇宙的运转需要能量。能量有很多形式，比如热、光、运动，或者存在于物质本身，爱因斯坦的著名方程 $E = mc^2$ 也是一种能量形式。

能量流动驱动着生命无数次的变化过程，然而，并不是任何一种能量都能做到这一点。生命需要有价值的能量，这就引出了自然科学中最重要、最具挑战性，误解也最多的概念之一——熵。

在本章中，我们将研究宇宙各个时期中能量和熵的流动。我们会看到，宇宙中可用的能量已经越来越少，正在不可避免地走向衰微。在表达对未来的严重关切的同时，我们又会想到现代科学的难解谜团之一：为什么宇宙一开始的时候处于混乱状态？

在上一章中，我们研究了基本力，重点讨论了强核力、弱核力和电磁力，而对引力避而不谈。我们之所以把引力留到这一章来讨论，是因为它影响着宇宙中的能量流动。尽管引力是 4 种基本力中最弱的一种，但它在宇宙形成的过程中扮演着非常重要的角色。

让我们从人类对能量的执着追求开始说吧。

熵——宇宙的终极游戏规则

人类对于能量的追求几乎到了痴迷的程度，以至于改变了地表的模样。从太空看夜晚一侧的地球，地表的大部分区域都被城市和道路的灯光点亮。

就个人而言，我们的身体需要能量，还会定时提醒我们。我们迫切地想吃掉一个有配菜的汉堡，一块精心制作的比萨，或者是一颗上好的比利时酒心巧克力。

人类寻找以食物形式存在的能量，这一点影响着我们的进化、文明发展和现在大部分的电视节目。超过几个小时没有摄取食物，人就会感觉饥饿。一个月没有摄取食物，人就会一命呜呼。

你是一台能量消耗机，所有生命其实都是如此。

与人类的很多活动一样，对于能量的研究，特别是对热量传递的研究，也是由金钱驱动的。在18~19世纪，工业革命的成功主要依靠蒸汽机的发展。效率更高的发动机意味着更多的钱，所以发明家和科学家才愿意研究如何把热能转变为动能，可以说热力学是在工厂车间里诞生的。

热力学对于现代物理学的重要性再怎么形容也不过分，它为理解宇宙中的所有能量流动提供了指导原则和数学框架。比如，从鸡块的消化到为橄榄球运动员的腿部肌肉提供能量，再到核反应产生的能量以光照形式促进植物生长，植物的种子又为鸡提供营养，最终鸡变成鸡块的过程。

热力学有4个基本定律，但出于历史原因，它们是从零到三编号的。犬儒学派的版本是：零，有一个游戏；一，你所能做的只有收支平衡；二，你只能在绝对零度的情况下实现收支平衡；三，不可能达到绝对零度。

更确切地说，第零定律给出了温度的概念。如果两个物体的温度相同，二者之间就不会存在热量传递，它们处于热平衡状态。第一定律意味着能量（包括热量）是守恒的，既不会凭空产生，也不会凭空消失。第三定律的意思是，绝对零度（即理论上所有热运动都停止的状态）在实践中无法达到。

在这里，我们会把重点放在最著名的热力学定律，也就是第二定律上。为了凸显它的重要性，让我们来看看伟大的英国天体物理学家亚瑟·爱丁顿是怎么说的：

> 如果有人向你指出，你偏爱的宇宙理论与麦克斯韦方程组不相符，对麦克斯韦方程组来说事情就更不妙了。如果你偏爱的理论与观测结果不一致，那只能说明实验人员有时也会笨手笨脚。但如果你的理论违背了热力学第二定律，它就只能在最大的屈辱中崩塌。

热力学第二定律（大致）是说，宇宙（或其中一部分）的秩序不会自发增长。秩序最多只能被维持，而且要以别处的混乱为代价。"秩序"这种说法虽然直观，但有点儿空洞，所以物理学家更喜欢代之以"熵"。

熵、秩序和水桶

我们对于从有序陷入无序，而且需要付出努力才能恢复有序状态的过程并不陌生。厨房不会自己变干净，让破碎的花瓶复原要比打碎它更难。杯子里的冰会融化，威士忌的温度会升至室温，但你从来没有见过这个过程反向发生。

然而，熵这个概念的重要性与它的微妙之处简直不相上下。只要问问学过热力学和统计物理学的物理学专业本科生就会知道，熵的概念很容易被误解。

如果我们从有效能或者自由能的角度来考虑熵，情况就会变得简单一些。低熵系统的能量可以被获取，并被转换为另一种形式。相比之下，高熵系统的能量不能转移，也就无法利用。

假设有一个水力发电厂。山上的水具有有效能，即重力势能。当水从山上流下来后，它会驱动涡轮机发电，水的能量被获取并被用来做有用的工作。当水流到谷底的湖里后，它已经失去了势能，无法再驱动涡轮机发电了。所以，山上的水是一种低熵系统，但在它流到谷底后，它就变成了高熵系统。

让我们再举一个与热量有关的简单例子。假设有两桶水，一桶热一桶冷。由这两桶水组成的系统是低熵系统，所以可以被用来做一些有用的事。比如，你可以用金属丝把两个桶连在一起，热量会从热水桶传递至冷水桶。借助合适的材料和发挥聪明才智，你就能制作一个热电转换系统，即把热能转化为电能的装置。

随着热量在水桶间的传递，热水桶会变凉，冷水桶会变热。两个桶里的水最终温度相同，热量传递就停止了。没有了热量传递，也就不再有电能产生。此时，这两个桶就是一个高熵系统。

请注意，这个系统中仍然有大量的热能，只不过这些能量哪里都去不了，也不会被转化成其他形式。

但是，这其中有什么"秩序"吗？一桶水热一桶水冷的系统是不是比两桶温水的系统更有序呢？我们不妨做个实验。准备一桶热水和一桶冷水，然后把热水全部倒进 50 只玻璃杯中，把冷水全部倒进另外 50 只玻璃杯中。从这 100 只玻璃杯中随机选择 50 只，然后把杯里的水倒入第一个桶，把剩下 50 只玻璃杯里的水倒入第二个桶。共有 10^{29} 种方式可以完成这件事，但只有两种方式能恢复一桶热水和一桶冷水的状态。其他所有方式都会把冷热水混合，从而降低温差。尽管总热量没有改变，但绝大多数方式都会得到温度大致相等的两桶温水，有效能很少。

因此，一桶热水一桶冷水的系统比两桶温水的系统更有序。随着两桶水的温度变得均衡，熵也增大了。

我们可以通过加热其中一桶水并将另一桶水放入冰箱的方法来让系统恢复初始状态。那么，这两桶水会再次具有有效能，可以用来发电。但是，当我们最终清算时，在抵消用于加热和冷却水的能量后，却发现总熵增加了。所以，恢复系统的低熵态是以别处的混乱为代价的。

热力学第二定律表明，在任何情况下，能量流动永远不会使总熵降低。在最理想的情况下，总熵保持不变。但更多的时候熵会增加，可用来做其他事情的能量会减少。

在不断膨胀的**宇宙**中，熵不断增加，可利用的能量不断减少。在遥远的未来，**宇宙**中的可用能量会逐渐耗尽，只留下一个平淡无奇、死气沉沉的世界，有点儿像堪培拉。[①]

生命无论有什么典型特征，最大的特点还是机能。生命受能量驱动，影响冷、热水桶间能量流动的概念也适用于你。没有能量，就没有生命。但是，就像水桶一样，仅靠能量并不足以发电、运动或新陈代谢。我们需要有效能，生命需要低熵系统。

那么，生命从哪里获取有效能呢？让我们追溯一下有效能的源头。

熵的前世今生

地球上所有能量的最终来源（实际上）都是太阳。在太阳中心，极高的温度和压力把氢原子核聚变成氦，这个过程释放出的能量使太阳这个核反应堆一直处于燃烧状态。然而，随着太阳中心积累的氦越来越多，可用能量越

---

① 在这里要对非澳大利亚的读者说，堪培拉在 1908 年被选为国家首都是为了防止墨尔本市和悉尼市之间的争吵，直到现在仍有争议。像世界各地的许多规划城市一样，堪培拉由于枯燥乏味的夜生活而饱受非议。当然，它并不是真的那么糟糕。（但确实不如悉尼好！）

来越少，熵越来越大。

尽管太阳未来可以将氦核中的能量释放出来，把质量较小的原子核聚合成质量较大的元素，但这个过程不会永远持续下去。最终，太阳中心会变得一无所有。火会熄灭，恒星也会消亡。但愿那个时候，人类已经移居至其他地方。

不过，现在的太阳还在无忧无虑地燃烧着氢，释放出能量，其中很小一部分来到地球上。

通过光合作用，植物借助阳光的能量将简单的化学物质转化成复杂的化学物质，并以化学键的形式储存能量。[1]效率最高的光合作用能把植物吸收的阳光全部转化为化学能，但是热力学第二定律告诉我们总有一些能量会被浪费掉。在这个例子中，一部分能量会以热量的形式散失。结果就是有效能减少，熵增大。

植物储存的能量可被用来繁衍更多的植物。动物吃掉植物，获得植物储存的能量。当然，作为杂食动物，人类常常走捷径，直接吃掉其他动物，这些动物把植物的能量储存在它们的肌肉、器官和脂肪中。

我们消耗的能量会变成什么呢？即使只是坐在床上读一本好书，你的身体通常也会比周围的环境更温暖。你身体的热量传递至周围的空气，并以红外线的形式辐射出去。如果你的眼睛对这部分电磁波谱很敏感，你就会看到人体在发光。人体对食品的加工效率远不足100%，我们的排泄物会继续在下水道甚至更远的地方为很多生命形式提供能量。

现代文明的发展动力不仅来源于人类吃掉的植物和动物，还来源于我们从地下挖出的石油、天然气和煤炭。这么庞大的能量储备是从哪里来的呢？

杰兰特的爸爸是一位矿工，他常常把一些煤块带回家。有一次煤块

---

[1]　这样说是为了与本书的主题保持一致，真实的情况比我们说的要略微复杂一些。

裂开后，露出了一个古老蕨类植物的美丽印记，这激发了杰兰特对科学的兴趣。

这些蕨类植物出现的时间比恐龙还要早 7 000 万年，那时大型昆虫在陆地上十分活跃，鲨鱼则主宰着海洋。在这个被称为石炭纪的时期，地球上的大多数地区都是热带雨林和沼泽地，长着无数需要阳光的植物。

一部分植物死亡后，它们根本没有机会腐烂，因为它们被不透气的淤泥牢牢掩盖。后来，它们又被紧紧地压在沉积物和岩石之下，长期的高压和高温作用把它们变成了煤。与此同时，藻类和小型海洋动物被慢慢地变成石油。我们今天开采的正是这些动植物的尸体，我们汽车里的燃油和发电用的煤，不过是被压缩的阳光。

就像我们前文中讨论过的热水桶和冷水桶的问题一样，有效能以阳光的形式从高温的太阳流向低温的地球，为地球上的各种生命形式提供能量，因此它的熵一定较小。

从太阳到达地球的能量，一部分被生命消耗，另一部分被辐射到太空中。

人类生存的全部意义就在于，利用能量去养活更多的同类和后代。宇宙中的任何活动，包括生命，都需要某种能维持低熵态的能量来源。那么，为什么太阳能够维持地球的低熵态呢？

地球引力塑造万物

我们已经了解到，人类的日常生活就是一场基本力之间的较量，引力把我们拉向地心。多亏电磁力，地球的原子才没有被压缩，从而承担起我们的重量。虽然引力控制着我们周围的一切，但你可能会惊讶地发现引力和其他基本力相比其实非常微弱。假设有两个质子，它们之间的引力是其电磁排斥力的大约 $1/10^{36}$！或者说，电磁力是引力的 10^{36} 倍。

如果你还不确定引力到底有多微弱，不妨想象一个从摩天大楼上垂直下落的保龄球。地球的质量高达 10^{24} 千克，在引力的作用下，球会加速向地心运动。在忽略空气阻力的情况下，球每下降一秒钟，它的速度每秒就会增加 9.8 米。它坠落的速度越来越快，直到击中地面。接下来，会发生什么呢？我们不妨假设地板非常坚硬，是由钢制成的，并假设保龄球是实心钢球，不会裂开或者破碎。请记住，保龄球在引力的作用下垂直下落了几十或上百米，而构成地板和球的原子的外层电子产生的电磁排斥力，却使球在一毫米的距离内被反弹开。尽管引力对我们很重要，但不可否认的是，它非常微弱。

如果你一直在关注这个问题，可能会产生这样的疑问：既然引力如此微弱，为什么电磁力没有完全主宰**宇宙**的运行方式呢？电磁力和引力之间存在一个关键的差别。自然界中有两种电荷——正电荷和负电荷，它们可以相互抵消。相比之下，自然界只有一种引力"负荷"（即质量），它只能不断累加。从外界几乎看不出原子内部的电磁力，因为负电荷（电子）的数量和正电荷（质子）的数量持平。当我们用相等数量的质子和电子构成越来越大的物体时，正负电荷被抵消，但质量却一直在增加。所以，引力终将战胜电磁力。

尽管引力是最微弱的基本力，但它对人类的生存起着至关重要的作用。引力塑造了我们所处的宇宙环境，让我们看看它在创造阳光的过程中发挥了怎样的作用。

太阳核心的核聚变反应

我们已经知道太阳是地球能量的主要来源。无论这种能量是在数百万年前到达地球，然后被储存在煤和石油中，还是刚刚到达地球，并被太阳能电池板转化成电能，又或者是通过光合作用进入植物体，它都能为人类提供生存所需的各项资源。然而，这种能量的来源长久以来却一直是一个未解之谜。

直到近 100 年来，我们才了解到太阳就像一个巨大的高压锅。由于太阳的质量是地球质量的 100 多万倍，所以它的核心因受到挤压而处于高压、高温的状态。紧紧聚合在一起的高能质子发生核反应，产生氦。能量以一种频率非常高的光子流的形式被释放出来，这种光子流被称为伽马（γ）射线。如此高能的射线一定会以太阳光的形式射到地球上，但初始状态的伽马射线则会绕过或者摧毁我们体内的分子结构。

然而，这些新产生的光子并不会轻易地从太阳核心到达地球表面。事实上，由于太阳核心的密度极高，这些光子会与周围的质子和电子发生碰撞，使气体温度升高。多亏了太阳核心极度高温的环境，使得气体向外的压力平衡了向内的引力。

就像醉汉跟跟跄跄地走出酒吧一样，这些光子在被撞击了无数次之后，终于来到太阳表面。这个过程要花费几十万年的时间，但光子如果沿直线运动只需要几秒钟就可走完这段路。离开太阳表面的光子流穿过太空，给地球上的我们带来壮观的日出和日落景色，并为我们的生活提供能量。光子在太阳内部经历的碰撞有非常重要的意义，除了让气体向外膨胀以对抗引力，还降低了光子的能量，从而将致命的伽马射线变成可促进植物生长的光子。

大多数恒星都能够在这种向内的引力与向外的气体压力相抗衡的状态下存在数十亿年。然而，有一些恒星在耗尽氢之后，无法达到内外平衡的状态。当核心受到挤压时，常常会导致过激反应：恒星内部的能量突然爆发，导致恒星过于膨胀。当恒星停止膨胀并开始收缩时，会再一次引起过激反应。这种被称为"造父变星"的恒星不会稳定下来，而是会周期性地变化。

对于一些恒星来说，这种周期性的变化会表现得越来越剧烈，直到某次大幅度的膨胀使恒星的外层物质进入太空，只留下一个濒死的恒星核心。这个场景就是大约 50 亿年后太阳将要面对的最终宿命。

我们已经知道，来自太阳核心的光子流为地球上的生命提供了能量。在第一颗恒星出现之前，**宇宙**中没有生命可以利用的低熵光源。恒星诞生是在这个**宇宙**中产生生命的关键步骤。①

恒星的能量来源于核聚变反应，也就是把较轻的元素结合成质量较大的原子核。和**宇宙**早期的情况一样，这也是一场 4 种基本力之间的较量。电磁力让带正电的粒子相互远离，强核力却能使较轻的原子核结合成较重的元素，同时释放出能量。

弱核力也是一个容易被忽视但至关重要的角色。你可能已经注意到，恒星燃烧氢（每个核有一个质子）会得到氦（每个核有两个质子和两个中子）。那么，中子是从哪里来的？在两个质子发生碰撞的过程中，其中一个质子有可能（尽管可能性不大）在弱核力的作用下变成中子。考虑到恒星中质子碰撞的次数极多，即使是很罕见的现象也可能变得非常关键。质子和中子结合成氘（重氢）核，并释放出一个正电子和一个中微子，成功创造出中子之后，就可以合成氦了。

---

① 哈佛大学天体物理学家阿维·勒布（2014）中推测，生命可能出现在大爆炸遗留下来的温暖的辐射当中。这种辐射原本是超高能的伽马射线，随着宇宙膨胀而冷却。宇宙大爆炸发生后的 1 000 万～2 000 万年间，宇宙是温暖的，与地球的温度差不多。岩质行星（如果有的话）是可以允许液态水存在的。那么，这个环境适合生命存在吗？要记得温度差异才能让你获得能量并推动生命，而这种宇宙背景辐射几乎是均匀的，没有从高温到低温的热流，所以是很难给生命提供动力的。

引力对恒星的作用和对宇宙的作用之间存在重大的差异。一方面，在**宇宙**诞生的最初几分钟里，引力的冷却效应并不关乎有没有发生核反应。**宇宙**无论如何都会膨胀和冷却，核反应有且仅有一次机会：当**宇宙**短时间内处于能够触发某种化学反应的适宜温度时，如果没有合适的反应物，就太糟糕了，因为温度是不会回升的。

另一方面，恒星的稳定状态得益于向内的引力和向外的气体压力之间的平衡。比如，如果温度不够高，不足以支撑恒星自身的重量，恒星就会被压碎，不断收缩和加热，直到核反应再次发生，抗衡引力。在稳定的恒星中，温度会不断调整。

要实现这种平衡，需要一个质量在一定范围内的恒星。如果质量太小，它就不会被引力挤压到足以引发核反应的程度。如果质量太大，恒星中心将处于过度活跃的状态，迅速消耗燃料，而且很容易失去外层气体[1]。我们的观测结果也证实了这些限制条件：既没有发现少于 10^{56} 个粒子的发光体，也没有发现超过 3×10^{59} 个粒子的恒星。

如果我们改变恒星的引力大小，会发生什么呢？

---

[1] 标准教科书的说法是，比太阳的质量大 100 多倍的恒星是不稳定的。它们（按照推测）不能抵抗收缩或膨胀，稍一受力就会导致坍缩或者爆炸。然而，更复杂的模型已经表明，所谓的"超大质量恒星"是可能存在的：当它们接近不稳定的极限值时，并不会越过极限值，而是会通过相对论效应和自转稳定下来。事实上，威廉·福勒（William Fowler, 1966）表明，自转可以使质量是太阳 1 亿倍的恒星保持稳定。但是，不要指望这颗恒星周围会出现生命。这类恒星在形成后约 100 万年就会开始燃烧核燃料。因此，它们的形成过程必须对应这个时间表，每年要吸取超过一个太阳那么多的物质。当它们耗尽燃料时，要么坍缩成一个黑洞，要么发生"宇宙中最强有力的爆炸"，强度足以将宿主原星系中气体全部清空。我们会把这种寿命短暂，而且由辐射压力主导的恒星的出现作为生命是否产生的重要分界线，不过越来越多的理论研究会让人们更深入地了解超大质量恒星的情况。

引力减弱的宇宙

对于引力减弱 ① 的情况，我们首先要关注的是恒星到底会不会形成。我们的**宇宙**在引力作用下形成银河系、恒星和行星，我们将在下一章讨论具体的过程。现在，我们要问的问题是：在一个引力较弱的宇宙（假设恒星已经形成）中，恒星是什么样子？

当引力减弱时，为了保持稳定，恒星的质量势必非常巨大，这会让人们不禁担心如此重的恒星一开始是如何形成的。但事实上，我们要担心的问题不只是这一个。

这些巨大的恒星发射出的光子能量要比那些引力更强的恒星发射出的光子能量低。太阳发射出的光子在能级上与分子键的强度非常相配。如果太阳发射出 γ 射线，构成生命的分子就会被摧毁；相反，如果太阳发射出无线电波，它就会像微波炉一样温暖着地球。当然，它还是会提供低熵能量，但不是那种分子机器可以直接利用的能量。

这些能量不足的恒星在形成生命所需的复杂元素的过程中，还会遇到另一个绊脚石，那就是它们太单调了。

我们**宇宙**中的恒星有两种把能量从核心传输到表面的方式。一种是恒星辐射，由光子携带着大部分能量。一种是恒星对流，指的是气体本身在运动，将下方的高温气体与上方的低温气体混合起来。

---

① 这里有一个技术细节。我们所说的"引力强度"也被称为引力耦合常数 α_g，它取决于质子质量（m_p）：$\alpha_g = Gmp^2/\hbar c \approx 6 \times 10^{39}$。因此，改变引力的强度就相当于改变质子相对于普朗克质量的大小。我们使用质子质量，是因为它是天体物理研究对象最重要的质量；例如，恒星中的粒子数大约为 $\alpha_g^{-3/2}$。在上一章，我们考虑了改变基本粒子质量对原子和化学物质的影响。在这里，在思考诸如恒星这样的天体物理研究对象时，我们会从引力强弱的角度来说，因为这样更直观，但数学背景是一样的。请注意：给定稳定恒星对应的引力耦合常数范围的情况，这（最多）是对一个参数进行的微调，而不是对引力强度和质子质量的双重微调。

在我们的**宇宙**中，恒星的辐射和对流之间的界线恰好落在恒星质量范围的中间位置。大质量的恒星往往更偏向辐射方式，小质量的恒星则往往更偏向对流方式。许多恒星既有对流，也有辐射。

这个问题为什么很重要？在我们的**宇宙**中，一颗质量很大的恒星在耗尽燃料并爆炸之前，会像洋葱一样分层。靠里的部分比靠外的部分密度更大、温度更高，消耗燃料的速度也更快。当核心已经聚变成铁时，产生能量的核聚变就无法进行下去了，它的外围依次是分层的硅、氧、氖、碳、氦和氢。这是唯一可能的情况，因为对流不会打乱分层。当核心发生爆炸时，外层中的有用元素被发射到**宇宙**中。在恒星之外的碳中约有一半都是由这些核坍缩的超新星产生的。

在中等大小的恒星中，核心最多只能聚变成碳和氧。在对流区会产生少量的碳，并对恒星的外层结构造成剧烈的扰动。随着恒星走向衰老，耗尽燃料，外层气体会在反复收缩和膨胀之后被喷射到太空中。这种气体被称为行星状星云，是它们形成了存在于恒星之外的另一半碳。

小恒星则很单调，它们始终以对流的方式输送能量，所以能够有效地将所有可用的燃料都聚集到核心，而不存在分层的问题。比如，一些非常小的恒星会把自己所有的氢聚变成氦，然后将自己封锁起来，变成由纯氦构成的白矮星，在对抗引力的同时逐渐冷却，但除此之外它们几乎什么也做不了。

让我们回到引力减弱的宇宙中。关键的一点是，恒星辐射与对流之间的界限不会随着恒星质量范围的改变而改变。在弱引力的宇宙中，所有恒星都以对流的方式传递能量，它们的命运和我们宇宙中的小恒星是一样的。它们会耗尽燃料，直到不能再发生聚变反应。

如果恒星核心的燃料消耗速度比对流层混合气体的运动速度快，就会发生分层。不幸的是，恒星对流的速度相当快，而且只在恒星将碳和氧聚变成其他元素之后很久，才会出现恒星核心的燃料消耗速度超过对流速度的情况。即使恒星变成了超新星，并将一些物质抛入宇宙空间，这些物质也主要是重金属元素，如硅和铁，而不是能够维持生命存活的氧和碳。

除此之外，这些恒星可能根本就不会变成超新星。在我们的宇宙中，那些驱逐大质量恒星的外层气体的中微子会被困在核心。很快，它们就会随着恒星不可避免地坍缩成一个黑洞[①]。

弱引力恒星会以星风的形式释放出少量物质，当它们耗尽某种元素并更换燃料时，可能会释放出更多物质。然而，在大多数情况下，这些大质量恒星是悄然死去的，而不是在爆炸中死去。那些生命所需的元素将被永远封锁在恒星核心，充满整个宇宙的仍然是氢和氦，点缀其间的只有稍微有趣的死亡和濒临死亡的恒星。

引力加强的宇宙

减弱引力会造就一个相当无趣的宇宙，而加强引力则会造就一个令人兴奋的宇宙，但并不一定适合生命存活。

在强引力的宇宙中，恒星质量的上限会变小。在强引力的挤压下，恒星核心的高压状态会加速核聚变反应，温度更高，燃料消耗的速度更快，形成的元素质量更大。

这些小恒星由于温度更高，会发射出更多的紫外线，还有 X 射线。这样一来，原来能为分子机器提供能量的射线便被致命的伽马射线和 X 射线光子取代。地球上的生命将不得不蜷缩着，让贫瘠的地表带走热量，并设法依靠残存的热量生存。综上所述，恒星的光芒并不能直接为化学

---

① 事实证明，核坍缩超新星的物理性质很难解释清楚。人们认为中微子是爆炸机制的重要部分，通过一个简单的时间尺度论证就能得出我们这个结论。详情参见卡尔（Carr）和里斯（Rees）《人择原理和物理世界的结构》（1979）。

反应提供能量。

在如此快的聚变速度下，这些恒星很快就会耗尽燃料，走向死亡。恒星迅速燃烧，会产生大量的宇宙核能，同时释放出致命的射线，最后在更加剧烈和危险的超新星爆发中死亡。在我们的宇宙中，引力大约是强核力的 $1/10^{40}$。如果它只是强核力的 $1/10^{30}$，一般的恒星在几年内就会燃烧殆尽，而不是几百亿年。

至少我们以前是这样以为的，直到密歇根大学的弗雷德·亚当斯仔细研究了其他宇宙中的恒星。弗雷德发现了另一个让恒星保持稳定的条件，那就是随着引力的增大，恒星可取的质量范围会变小。如果引力是强核力的 $1/10^{35}$，而不是 $1/10^{40}$，就完全没有可取的质量范围，或者说根本不存在稳定的恒星。

因此，如果我们想要稳定的恒星，想要能够持续地提供我们所需的低熵辐射的恒星，它的引力就不仅要比其他基本力弱，而且要极其弱。我们尚不知晓为什么我们的**宇宙**对引力会有这样的要求，这其中也涉及微调论的核心问题。

我们只考虑了改变引力大小产生的影响，事实上，4 种基本力都支配着恒星。当带正电的原子核相互排斥时，当光从恒星核心运动到表面的过程中，与电子碰撞发生散射时，都是电磁力在起作用。如果我们同时改变引力和电磁力的大小，会怎么样？

弗雷德·亚当斯的计算结果也可以回答这个问题，如图 4–1 所示。情况乍看起来还不错，很显然，有许多种引力与电磁力的组合都会造就不稳定的恒星，但我们的**宇宙**显然处于一个稳定的三角形区域中。

事实上，这个三角形区域把我们牢牢地限制住了。我们说过，增大引力会使恒星变得不稳定。在图 4–1 中，这个结论意味着"不稳定恒星"区位于"你在这里"的点之上。然而，通过水平移动来改变电磁力的大小会

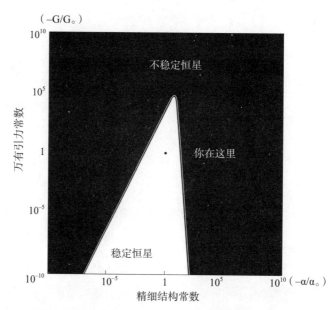

图 4-1　恒星的稳定性与电磁力（横轴）和引力（纵轴）的强度有关

资料来源：亚当斯的文章（2008）。

让情况变得更糟。从我们宇宙的位置向左右两侧移动，大部分情况下都只会得到更多的不稳定恒星。

请注意，这幅图的初衷是展示"稳定恒星"区的形状，而不是这个区域的大小。比如，图中的坐标轴是对数式，也就是说，它不是按照 0、1、2、3…的方式递增，而是按照…0.1、1、10、100…的方式。而且，我们只选取了坐标轴的一部分，将有用的部分分离出来。此外，这幅图还可以向各个方向继续延伸。

不妨想象将坐标轴从对数式改为线性，然后将纵轴（引力大小）一直延伸到强核力的大小为止，作为一种可能性进行预测。我们会发现在这幅图中，"稳定恒星"区的比例不到 10^{35} 分之一。

我们已经知道强核力和弱核力会如何影响物质的稳定性和早期**宇宙**中元素的产生过程，这些力就算发生相当小的变化，也会使原子核变得不稳定。

即使更细微的变化也可能影响恒星的燃烧方式。如果强核力减弱约8%，就会导致氘变得不稳定。质子无法继续附着在中子上，恒星的第一次核聚变反应也有土崩瓦解的风险。如果强力增大12%，就会形成双质子，即一个质子可以附着到另一个质子上[1]。这给恒星提供了一条消耗燃料的捷径。如果太阳内部突然形成双质子，它就会以惊人的速度燃烧氢，极短时间内燃料就会耗尽。

还有一个问题，或者至少是一种复杂情况。在一个能轻易形成双质子的宇宙，恒星的温度和密度都比不上太阳。记住，只要恒星是稳定的，它就会根据核聚变反应的情况自我调整。一个稳定的燃烧双质子的恒星，会有一个温度更低、密度更小的核心。这不是什么问题，反而有利于在引力更大的宇宙中出现稳定恒星[2]。

更令人担忧的情况是氘被解离。在这种情况下，恒星必须有足够大的质量，才能挤压和加热核心，让三个质子直接聚合成氦–3（核有两个质子和一个中子）。事实上，如果强核力再增大一点儿，氦–3 也会被解离，恒星就需要 4 个质子同时参与的核聚变反应。引发这种反应需要质量非常庞大的恒星，而这样的恒星一般寿命也很短。

总之，生命在很多方面都需要恒星的参与。在恒星中，氢和氦变成了周期表上的所有元素，形成了你体内的碳、氧和铁等元素。它们为我们提供了有用的能量，产生能够促进化学反应的光，而且可以存在数十亿年，但它们并不是完全稳定的。由于我们需要那些元素，所以我们希望恒星不要悄无声息地死去，而是在爆炸中死去。恒星既是元素的制造者，也是分

---

① 波切特（Pochet）等人（1991）。

② 卢克准备发表一篇论文，其中运用了与弗雷德·亚当斯相似的模型，从而使双质子能够稳定存在的宇宙中的恒星，与我们宇宙中的恒星有类似的性质。他一定会在博客里提及这个。

销商。更重要的是，正是恒星周围的爆炸残骸聚合成行星的。

这些要求最终变成了对**宇宙**基本性质的精确界定。我们需要强核力促进核聚变反应，将原子核结合在一起；需要电磁力将能量从恒星中释放出来；需要弱核力将中子变成质子，为超新星提供能量。最重要的是，我们需要微弱的引力，它是宇宙拥有长久稳定的能量来源的根本原因。

如果把所有可能的宇宙都放在一个空间中，你就会发现我们的**宇宙**落在其中一根很细的线上，这里的恒星恰好适合生命存活。不妨假设有一大块像这样允许稳定恒星存在的多维空间，只是我们错过了。在这种情况下，也许我们往所在的空间随机投掷飞镖，也是有可能命中稳定恒星的。现在并没有证据表明存在这样的恒星，即便它们存在，我们仍然要面对一个问题：在那么多我们可以居住的**宇宙**中，为什么我们现在居住的宇宙偏偏位于那么细的一条线上。无论你对这个问题的看法是什么，拥有稳定恒星似乎都是我们的**宇宙**经过微调后的一个属性。

霍伊尔共振和生命起源

在结束对恒星核心的讨论之前，我们需要讨论微调论最著名的案例之一——霍伊尔共振。它是以 20 世纪伟大的天体物理学家之一弗雷德·霍伊尔[①]的名字命名的，一提到他，人们往往会想到他在宇宙历史和生命起源方面的一些古怪想法。但霍伊尔对现代天体物理学的影响非常深远，尤其是在恒星内部运转的问题上。在 20 世纪 50 年代，当他试图研究恒星内部的核反应聚合成重元素的各种方式时，他遇到了一个障碍，

---

① 我们推荐霍伊尔的自传（1994）和西蒙·米尔顿（2011）写的传记。杰兰特很喜欢听霍伊尔在讲座中说的那些"不着边际"的宇宙观点，尽管有一点儿疯狂，但那智慧的光芒和浓郁的约克郡口音至今停留在他的脑海中。

这个障碍就是碳。

你可能还记得碳组成了像石墨和钻石这样的物质。科学杂志非常激动地告诉我们，那些不同寻常的碳组合，比如巴基球、纳米管和石墨烯具有各种各样神秘又奇妙（但愿技术上也有用）的属性。

碳对于地球上的生命有着非常重要的作用，因为它构成了我们体内分子结构的骨架，比如蛋白质、碳水化合物、脂肪和核酸等。我们是以碳为基础的生命形式。

但为什么是碳呢？其他元素也能发挥这样的核心作用吗？我们原本有可能是以氖或者钒为基础的生命形式吗？

我们已经知道，元素结合成分子的能力取决于它们的电子排布，特别是那些离原子核最远的电子。一些元素的电子轨道是满的，这就意味着这些惰性气体不愿意和其他原子结合成分子。

而碳最外层的电子轨道并未被填满，事实上，碳有 4 个能和其他原子共享的外层电子，所以很容易形成无数种不同的分子。碳的多样性和复杂性让它们在现代科学中备受关注，关于有机化学，有很多厚厚的教科书和研究实验室，有机化学就是碳化学。

在为生命提供化学物质的过程中，有多少其他元素可以和碳发挥相同的作用呢？ 答案是没几个。

所有看过经典（"在 20 世纪 60 年代拍摄的"）的《星际迷航》的"黑暗中的恶魔"那一集的人，都知道虚构的奥尔塔（看起来很像一个盖着毯子在地板上爬行的人）应该是一种硅基生命形式。科幻作品中的这个角色设定是有一定科学依据的，因为硅尽管比碳要重，但外层电子的排布和碳相似，所以在化学方面的应用也很广泛。尽管硅组成的分子结构还不足以形成生命，但硅基生命是有可能存在的。

除了硅以外，以其他元素为基础的生命形式几乎不可能存在。有人提到硼和硫，但它们在宇宙中的含量太少了，根本无法合成生命的内部构造和遗传信息所需要的长而且可折叠的分子链。在 92 种天然化学元素中，碳是最适合构成生命的。

现在，我们要讨论一个关键问题：**宇宙**中所有的碳都是从哪里来的？我们已经知道，在最早期的**宇宙**中，高温将氢聚变成氦，但温度很快就降下来了，所以宇宙中只有一些重元素（铍和锂）的痕迹。在大爆炸刚刚发生的时候，每 100 万亿个原子核中，只有不到一个是碳！

我们还知道，恒星中的核聚变反应可以持续数百万年甚至数十亿年，而且这个过程是将小原子核聚合成重元素。你体内的很多分子中的碳，都是在恒星中产生的。

一旦恒星中已经形成氦，形成碳看上去就很简单。将两个氦 –4 核聚合成铍–8（核有 4 个质子、4 个中子），再加上一个氦核就可形成碳 –12（核有 6 质子、6 个中子）。但是，铍 –8 是不稳定的，只能存在 10^{-16} 秒，随即就会分裂成两个氦核。除非有一颗温度和密度都足够高的恒星，第三个氦核才能抓住极其短暂的时机，参与核聚变反应。你应该还记得，氦 –4 核也被称为 α 粒子，所以这种反应也被称为三 α 过程。

三 α 过程由康奈尔大学的物理学家埃德·萨尔皮特首先提出，并成为霍伊尔在 20 世纪四五十年代重点研究的课题，当时他正试图解开恒星内部运转的奥秘，结果却发现碳是一个大麻烦。如果一颗恒星耗尽氢燃料，它就无法再抵挡引力的挤压作用。恒星开始收缩，温度升高，但它不会一直收缩下去。它要么会引起新的核反应，要么在简并压力（费米子之间的排斥力）的作用下趋于稳定，变成一颗白矮星或中子星，或者坍缩成一个黑洞。

霍伊尔的计算结果表明，恒星是不应该点燃氦的，因为所需要的条件太过极端。只在氢燃料被全部耗尽，而且恒星核心的温度在引力的挤压下超过 1 亿摄氏度时，铍的产生速度才会超过它的分解速度。由于恒星不会达到这么高的温度，所以不会产生碳。

最终，霍伊尔想出了一个巧妙的解决方案。他提出，碳核有一种特殊的量子特性，叫作共振。

我们知道原子核是由质子和中子结合而成，而且二者一起振动。通过发射高能光子，把能量注入原子核，就可以改变质子和中子的振动方式。原子核中的微小世界受量子力学规则的支配，所以原子核的能量是量子化的。也就是说，就像绕核运动的电子一样，原子核中的质子和中子只能处于特定的能级，而不可能处于两个能级之间。每一个能级就是一种共振状态。

原子核在大部分时间里都处于最低能级，这个状态被称为基态。这是因为处于共振状态或激发态的原子核，很快就会通过发射高能的伽马射线光子而失去额外的能量，回归基态。

共振状态在形成原子核的过程中会产生一些有趣的影响。我们思考一下，当铍核和氦核碰撞形成碳核时会发生什么呢？请记住，这些原子核必须以非常高的速度相互接近，才能克服正电荷引起的电磁排斥力。如果它们能够克服电磁力，并且靠得足够近，强核力就能发挥作用，这些处于共振状态的原子核就会发生聚变反应。

新形成的碳核中有振动的质子和中子，其振动状态取决于铍核和氦核碰撞产生的能量。如果碰撞后碳核的各个部分都恰好处于基态，核反应就可以快速地进行，因为所有核子都可以顺利地进入各自的位置。

然而，考虑到碰撞的激烈程度，碳核中的质子和中子必然具有远远高于基态的能量，而且需要释放多余的能量。尽管新形成的原子核有可能以伽马射线的形式释放出多余的能量后回归基态，但这种可能性并不大。因为碰撞太过剧烈，以至于原子核的能量比基态高出太多了。所以，更有可能发生的情形是，碳核再次分裂成铍和氦。

但是，如果在碳核内部的适当位置存在共振，铍核和氦核的结合就会形成一个处于某种激发态的碳核。被激发的碳核知道该如何处理多余的能量，它不会简单地分裂，而更有可能通过发射伽马射线回归基态。碳核形成，多余的能量被释放……就成功了！

霍伊尔据此推断，如果碳核共振的能量等于一个铍核和一个氦核的能量再加上额外能量，铍核与氦核碰撞后就会自然形成处于激发态的碳核。共振状态的存在能使恒星的碳产量提高 1 000 万倍。

在 20 世纪 50 年代之前，碳核和其他许多元素的性质已经在实验中得到了深入研究。人们对于碳的共振状态备感困惑，当时也没有霍伊尔所需要的强有力的证据。但霍伊尔很清楚要去哪里找证据，并一再催促研究人员更努力地尝试。1953 年，威廉·福勒发现了共振能级，和霍伊尔的预测完全一致。[①]

说几句重要的题外话。霍伊尔的预测有时被称为"人择预测"，这是因为他的出发点是碳在地球生命形成中的核心作用。从历史的观点来看，这个结论可能不是真的，而且无论如何不该以生命的形式成为出发点进行推理。霍伊尔的推论是，没有共振就没有碳，只要凭借**宇宙**中有大量碳这一事实，就可以得出共振一定存在的结论。

实际上，霍伊尔需要的这种共振状态普遍存在。它也被称为呼吸模式，即额外的能量被用来让原子核膨胀和收缩，而不改变其形状。所有的原子核都有呼吸模式，不过，诀窍就在于恰当地获得呼吸所需的能量。

因此，我们可以问，碳核共振的存在和特性是不是针对生命进行微

---

① 历史绝不可能这么简单。有兴趣的读者可以在克雷格的书中（2010）中找到详细的介绍。

调的结果？如果我们改变了宇宙的性质，特别是它的基本参数，还会产生碳吗？

1989 年，空间望远镜科学研究所的马里奥·利维奥及其同事们用略有差异的共振能量模拟了恒星的生存和死亡。如果共振能量相对于基态的变化超过 3%，恒星就不再产生碳了。事实上，发生这种情况的原因有两个：要么是完全不产生碳，要么是恒星燃烧的效率很高，导致形成的碳很快就被消耗掉了。碳核可以再捕获一个氦核形成氧。

尽管碳是很多生命体内分子的核心成分，但**宇宙**中氧气的存在也很重要。氧气在许多生物分子中起着至关重要的作用，最著名的就是提供水和可供呼吸的空气。

我们的**宇宙**具有相当惊人的制造碳和氧的能力。通常，**宇宙**中的恒星每产生一个碳原子，就会产生两个氧原子，这是因为偶然出现的另一种共振状态。氧核的呼吸模式刚好低于加快碳与氦结合成氧所需的能量，这减缓了核反应的速度，在恒星中留下一些碳，这些碳最终会被发射到宇宙中，为生命所利用。

碳和氧的产生速度对强核力的变化非常敏感。如果强核力增大 0.4%，恒星就会产生大量的碳，但不会产生氧。尽管我们有形成碳基生命的核心要素，但最终会得到一个没有水的宇宙。

如果强核力减小 0.4%，就会产生相反的效果：所有的碳都会迅速转化为氧，为宇宙提供大量的水，但没有碳。

不过，人们担心在恒星生命的最后阶段，这些核反应会进行得非常快。恒星燃烧氢的速度很慢，通常需要 100 亿年才能将其耗尽。但是，如果恒星的质量足够引起进一步的反应，它将在 200 万年内耗尽氦，在 2 000 年内耗尽碳，在几个月内耗尽氖，在几周内就会耗尽硅。这种耗尽一种燃料并燃烧另一种燃料的速度会越来越快，使恒星经历非常复杂的变化，也让试图了解宇宙中化学物质形成过程的天文学家头痛不已。

因此，强核力增加或减少 0.4% 可能不像我们想的那么糟糕。从宇宙中彻底消除碳或氧，可能需要再大一点儿的强核力变化幅度。

物质还有另一个可以影响原子核的基本性质，而且我们之前已经讨论过了，那就是构成质子和中子的夸克的质量。诺贝尔奖得主、粒子物理学家史蒂芬·温伯格推测，改变夸克的质量所产生的影响很小。他推断，碳核会表现得像三个氦核的集合，即使有某种方式能让它们看起来像不停振动的铍核和氦核，也不足为奇。

不过，要验证温伯格的推测，需要极其复杂、漫长的计算。核内共振的精确能量主要取决于影响质子和中子结合的强核力，还有质子间的电磁排斥力。要计算它们对碳核的共同作用看似很简单，因为碳核只有 6 个质子和 6 个中子，但由于强核力的复杂特性，实际上只能通过超级计算机来模拟运算。物理学家们直到 2012 年才克服了计算方面的障碍，此时距离霍伊尔最初的预测已经过去 60 年了。

一个由德国和美国科学家组成的研究团队公布了计算结果，该计算过程的总时长将近 1 000 万个小时（这通常意味着 10 000 台相互连接的计算机共同运转了一个月，而不是一台计算机运转了 1 000 年）。

叶夫根尼·埃佩尔巴姆、赫尔曼·克雷布斯、蒂莫·拉德、迪恩·李和乌尔夫·迈斯纳对霍伊尔共振进行了后续研究，比如，如果我们改变物质的基本属性，碳和氧的产量会如何变化。与温伯格的直觉正相反，相关能级的精确范围和位置对夸克的质量有非常严格的要求。而且，超过一定幅度的变化就会摧毁恒星制造碳和氧的能力。[1]

还记得我们在上一章讨论过，与夸克在**宇宙**中的重要性相比，它

----

[1] 这是轻夸克（上夸克和下夸克）的总质量发生小幅度变化的结果。所以是对一个参数进行的微调，而不是两个。（就是说，并不是同时微调了上夸克和下夸克的质量。）

的质量范围非常小，可接受的变化幅度也微乎其微。用物理学家莱昂纳特·萨斯坎德的话说，这是因为夸克是一种"荒谬的光"。赋予夸克质量的希格斯玻色子的质量是夸克的 10^6 倍，夸克的质量又是普朗克质量的 $1/10^{23}$！

所以，我们写下的这些文字，以及你读到的这些文字，都是由碳和氧构成的，其前提是夸克的质量和基本力都落在一个极其狭窄的范围之内。

宇宙的诞生和消亡

在结束这一章之前，关于熵还有最后一个非常重要的事实。我们已经知道，在生命消耗能量的同时，**宇宙**的熵正在不断增大。事实上，所有的物理过程，从气体的冷却和坍缩，到恒星的燃烧，再到超新星的猛烈爆炸，都增大了**宇宙**的熵。

然而，熵不会一直增大。我们目前认为，**宇宙**最终会失去所有自由能，走向消亡。也就是说，这种最大熵的状态将是**宇宙**的最终归宿。这可能需要非常长的时间，但除非我们对宇宙的认识彻底错了，否则这就是宇宙的未来。

随着年龄的增长，逐渐接近最大熵状态的**宇宙**会是什么样子？对于这个问题，我们熟知的物理定律已经给出了相当清晰的描述。当恒星燃烧时，质量较小的元素聚合成质量较大的元素。同时，质量较大的元素衰变成质量较小的元素。这两个过程有一个共同的目标——铁，铁是原子核之间最强有力的结合，它不会在没有能量注入的情况下衰变成较轻的元素，也不会在没有能量注入的情况下聚变成质量较大的元素。也就是说，铁核没有可释放的自由能。①

随着**宇宙**慢慢变老，越来越多的物质被封锁在铁的内部，可利用的能量越来越少。最终，维持恒星运转的燃料，即像氢和氦这样质量较小的元素，将被完全耗尽。**宇宙**中剩下的恒星越来越少，它们将残存的轻元素转变为微弱的光亮，照耀着越来越黑暗的宇宙。终有一天，最后一颗恒星也将耗尽它的最后一点儿燃料，光芒不再。

早在最后一颗恒星熄灭之前，那些质量更大的恒星会像超新星一样在猛烈爆炸后死去。如果大质量恒星的核心完全聚变成铁，就不再会产生辐射，也就无法抵挡引力的挤压，最终发生爆炸。随着核反应的火焰渐渐熄灭，恒星外层坍塌，挤压核心。恒星爆炸后，其核心坍缩成一个黑洞。随着**宇宙**走向衰老，太空中会有越来越多的巨型恒星的残骸。

黑洞是单行道，它会吞没所有物质和能量，但不会向**宇宙**释放任何东西。我们以前一直是这样认为的，直到 20 世纪 70 年代，史蒂芬·霍金才令人信服地提出，黑洞视界②附近的量子效应会促使黑洞释放出粒子。这种微弱的辐射会缓慢地耗尽黑洞的能量，最终导致其蒸发。这种辐射的温度很低，以至于我们几乎想象不出有任何需要利用黑洞能量的过程。所以，黑洞才是拥有最大熵的系统。

在前景非常模糊而遥远的未来，**宇宙**中可用的自由能会大大减少。对于那些质量还不足以让它们以超新星爆炸形式结束生命的恒星，它们的残骸会散落在宇宙中，这些残骸中剩余的化学元素主要是氢和氦。为了创造出一颗新的恒星，我们需要这些残骸相互碰撞，希望它们受到的引力挤压

---

① 就我们所熟悉的物理学原理而言，铁核的能量被永久地封锁了。我们还会看到，新的物理学原理有可能帮助我们最终释放这种能量。

② 在迪士尼电影《黑洞》和 1997 年的《黑洞表面》中，黑洞都被塑造成通往地狱的大门。我们认为真正的黑洞要有趣得多，尽管像地狱一般恐怖。然而，黑洞并不像《星际穿越》中那么复杂。

能共同引发核反应。然而，这样的碰撞极为罕见：从现在算起，大约 10^{22} 年后才会发生第一次碰撞。[①] 我们几乎可以肯定，那时在一片死寂的**宇宙**中，只有这一颗恒星存在。

又或者，未来文明——或许是人类的后代，也可能是蟑螂的后代——能够找到剩余的燃料。但是，留给它们的时间已经不多了！

在**宇宙**漫长的演化过程中，那些鲜少出现在日常生活中的变化过程往往占据着核心地位。比如，我们已经了解到弱核力是如何转变粒子的。单独存在的中子只有大约 15 分钟的寿命，之后它就会衰变成一个质子、一个电子和一个中微子。质子作为质量最小的重子，它稳定吗？中子会衰变，是因为它比质子的质量略大，所以它很有可能衰变成质子和一些其他粒子。但质子显然没有这个选择，因为在所有三夸克的粒子（重子）中，它的质量最小，所以它无法衰变成质量更小的同类粒子。

如果经过足够长的时间，质子打破了这个规则，会怎么样？如果它们可以衰变成同类粒子以外的其他粒子，又会怎么样？这就需要有一种新的基本力，因为所有已知的基本力都做不到这一点。不过，这种力可能就是在统一强核力、弱核力和电磁力方面缺失的一环，这也是物理学家如此重视这方面研究的原因。这种极其微弱的力会将质子中的下夸克变成电子，同时把一个上夸克变成它的反粒子——反上夸克。电子在没有强核力束缚的情况下会迅速逃逸，剩下的上夸克和反上夸克则构成一个 π^0 介子，这种粒子又会迅速衰变成两个光子。质子就这样消失了。

这种力被人们亲切地称为 X，它的性质与 4 种基本力中的任何一种都不相同。从图 4–2 中可以看到 X 将重子（由夸克构成）变为轻子的过程，而且我们从未发现那 4 种基本力可以做到这一点。物理学家已经开始寻找

———————————

① 亚当斯和劳克林《濒死的宇宙：天体物理研究对象的长远命运与演化》（1997）。

质子衰变的线索了，但迄今为止没有任何发现。这可能意味着这种未知的力实际上并不存在，也可能意味着这种力非常弱，以至于质子要经过无比漫长的时间才会衰变。目前我们掌握的最准确的估计值是，质子至少可以存在 10^{32} 年。

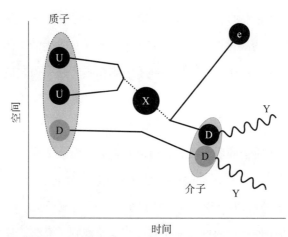

图 4-2　质子潜在衰变的费曼图，这种衰变由一种新的尚未被发现的力所支配，这种力的载力子是一种新的 X 玻色子

　　尽管 10^{32} 年是非常长的一段时间，但与宇宙的未来相比，简直微不足道。我们要做的只是等待，总有一天质子会衰变，物质会渐渐变成一片由低能量辐射、中微子和少量其他粒子组成的无形海洋。宇宙的膨胀会把本就稀少的能量进一步稀释，即将永远陷入黑暗的宇宙，实际上已经毁灭了。

　　从**宇宙**诞生到它最后变成黑洞蒸发的（将近）10^{100} 年间，它把大量的自由能都用于为各种各样的过程提供能量。要记住，这些过程都是需要消耗能量的。从沏茶、喝茶，到在开往悉尼的火车上写作，这一切都是由电力驱动的，电力来源于被压缩在化石燃料中的阳光，化石燃料来源于发生在恒星核心的核反应，这里所说的恒星就是太阳。每一个过程都在消耗宇宙的自由能，导致**宇宙**渐渐走向灭亡。

在**宇宙**的生命周期中，熵增长意味着一开始的熵很小。事实上，我们的**宇宙**生来就拥有大量的自由能，可以为恒星提供能量，也可以促进文明的生根开花等。**宇宙**看似特别的诞生方式，困扰着很多伟大的科学家。

我们的**宇宙**最早是一片由热等离子体构成的平静海洋，里面还有不停振动的电子、原子核和放射性物质。在这片平淡无奇的海洋中，温度是均匀的，你很可能会以为它几乎没有自由能。我们之前说过，有温度差才会有能量传递，对吗？然而，我们忽略了一个显而易见的事实，那就是引力。

引力促使一个物体去吸引其他物体。随着物质块不断地吸引其他物质块，早期的**宇宙**运动就这样开始了。利用合适的装置，我们可以把这种运动产生的能量提取出来。当两个物体发生坍缩时，我们可以获得因引力产生的所有能量。

所以，从重力的角度看，处于分散状态的物质是最有价值的。事实上，物质均匀分布的状态是一种低熵、有秩序的状态。

随着物质块聚合成恒星、行星和星系，整个系统的熵增大，状态变得越发无序。我们会在下一章仔细研究**宇宙**中的星系和恒星是如何形成的。现在，不妨先想一想**宇宙**的熵。在你看来今天有序的**宇宙**，尽管有满足生命机能和人类生存所需的重要构造，却是早期**宇宙**的残骸。

如果**宇宙**不是在低熵态下诞生的，会怎么样？

把像熵这样的概念推广到整个宇宙是一件非常棘手的事，但牛津大学的罗杰·彭罗斯提出了一个聪明的论点，带来了极大的帮助。[①]假设有这样一个宇宙，它不会永远膨胀，而是会发生"大挤压"，所有的空间和物质都坍缩在一起。这就像一场"宇宙大爆炸"，但效果正好相反。其中有一点很关键，那就是在熵的增加过程持续了几十亿年之后，"大挤压"就会

---

① 彭罗斯（Penrose）《奇点与时间对称性》（1979）。

发生。这个过程并不是稳定、逆向的宇宙大爆炸，宇宙会在一秒钟之内就充满物质块和黑洞。

现在，假设"大挤压"发生之后充满物质块的宇宙开始膨胀，这就是高熵态下宇宙大爆炸的情景。这个宇宙的结局只能是，黑洞在数千年后蒸发，把无用的低熵辐射留在宇宙中，生命很难在这里存活。

事实上，我们**宇宙**的熵比生命存活所需的熵低得多，我们并不是生活在被无序海洋包围的有序小岛上。生命的出现最多只需要一个有序的银河系创造出合适的化学物质和恒星，宇宙的其余部分仍然可以是充满黑洞和辐射的高熵态，对此我们并不关心。但我们的**宇宙**，眼睛（和望远镜）所及之处都处于有序状态。

从熵的角度来看，这种秩序是一种浪费。彭罗斯计算了**宇宙**其余部分有序的可能性。他首先假设生命需要一个有序的区域，这个区域是可见宇宙（直线）长度的1/10。这个数字已经高达几十亿光年了，肯定是高估了。接着，他假设宇宙的其他部分是根据熵值排布的，而且出现高熵的可能性比低熵高，那么像银河系这样有序的可能性是多大呢？彭罗斯的计算结果是：$1/10^{10^{123}}$。

$10^{10^{123}}$是一个相当大的数字，即使你在已知宇宙中的每一个粒子身上都写一个零，也无法把这个数字的每一位都写出来。事实上，你大约需要10^{43}个宇宙的粒子，才能写完这个数字。此时此刻，我们建议你花一分钟的时间想想这个数字到底有多大。

那么，我们该如何理解彭罗斯的计算结果呢？在彭罗斯的计算过程中，一个假设使得最后算出的概率极小，也更接近真实的情况。这个假设是什么呢？

我们会在最后一章再次谈到彭罗斯的计算过程，但现在我们必须清楚，我们周围的**宇宙**有非常惊人的有序性。就连宇宙深处也处于非常有序的状态，而地球上的生命并不需要这种有序性，所以这让人很难相信一切只是偶然。

显然，宇宙肯定诞生于一次顺利的大爆炸。在第 1 章中我们说过，任何科学理论都比定律更有意义，初始条件的重要性都是一样的。定律告诉我们物理对象会如何变化，初始条件则会提供一个出发点。

因此，科学理论不能预测自己的初始条件。但是，**宇宙**的初始状态一定就是那个初始条件。为什么彭罗斯说一开始就有很多自由能的**宇宙**是不可能存在的？

原因有二。第一，我们并不能完全肯定宇宙大爆炸就是宇宙的开端。如果有人提出了另一种理论，能够描述早期**宇宙**的变化情况，并解释它为什么一开始会处一个特别的状态，就能揭开一个伟大的奥秘。然而，出现这种情况的可能性很小。考虑到热力学第二定律（即熵只会增大），任何从更早期状态来分析**宇宙**诞生的理论，都会发现这个状态其实更特殊！

第二，我们得出宇宙的初始状态不可能存在这一结论，是基于我们的物理学知识。比如，彭罗斯认为，他的计算结果证明了一条新定律，那就是大爆炸的初始奇点必须是平滑的。也许我们还没有真正学会如何将熵的概念应用于极早期的宇宙，也许我们的物理学还缺少一些关键的部分。

这些正是生命微调论留给我们的难题。就目前所知，**宇宙**本来可以有许多种诞生方式，而且很多方式一开始的熵就很大，因此自由能很少。考虑到这些可能性，我们的**宇宙**最初的低熵态和丰富的自由能确实令人惊讶。我们应该不停地追问：为什么？

我们把这个问题暂且搁下……反正我们也不知道答案。不过，我们在下一章详细讨论宇宙演化问题的时候，还会讲到熵。多亏了一开始的那份好运气，我们的**宇宙**才被赋予了足够的自由能，我们才会出现在地球上。微调论不仅适用于我们身处的**宇宙**，也适用于所有在一开始推动**宇宙**运行的东西。

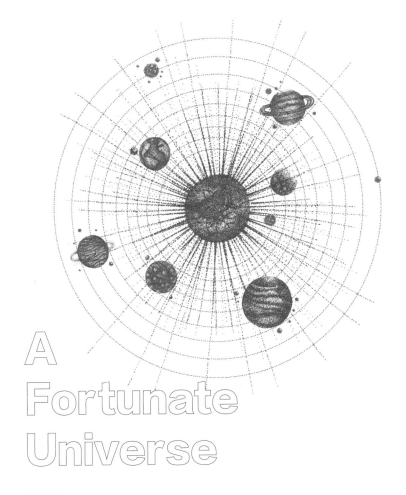

A
Fortunate
Universe

第 5 章

如果没发生大爆炸，宇宙会怎么样？

现在，是时候把生命与整个宇宙联系起来了。我们将会看到，**宇宙**是如何从初始状态，经历膨胀和冷却，最终形成星系、恒星和行星的。我们也将看到人体内的物质从何而来，认识暗物质和暗能量，了解宇宙学理论是如何倒推宇宙的起源的。

到目前为止，我们已经讨论了如果改变基本粒子的质量和基本力的大小会发生什么的问题，也知道这样做会导致灾难性的结果，极大地改变**宇宙**的构成，使其不适合人类存活。我们也知道，如果调整的幅度再大一点儿，就会导致我们能想到的所有生物都无法存活。所以，现在是时候把视野扩大几十亿光年，将**宇宙**看作一个整体了。

极简宇宙史

人们很容易忘记自己生活在一个小型岩质行星的表面，恰好与一颗典型恒星相距约 1.5 亿千米。在这颗名叫太阳的恒星内部，每秒钟都有 6 亿吨的氢被转化成氦，最终将能量以阳光的形式释放出来。阳光穿过太空，到达地球表面，在温暖地球的同时，还为这里的生命提供能量。

太阳在**宇宙**中并不孤单，而是与 2 000 亿 ~4 000 亿颗恒星一起生活在一个星系中，这个星系就是我们熟知的银河系。[①] 银河系非常巨大，光要花 10 万年的时间才能从银河系的一边传播到另一边。银河系的构造也十分丰富，太阳和其他恒星共同组成一个扁平银盘，旋臂在新近产生的恒星的照耀下闪闪发光。银河系的中心有一个凸出的大致呈球状的银心，里面都是老年恒星。星系外围是一层稀薄的星系晕，其中包含一些我们目前所知的最古老的恒星，它们极有可能是在**宇宙**诞生初期形成的。

我们知道，银河系绝不像它表面看上去的那么简单。除了被封锁在恒星和行星中的原子外，银河系中到处都是气体云，其主要成分是氢和氦，还有少量其他元素。这些元素是前几代恒星残留下来的，随着恒星生命的终结，它们的气体被吹入太空，成为产生下一代恒星的重要原料。虽然通常肉眼是看不到气体云的，但一旦它们靠近明亮的恒星，就会发出光芒，变成美丽的行星状星云。即使在没有被照亮的情况下，气体云也可以发出无线电波，望远镜碟形天线能探测到这种电波，这样一来，我们就能看到银河系光彩夺目的银盘和围绕银心运动的旋涡状气体云。

除了肉眼很难看到的气体云，我们知道银河系中还有另一种不可见成分。银河系被包裹在一个巨大的暗物质环中，我们只能通过它强大的引力去感受暗物质的存在。"环"这个词还不足以描述暗物质的分布状态，而会让人联想到某种静态的环状物。事实上，暗物质是一大团直接渗透到星系中心的不可见物质，它的密度在迅速增大。

记住，暗物质并不是离你很遥远的奇怪物质，而是充满整个太阳系，包括你的房间、你乘坐的火车，以及你靠着的大树。只是因为有质量很大

---

① 我们对银河系中总恒星的数目了解不足可能让你很震惊，不确定度怎么会达到 2 倍呢？问题就在于大多数恒星是微弱的红矮星，它们很难被看到，所以很难技术。如果你想从哺乳动物的角度来考虑的话，大象是很容易看见的，所以很好数。但老鼠的数量可能更多，由于它们爱躲避的天性，要掌握它们的数量是很难的。

的太阳和地球伴随你，你才没有注意到暗物质的存在。事实上，正是由于暗物质环的强大引力，才使得太阳一直围绕着银河系的中心转动。如果所有的暗物质瞬间消失，太阳就会迅速离开银河系，并在黑暗的星际空间中度过余生。

宇宙中的星系不只是银河系。通过望远镜，我们已经知道银河系并非**宇宙**中唯一的星系，在各个方向上还有数十亿个其他星系。有些星系的大小与银河系非常相似，包括仙女星系，它距离地球只有 200 万光年。

像恒星一样，星系也是形状各异、大小不同。在我们所处的这一小块**宇宙**中，还有将近 100 个小星系，被称为矮星系。我们凭借肉眼可看见其中最亮和最近的矮星系，包括大麦哲伦星云，但它们大多数都是一些微不足道的小星系，里面只有几千万到几亿颗恒星。这些星系和我们的银河系，在相互间的引力作用下形成了"本星系群"。

事实上，**宇宙**中的大多数星系都处在这样的星系群中，有些星系群中有少数大星系，但大多都是矮星系。如果星系喜欢扎堆，那么星系群之间必然有比较空的地方。这些空的地方相当重要，我们常常把星系群看作穿在一起的珠子，它们之间就是相对空旷的"宇宙空洞"。

被宇宙空洞隔开的一连串星系和星系群相互交错，形成宇宙中尺度最大、质量也最大的网状结构——星系团。巨大的星系团可能包含成千上万个星系，这些星系都被包裹在一个质量极大的暗物质环中。在星系团中心，我们会发现非常巨大的星系，它们被称为"cD 星系"，其中有几十万亿颗恒星。

至此，你脑海中的画面应该是：**宇宙**中有各种各样的结构，而且范围很广，从单个行星和太阳系到巨大的星系团，中间相隔数十亿光年。

现在，我们只剩下一个问题：这些结构从何而来？

或许**宇宙**本就是这样，但这可能是一种自我安慰的想法。在过去的

100 多年间，我们已经意识到**宇宙**不是静止不变的，而是动态的、不断演化的，原本炽热无形的混沌经过大爆炸的洗礼和漫长的演化，才变成我们今天看到的**宇宙**。

宇宙学的数学框架

当谈到正在膨胀和弯曲的空间、暗能量和暗物质、宇宙辐射和大爆炸时，人们的第一反应往往是，宇宙学（对宇宙的整体研究）复杂得就像一场噩梦。宇宙学真正的奥秘其实很简单，而且简单到令人难以置信的程度——我们完全不敢相信这么容易就揭开了宇宙的奥秘。

所有学过物理学的人都知道，你学到的东西会越来越复杂，越来越依赖于数学计算，也越来越抽象。代数运算被微积分取代，之后是矢量分析，然后是张量，物理学似乎成了一片很难逾越的数学海洋。在这片海洋的最深处，有量子场论，它是现代粒子物理学的基础，还有爱因斯坦的广义相对论和宇宙学的数学框架。这其中的任何一个问题都不简单。

让我们来解释一下[1]。爱因斯坦的广义相对论将时空的几何结构与它所包含的能量（指所有形式的能量，包括物质）联系在一起。简单地说，你告诉爱因斯坦一个物体的位置，他就会告诉你空间和时间会如何交织和弯曲。

这种名叫"时空弯曲"的理论，其实反映的是引力的作用。引力不只是一种使粒子改变运动方向的力，确切地说应该是物体在引力的作用下做直线运动，其运动轨迹被称为"测地线"；能量弯曲了测地线下方的时空结构，引力不会扭转这种局面，而会加剧时空弯曲的程度。

通过探究广义相对论将能量转化为时空几何结构的理论基础，我们找

---

[1] 详见巴尼斯《宇宙问答》（Barnes，2014）。

到了 10 个相关的非线性偏微分方程。对于没有数学天赋的人来说，好比
听到牙医跟你说"牙根管"，或者汽车修理工跟你说"汽缸垫"，你可能并
不知道这些生涩的词汇是什么意思，但你很清楚接下来你会备受煎熬。

　　将这些方程应用于整个**宇宙**，往好了说是过于乐观，往坏了说则是极
其愚蠢。所以，宇宙学家在 20 世纪二三十年代（相对论发展前期）做了所
有优秀的物理学家都会做的事：过度简化。他们假设在宇宙尺度上，**宇宙**
中的所有地方都是一样的（同质性），从各个方向看起来也是一样的（各
向同性）。这种假设被赋予了"宇宙学原理"的冠冕堂皇的名称，但坦率
地讲，这不过是一种乐观的猜测、一个玩具模型和一道练习题。真正的宇
宙肯定不会那么简单。宇宙学家赫伯特·丁格尔曾明确警告其他研究宇宙
学的同人不要夸大某种纯粹的假设："要实话实说，不要过分追求完美无
瑕的理论。"

　　然后就有了弗里德曼—勒梅特—罗伯逊—沃尔克（FLRW）度规；弗
里德曼、勒梅特、罗伯逊、沃尔克并不是 4 位英国贵族，而是现代宇宙学
的四大巨擘。事实证明，这种简单的模型正是我们一直追求的。现代宇宙
学在过去的 100 年间，对 FLRW 度规的各种复杂情况都进行了研究，但这
个模型依然保持着最初的样子，这说明宇宙就像我们所希望的那样简单。
在这个数学框架内，我们对**宇宙**的每一次观测结果几乎都是可以解释的，
把这个框架完全写出来，也就一两页纸的篇幅。

　　然而，令人伤脑筋的是，宇宙学看起来又是一个不断变化的领域。新
闻中几乎每周都有关于宇宙新发现的报道，这些新发现彻底改变了我们对
宇宙的看法。尽管这些观测结果告诉我们宇宙内部正在发生的事，但根本
的数学框架仍然是物理学家们在 20 世纪二三十年代建立的那一套。这足
以让门外汉感到震惊，不过，你走进任何一所大学的图书馆，拿起任何一
本有关广义相对论的书，翻到讲解宇宙学的那一页，快速浏览一下，就会

发现宇宙学的数学框架只是看似简单！

时空的弯曲和膨胀

FLRW 度规描述了宇宙时空的两个属性。第一个属性是空间的几何结构①。19 世纪初，数学家尼古拉斯·罗巴切夫斯基（他被称为"数学界的哥白尼"、"数学界的猫王"，以彻底变革数学领域而闻名）证明，欧几里得几何或者平面几何没有任何特别之处。平面几何就是我们熟悉的初高中几何，比如，三角形的内角和是 180 度，平行线永远不会相交等。数学给出了另外两种可以描述宇宙空间的三维几何结构，如图 5–1 所示。整个宇宙可以是正向弯曲的，就像一个三维球面那样；它也可能是反向弯曲的，有点儿像马鞍。令人遗憾的是，二维几何结构无法通过数学方法在三维空间中表示。如果你能想象出一个六维几何体的形状，一定要告诉我们。

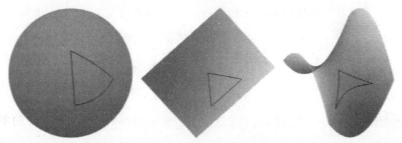

图 5–1　同质宇宙有三种可能的几何结构。左边是正向弯曲的空间，中间是我们熟悉的平直空间，而右边是负向弯曲的空间

空间曲率不是一个抽象的数学概念，而是可以测量的。如果你发现自己处在空间弯曲的宇宙中，那里有一个很大的三角形，你也有足够的空闲时间，通过测量你就会发现三角形的内角和并不等于 180 度。这与三角形的材质没什么关系，而是因为曲率是空间的自然属性。

① 广义相对论是一个几何理论，所以能告诉我们时空的几何结构，而不是拓扑结构。也就是说，广义相对论可以告诉我们局部的时空是如何弯曲的，而不是整体的连接方式。

爱因斯坦的广义相对论告诉我们，宇宙的几何结构取决于它包含多少能量。如果宇宙中的能量过满，它就是正向弯曲的，只要想想饱餐一顿之后的腹部曲线你就明白了。如果能量不足，它就是反向弯曲的。如果它正好处在正反向弯曲的分界线上，就符合欧几里得几何的适用条件，而且我们的宇宙（从宇宙尺度上讲）似乎就是这样。

第二个属性是空间的尺度。假设有一个火车模型，把它的比例增大一倍就意味着所有零件的尺寸也要增大一倍。但就宇宙而言，只是空间本身的尺度发生了变化，其中的成分尺寸不变。在宇宙尺度上，在超出引力和电磁力作用范围的地方，任意两个星系之间的距离都会随着时间的推移而不断增大。

宇宙的空间和时间不是等待演员登场的静态舞台，相反地，这个舞台会根据其包含的能量大小发生弯曲、膨胀和变形。（那会是多么令人难以想象的一场戏啊！）

动量流塑造时空

爱因斯坦的广义相对论可以概括为动量流塑造时空。要理解这一点，我们先要了解动量。

我们对失控购物车的动量并不陌生，动量越大就意味着它越难停下来。在经典物理学中，动量就是质量和速度的乘积。质量大的物体比质量小的物体更难停下来，速度快的物体比速度慢的物体更难停下来[1]。

动量就像压力一样常见。房间里的气压表示不停运动的空气分子以一定速度撞击玻璃产生的动量大小。碰撞得越多（即气体密度越大），或者

---

[1] 动量就是质量乘以速度的概念已经深深地印刻在了大学新生的脑海中，但这只在经典力学中成立，也就是物体质量大且速度小的情况下。需要花一些时间才能说服他们动量是一个更加广泛的概念，比如光尽管没有质量，但也是有动量的。

碰撞得越快（即气体温度越高），又或者气体粒子质量越大，动量就越大，压力也越大。

所以，动量描述了粒子在空间中的运动方式。当我们从相对论的角度描述运动时，我们必须再增加一个要素，即不同时间和方向上的动量流。这到底是什么意思呢？

这个概念其实不像听起来的那么复杂，它就是一种能量，能量是一定时间内积累的动量流。正如相对论把空间和时间整合成一个统一体"时空"一样，它也把能量和动量整合成一个统一的数学对象，叫作四维动量。

现在，我们可以说是（四维）动量流塑造了时空。所有形式的能量和动量，都会受到引力的作用，尤其是压力。气球内部的空气压力是一种正压力，这种压力像物体一样可以吸引其他物体。

简言之，爱因斯坦的引力场方程对即将登场的各种能量和动量都进行了舞台指导。现在，我们需要介绍一下各位"演员"。

宇宙中的主角和配角

列出**宇宙**这台大戏的"演员表"并不是一件容易的事。人们花了许多个夜晚，通过望远镜仔细观察着每一寸天空。为了测量从早期**宇宙**中发出的光，人们把微波探测器放置在南极冰盖以下，或者用气球送到空中，甚至发射到太空中。天文学家利用天体的运动推测出暗物质的存在，与此同时，因为宇宙膨胀而渐渐远离的超新星也表明了神秘暗能量的存在。下面，就让我们来认识一下全体演员吧。

当宇宙学家谈到"物质"的时候，其实他们指的是一种（通常）以质量形式存在的能量。爱因斯坦的著名方程 $E=mc^2$ 可以告诉我们给定质量的物质有多少能量。一切有质量的物体都在吸引其他有质量的物体，同时被对方吸引。物质阻止了空间的进一步膨胀，物质越多，阻止空间膨胀的力量就越大。

相比之下，辐射是一种没有质量的能量形式，光就是我们最熟悉的例子。光子（光的粒子）的能量纯粹来自它的运动。**宇宙**辐射和物质的作用一样，减缓了**宇宙**膨胀的速度。事实上，由于光子有正压力和能量，所以辐射阻止宇宙膨胀的效果要比物质更强。

天文学家已经测量了宇宙中物质和辐射的量。星系里有数千亿颗闪耀的恒星，但大多数物质都没有这么耀眼。物质最终坍缩成黑洞时，会释放出极大的能量，这些能量让遥远的类星体发出明亮的光芒，才使得我们观察到物质的轮廓。在类星体和地球之间，我们还发现了没有被聚集到星系中的物质的暗影。

这些稀薄的星系际物质中大部分是我们熟悉的氢和氦，还有少量像氧、碳和镁这样的重元素。还有一位"演员"尽管不可见，但也很活跃。星系旋转的速度太快，无法与我们能观测到的物质结合在一起。在早期宇宙中，物质块不像由普通的质子、中子和电子构成的物质那样能收缩和膨胀。当星系和星系团发生碰撞时，它们的气体会收缩、变热和发光，但它们的大部分物质会像鬼魂般穿过彼此，可以感受到引力，但感受不到电磁力。

这位"演员"到底是谁呢？答对这个问题可以让你获得诺贝尔物理学奖。我们都知道它是一种物质，也就是说它的能量主要以质量的形式存在。我们也知道它不受电磁力的作用，这就意味着它不会发射或者散射光。显然，这会让天文学家们备感失望：这些物质就在那里，而我们通过望远镜却看不见它们！

我们把这种物质叫作暗物质，因为它不会发光。但或许，我们只是为了表示对它不了解。

在我们的**宇宙**中，可见和不可见的物质以及辐射都不足以阻止从大爆炸开始的宇宙膨胀过程。**宇宙**似乎会永远膨胀下去，尽管很慢，但不会停止。

所以，还是缺少一些"演员"。

20世纪90年代，有越来越多的证据表明**宇宙**中不仅仅有物质和辐射。关键的线索来自对恒星爆炸的观测，这种恒星也被称为超新星。利用爱因斯坦方程，同时考虑到能量对于**宇宙**膨胀的抑制作用，我们就能计算出这些超新星会以怎样的亮度出现在我们的望远镜中。

爱因斯坦告诉我们，**宇宙**万物在我们眼中的样子，取决于从光离开光源到进入人眼的这段时间内**宇宙**膨胀的程度。因此，天体的明暗程度取决于**宇宙**的构成，因为它影响着宇宙膨胀的速度。

根据我们在**宇宙**中发现的所有物质，我们预测**宇宙**的膨胀速度会减慢，遥远的超新星能维持一定的亮度。然而，两组天文学家在布莱恩·施密特、亚当·里斯和索尔·珀尔马特的带领下，观测到超新星比预期的要暗。而且，它们太暗了，以至于**宇宙**看起来根本就没有减速。爱因斯坦的引力场方程告诉我们，膨胀速度一定会越来越快。

这就很麻烦了。天文学家们通过望远镜看到的和在粒子加速器中创造的所有粒子都会减慢**宇宙**的膨胀速度，可事实上，**宇宙**一直在加速膨胀。而且，在舞台上所有已知的"演员"中，没有一位能导致这样的结果。

到底是怎么一回事呢？

我们需要组织一次试镜，挑选出一个古怪的"演员"，在加速膨胀的**宇宙**中担任主角。别浪费时间了，我们把这种不熟悉的东西称为暗能量，这是一种我们完全不了解的能量。

爱因斯坦的引力场方程提供了一种可能的解决方案，他认为宇宙加速膨胀是由于时空本身具有一种名叫"宇宙常数"的奇特属性。在爱因斯坦推导方程的过程中，几次遇到了需要做出抉择的分岔路口。作为一位优秀的物理学家，他选择了最简单的选项。比如，他本应该想到空间扭曲的情况（严格地说是扭力），但为了不增加问题的复杂程度，他忽略了这种情况。

再比如，爱因斯坦本应该加上宇宙常数这一项。但对于自己的方程，爱因斯坦首先关注的是能不能重现太阳系中常见的引力作用，又因为宇宙常数对此没有帮助，所以他舍弃了它。

在爱因斯坦的时代，天文学领域没有证据表明宇宙在改变和演化，所以他和其他人一样，都认为宇宙是静止不变的。然而，他很快就发现，他的方程并不适用于静态的宇宙，因为在引力的作用下，宇宙不可能静止不动。所以，爱因斯坦决定把他的推导过程倒回到上一个分岔路口，改选那条比较复杂的路线。有了宇宙常数，他就能得到一个静态的宇宙。

在接下来的 10 年中，天文学家维斯托·斯里弗、克努特·伦德马克、乔治·勒梅特、埃德温·哈勃和米尔顿·赫马森发现，宇宙其实一直在膨胀。[①] 由于**宇宙**并不是静止的，所以宇宙常数就和其他糟粕一起被丢进了"历史的垃圾箱"。

据说爱因斯坦后来坦承，引入宇宙常数是他犯的"最大的错误"，但重点是弄清楚原因。爱因斯坦后悔自己坚持认为宇宙是静态的，如果他放弃这个观点，他就可以在人们观测到**宇宙**膨胀之前做出准确的预测。无论如何，爱因斯坦的静态宇宙都是无法实现的。亚瑟·爱丁顿说："静态的宇宙就像一支直立的铅笔，轻微的扰动就会让它坍缩或者膨胀。"

尽管在解释宇宙膨胀的原理时并不需要宇宙常数，但正的宇宙常数和

---

① 宇宙膨胀往往被认为是由埃德温·哈勃单独发现的。然而，近年来有大量的历史研究澄清了真相。当然，哈勃的发现仍然是最主要的，但是许多其他的天文学家提供了观测数据和线索，还包括一群研究爱因斯坦新引力理论的理论家。有关详细信息，请参阅韦和亨特的书中（2013）收录的论文以及努斯鲍默和比厄里的著作（2009）。

反重力的作用是一样的。所以，我们在解释宇宙加速膨胀的原因时刚好用得着它。

或者，有一种特殊形式的能量造成了宇宙的加速膨胀，特别是我们需要一种负压力的能量。这种能量并不像听上去的那么奇怪，负压力就是张力。在气球内部，分子运动撞击气球壁产生了一个向外的推力，这是正压力。气球橡胶材料的弹性则是张力的一个例子，它通过收缩气球来对抗向外的压力。

但事与愿违，这种负压力反而成了宇宙加速器，使膨胀的速度越来越快。[①] 无论**宇宙**加速膨胀的原因是宇宙常数还是特殊形式的能量，宇宙学家都倾向于把它们统称为暗能量。这是一种解决"是什么造成**宇宙**加速膨胀"的简便方法。

我们对遥远超新星的观测结果显示，宇宙中有 70% 的能量是暗能量。要是我们能知道它到底是什么就好了！

从暗能量首次被发现起，它存在的证据就已经相当确凿了。人们在大尺度结构的分布中，在宇宙微波背景辐射中（我们会在下一部分提及），以及在宇宙局部的星系运动中都发现了暗能量的"身影"。

女士们，先生们，让我们为大家介绍一下：

宇宙中 69% 的部分是暗能量，它产生的负压力使得宇宙加速膨胀。但我们并不清楚它究竟是什么。

宇宙中 26% 的部分是暗物质。我们也不清楚它究竟是什么。

宇宙中 5% 的部分是我们熟悉的普通物质，它们构成了恒星、行星、人类和质子等。许多物质都广泛地散布在**宇宙**中，所以我们并不

---

① 确实很让人困惑：压力向外推，但引力却束缚着宇宙。张力是向内压，却使宇宙向外加速膨胀。我们必须区分压力差的直接效应和压力的引力效应。

确定它们在哪里。

宇宙中 0.3% 的部分在恒星中（也就是普通物质的 6%），其中一些肉眼可见！

与粒子物理学的标准模型类似，我们把这个描述宇宙现状的特别的 FLRW 度规，称为标准宇宙模型。

因为随着宇宙的膨胀，各种形式的能量会以不同的速度减少，主角也发生了变化。在宇宙早期，辐射是主角。在大约 10 万年后，辐射被大大削弱，物质接替了它的位置成为主角，继续减缓宇宙的膨胀。

暗能量经过在后台耐心的等待，终于从几十亿年前开始挑大梁，使得宇宙膨胀的速度不降反升。我们正处在一个暗物质和暗能量同时发力，加速宇宙膨胀的时期。

CMB 光子登上了舞台

我们是怎么知道宇宙的成分，以及这些成分的比例的呢？宇宙学中的罗塞塔石碑就是宇宙微波背景辐射（CMB）。要理解为什么这种光会携带那么多有关宇宙的信息，我们需要追踪它以前的运动路径。有了爱因斯坦方程的帮助，我们就能一窥过去的宇宙。

我们追踪的目标是来自太空中某一特定位置的一批典型的 CMB 光子。尽管在每立方厘米的空间中有上百个这样的光子，但大多数时候都被人们所忽视，除了在未调谐的电视机上增加大约 1% 的静态"雪花"时。[1] 其实，这批 CMB 光子在 0.3 毫秒前就进入了地球大气层。

---

[1] 当然，现代的电视在没有调谐时只会显示蓝屏。但是孩子们，问问你们的父母，用一个旋钮来寻找他们最喜欢的节目多有趣。一旦你这样做了，就明白"不要碰调谐钮"这句话是什么意思了。

如果我们回到 17 个小时前的宇宙，就会看到那批 CMB 光子离开太阳系，进入广阔的星际空间。事实上，"空间"的说法是有一定原因的。伟大的英国天文学家詹姆斯·金斯让他的读者想象在欧洲上空有三只黄蜂，而这样的天空比有恒星的太空显得更拥挤。尽管恒星之间有稀薄的气体和尘埃，但在每 1 000 个光子中大约只有一个物质微粒，根本不足以影响光子的运动路径。当我们在时空中来回穿梭时，太阳光会逐渐消失，但我们追踪的光子和其他 CMB 光子却无处不在。

几千年前，我们追踪的光子远高于由气体和恒星组成的银河系。从那里，你能看到我们银河系的宏伟构造：由恒星、白矮星、尘埃和气体组成的不停转动的薄圆盘，还有它的旋臂，（平均）每年这里都会诞生一颗新恒星。你还可以看到银河系的"邻居"——仙女星系，它距离银河系大约 200 万光年。（仙女星系以每秒 300 千米的速度靠近银河系，但不要惊慌，不花上 30 亿～40 亿年，它是到不了银河系的。如果一只黄蜂看到另外一群黄蜂正在朝它飞过来，会不会担心迎面撞上另一只黄蜂呢？）

环绕银河系的是一个暗物质环。把时间再倒回去一点儿，你会看到我们追踪的光子在大约 50 万年前离开银河系的暗物质环，进入星系际空间。它们会在这片无边无际的不毛之地度过 125 亿年的光阴，只有微量的物质与它们相伴。在这个阶段，我们追踪的光子可能会穿过一个星系，也许这个星系比银河系小。① 这样的话，在它们回到星系际空间之前，还能有几万年不那么单调的时光。

---

① 我们怎么知道的呢？遥远的类星体足够亮，我们可以透过气体看出它们的轮廓。气体密度足够大的地区在业内被称为阻尼莱曼 α 吸收线系统（DLAs），人们认为能在其中找到星系和原星系收集气体为第一次恒星大爆发做准备的痕迹。2000 年，丽萨·斯托里—隆巴迪和阿尔特·沃尔夫证明有一个 DLA 在过去的 125 亿年中大致处于给定的视线上。

138 亿年的宇宙进化史

不妨想象一下，在我们追踪的那批 CMB 光子飞行的过程中，**宇宙**发生了怎样的变化。我们的**宇宙**一直在膨胀，如果回到过去，我们就会看到星系更紧密地结合在一起，星系际气体被压缩的程度更高，也就是说，过去的**宇宙**密度更大。

在过去的 30 亿年中，时间越往回倒，**宇宙**的能量就越高。恒星诞生的频率更高，吞噬其他物质的饥饿黑洞也更多，从而不断地为活跃的星系中心提供能量。来自恒星和类星体的高能辐射充满整个**宇宙**，将星系间氢原子中的电子剥离出来，所以我们的**宇宙**主要由等离子体组成。

但这已经是宇宙活动的高峰期了。我们退回到 30 亿年以前，时间越往回倒，新产生的恒星和类星体就越少。在大约 128 亿年前，由于恒星的数量太少，无法将电子和质子分离开，所以星系际气体大多由中性氢原子组成。但随着我们对过去的了解越发深入，还有更极端的变化在等待着我们。

我们在回顾宇宙历史的过程中发现，**宇宙**似乎越来越平静。不仅星系中产生的恒星更少了，许多星系也消失了，恒星的光芒被产生恒星的气体云所遮挡。我们并不完全确定具体的时间，只知道大约在 135 亿年前，也就是大爆炸之后仅过了两亿年，我们追踪的光子就出现了，当时第一个星系即将诞生。[①] 宇宙进入黑暗时代，没有恒星，只有均匀分布的氢原子。那时的**宇宙**密度是现在的 20 倍，到处都是 CMB 光子。我们追踪的光子中大多数都是旁观者，继续着它们的黑暗之旅。

宇宙收缩使得物质和辐射变得更致密，温度更高，我们追踪的光子也

---

① 你可能以为星系被抹去了，因为随着我们将时间往前推，引力看起来像是斥力一样。其实并不是这样的。如果你倒放一段地球围绕太阳运转的视频，看起来就像是一个小质量物体被一个大质量的物体所吸引。引力在任何时间和方向上都表现为吸引力。更确切地说，宇宙一开始的平滑不是力的结果，而是一种特殊的初始条件。正如我们在上一章中说过的样，我们的宇宙就是这样开始的。

更加高能。一开始的光子是微波，波长约为一毫米，那时的**宇宙**尺寸只是现在的 1/20。现在的光子是红外线，还在迅速地朝着电磁波谱中波长更短的区域变化。

在现在的**宇宙**中，物质和辐射的混合已接近均匀，我们可以看到 CMB 光子的数量大约是物质微粒的 10 亿倍。然而，这些物质微粒正在变得模糊不清。

我们追踪的光子会毫发无损地从宇宙中的中性原子旁边经过。但我们在回顾宇宙历史的过程中会发现，随着温度升高，有些光子的能量会高到足以使电子从原子中逃逸。这些自由电子更有可能影响经过的光子。

大约 37.8 万岁的宇宙只是现在尺寸的千分之一，而且被自由电子所包围。那时的宇宙温度太高了，以至于原子根本束缚不住电子。在非常遥远的宇宙中有一个自由电子，它的身上有我们追踪的光子留下的痕迹。二者发生了碰撞，导致光子维持了 130 多亿年的直线轨迹瞬间发生了变化。

我们不妨分析得更深入一点儿。无论我们看到什么物体，实际上看到的是最后的散射体。环视一下你所在的房间，光从窗户照进来，遇到墙上的画之后发生散射，一部分光进入你的眼睛。你的眼睛和大脑把这些光子转化为一幅画的图像。重要的是，可能只是因为画和我们的眼睛之间有空气存在，光才能自由通过。

假设我们要为太阳拍摄照片。光子是在太阳核心产生的，经过几十万年的散射，才到达太阳表面。只在它离开太阳大气时，光才能进入我们的相机。每一次散射都会清除有关光子从何而来的信息，所以从我们的相机里是看不到太阳核心的。

相比之下，太阳核心的核反应产生的中微子就更加神出鬼没了，它能够直接穿过太阳大气。最近，科学家已经成功地利用中微子给太阳拍照，而且能直接看到太阳核心的情况，简直太酷了。

同样地，我们很久以前就看到了**宇宙**外部致密的高温层，并把它叫作"临界最后散射面"。在这里，可以看见来自**宇宙**早期的致密的物质碎片。

因此，CMB 携带着大量有关**宇宙**早期情况的信息。从 CMB 中的高能光子身上，或多或少可以看出早期**宇宙**中温度的波动和物质碎片的密度情况。

让我们继续追踪那批勇敢无畏的光子。它们已经被散射，但并没有被摧毁。它们在"电子雾"（electron fog）中不停弹跳着，但它们并不是在这里诞生的。当我们退回到更早期的宇宙，就会发现"电子雾"的温度一直在升高，电子也越来越高能。

与破坏原子核相比，让电子从原子中逃逸要简单得多。前者就像推倒一头大象，而后者就像拍死大象背上的一只苍蝇，难度差别很大。在大爆炸发生 37.8 万年之后，我们追踪的光子群可能会干扰原子外围的电子。但是，原子核完全不受影响。

时间退回到大爆炸发生的 20 分钟之后。此时，**宇宙**中约有 74% 的物质是氢（核中只有一个质子），25% 的物质是氦（核中有两个质子和两个中子），还有少量其他原子。

如今，地球上的光子已经几乎不会对电视产生静电干扰了，所以人们察觉不到它们的存在。而在地球周围，只有核反应或太阳核心高温高压的环境，才能将原子核聚合在一起或者使其分裂。在宇宙诞生的最初几分钟内，每个光子都有足以摧毁原子核的撞击力，而且它们的数量是原子核的 10 亿倍。

在过去的 138 亿年间，一直让氦核保持稳定的强核力终于向横冲直撞的光子大军屈服了。四面楚歌的质子被迫撞击原子核，几分钟之内，宇宙就被分解成质子、中子和电子。因为无法长时间地结合在一起，它们很快就又四分五裂了。

随着时间继续往回倒，**宇宙**变得越来越简单。大爆炸发生的 1 秒之后，我们的光子军团已经将物质分解成基本粒子了。

那么，最终谁能够阻止它们呢？它们的敌人又来自哪里呢？

它们的敌人就是……它们自己。

在正常的地球环境中，光子之间不会产生相互作用。用手电筒，或者用激光，你都可以随意地使光线交叉，因为光子会彼此擦身而过。

但是，两个极其高能的光子之间却会发生一些惊人的事情：它们能创造物质。这与物质—反物质的湮灭过程恰好相反。当一个电子遇到反电子（也就是正电子）时，二者会湮灭成两个高能光子。现在，把这个过程反过来。如果两个光子有足够高的能量，就可以碰撞产生一个电子和一个正电子。光子的能量必须足以形成电子和正电子的质能，而电灯泡发出的光子能量太低，两者相差几千万倍。

时间退回到**宇宙**诞生后的第一秒，大量光子碰撞产生大量的电子和正电子。由于光子的数量是电子的 10 亿倍，所以每个电子周围都会突然出现 10 亿个电子和正电子。这样一来，光子、电子、正电子的数量就大致相同。在十万分之一秒之前，我们的光子还有足够的能量创造出 10 亿个额外的质子和反质子。

这就是我们的 CMB 光子诞生的地方。我们的宇宙变得致密、炎热，各种各样的粒子在一起翻滚着。这些粒子在相互碰撞中创造着彼此，也摧毁着彼此，其中包括光子、质子、中子、电子、中微子及其反粒子，还有更多不稳定的大质量粒子。

出于我们尚不知晓的原因，在早期**宇宙**中，1000 000 000 个反粒子对应着约 1000 000 001 个粒子。这两个数字看起来相差不多，但我们都是由这些第 1000 000 001 个粒子组成的。当物质和反物质随着**宇宙**冷却而湮灭时，总有粒子会剩下来。我们的**宇宙**就是这样诞生的。

正是由于宇宙一开始不断膨胀的高温状态，所以许多人把标准宇宙学叫作大爆炸理论。这种说法只意味着以前的宇宙更致密，温度更高。

必须把大爆炸理论与宇宙起源区别开来。在 FLRW 度规中，**宇宙**诞生于一个密度和温度都无限大的奇点，那时**宇宙**的尺度是零。史蒂芬·霍金和罗杰·彭罗斯率先详细阐释了这样一个点是如何演变为时空边界的。

然而，这个起点并不是大爆炸理论的关键。大爆炸理论是一个非常成功的科学思想，能够解释很多宇宙学的观测结果。这个理论的成功是否意味着大爆炸就是时间的起点，这完全是两个问题。这个理论只描述了**宇宙**是如何成长的，至于它是如何诞生的，就是另外一回事了。

星系是如何形成的？

我们已经讲了**宇宙**中光的故事，从现在一直追溯到**宇宙**诞生的时刻。我们还有一个故事要讲，但不是关于光的，而是关于物质的。

宇宙微波辐射背景让我们看到了大爆炸发生 37.8 万年后的**宇宙**到底是什么样子。那时，**宇宙**的主要成分是氢和氦，除了密度有大约十万分之一的微小变化之外，整个宇宙都是稳定均匀的。那么，粒子是如何形成**宇宙**中的星系、恒星和行星的呢？

不要小看这个问题！在**宇宙**过去的某个时期，密度和平均值的最大偏差只有十万分之一。而现在，你所在房间的空气密度是**宇宙**平均值的 10^{27} 倍。

我们的故事要从万有引力讲起。引力就是吸引力，可以让物质吸引其他物质，而且物质越多，吸引力就越大。**宇宙**并不是平等主义者，引力强的物质会变得越来越强，因为较大的物质块会吸引较小的物质块。

所以，我们在早期**宇宙**中看到的那些在 CMB 上留下印记的小物质块，会变成更大的物质块。在过去的 138 亿年中，（据我们所知）只受引力支配的暗物质正是以这种方式发生坍缩，从而形成宇宙网。一个典型的物质团会先沿着其最短的轴坍缩，变成一个薄片。之后，这个薄片会继续坍缩，形成一条细丝。在这些细丝的交叉点上，物质会聚集形成致密的节点。在这些节点中，暗物质会通过运动阻止进一步坍缩的发生。正因为如此，太阳系中才没有只剩下太阳，因为行星在围绕轨道运动。暗物质也是由于暗物质粒子的随机运动，才能保持住自己的尺寸和密度。这些节点被称为"暗物质晕"（图 5–2）。

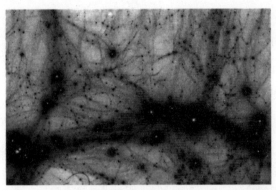

图 5–2　当引力使宇宙中密度超高的部分吸引更多物质，并且质量变得越来越大时，物质就会形成一张由薄片、细丝和结组成的宇宙网。需要说明的是，这些结被称为暗物质晕，而且很稳定，能够对抗由于暗物质粒子随机运动而导致的进一步坍缩

资料来源：帕斯卡·伊拉希、凯文·拉姆和卢克的模拟结果。

相比之下，普通物质（即非暗物质）不能以这种方式自由坍缩，因为粒子碰撞产生的热压力能够对抗引力的作用。在宇宙初期温度较高的时候，这种热压力是特别有用的。但当**宇宙**冷却到电子被中性原子所束缚的程度时（大爆炸发生约 37.8 万年后），普通物质就失去了对抗引力的战斗力，被吸入暗物质晕。

然而，物质密度从仅比平均值高出十万分之一到高出 10^{27} 倍的转变，暗物质只能解释其中的一部分原因。典型的暗物质晕在形成时的密度只是宇宙平均值的约 200 倍，由于宇宙以前的密度更大，所以在宇宙初期形成的暗物质晕的密度可能是现在的宇宙平均值的几万倍。

即便如此，几万倍的密度差和创造恒星和行星所需的 10^{27} 倍的密度差比起来，也是微不足道。如果不是引力，那是什么呢？

乍一看，大自然中的其他力似乎根本帮不上忙。强核力和弱核力都是短程力，作用范围差不多与原子的大小相当。电磁力是化合物中原子间的相互吸引力，但这种力只在分子内部起作用。在气态条件下，正是电磁排斥力让两个分子一靠近就立即被推开，原子和分子在液态和固态条件下则会相互吸引，这恰恰需要高密度条件。那么，物质是如何坍缩成星系的呢？

事实上，电磁力就是我们要找的力，不过是以辐射的形式。当气体中的两个粒子相遇时，它们通常会推开彼此。但是，有时当电子受到足够大的撞击力时，会有光子被释放出来。尽管这些粒子仍会受到引力作用，但光子会以光速逃逸，并带走一部分能量。

这是以牺牲气体的热能为代价的，气体的热能仅来源于粒子的随机运动产生的能量（动能）。如果你能看到这个房间里的空气粒子，你就会看到它们正在以惊人的速度（约每小时 2 000 千米）不停地运动，互相碰撞，还撞击墙壁和窗户。在一个受引力约束的物质团中，这种随机运动可以帮助气体对抗引力作用，就像暗物质那样。

所以，普通物质会释放能量。我们在日常生活中往往不会注意到这种现象，但普通物质在进入暗物质晕之后，就会渐渐失去对抗引力的能力，并开始坍缩。（与此同时，暗物质粒子不会互相碰撞，而是一直处于随机运动状态。）在条件合适的情况下，这种坍缩会一直进行下去：粒子碰撞，（来自粒子随机运动的）能量流失，引力对物质团的挤压增强，物质密度增大，粒子碰撞更频繁，能量流失更多，坍缩持续发生。暗物质晕内部和周围的物质会涌向中心，物质密度越来越大。事实上，我们正在创造一个星系！

这种情况何时会结束呢？为什么物质没有直接坍缩成黑洞呢？原因在于另一种运动方式——旋转。

最初发生坍缩的物质团会发生小幅度的旋转：我们画出一些穿过物质团的轴，如果我们把所有顺时针旋转的物质和所有逆时针旋转的物质分别加起来，会发现两者不能完全抵消。即使物质团非常庞大而且分散，也没什么关系。随着物质团的持续坍缩，它的旋转幅度会越来越大。

假设有一位正在快速旋转的滑冰者。当他张开双臂时，旋转的速度较慢。但当他抱紧双臂时，旋转的速度会加快。这是因为抱紧手臂使他自身的半径减小，所以旋转速度更快。

当原星系开始坍缩时，它的旋转速度会加快。围绕中心轴的有序旋转弥补了气体随机运动的不足，创造出一种新的稳定状态，即使气体一直在通过辐射进行冷却，也能维持住这种稳定的状态。而且，任何穿过旋转气体的气体云都会和旋转气体发生碰撞，释放能量，并加入旋转气体。最终形成一个旋转的气态物质圆盘，就像我们在其他星系中看到的那样，而且比暗物质晕要小得多（图 5–3）。

图 5–3　三个螺旋星系。当旋转的坍缩气体云进入暗物质晕时，会形成一个星系盘。恒星形成一个稳定的薄圆盘，以对抗由于旋转引起的进一步坍缩

资料来源：泛仙女座考古调查过程中拍摄到的一小块天空，由斯特拉斯堡天文台的罗德里戈·伊巴塔提供。

正是在新形成星系的气态物质圆盘中，产生了恒星和行星。我们的星

系故事还没有讲完，它仍然是宇宙网的一部分。在宇宙中，大型的暗物质晕通过吞食和合并较小的暗物质晕不断发展，这种方式被称为层级演化。在这个物质不断被压缩的混乱过程中，星系在**宇宙**中并不是均匀分布的，而是会聚集成星系群、星系团和超星系团（图 5–4）。一个很好的例子就是那些与银河系临近的星系，我们把它们叫作本星系群。除了大小相近的银河系和仙女星系外，本星系群中还有约 100 个较小的星系，而且常常发现新的矮星系。

图 5–4 后发座星系团大约距离我们有 3 亿光年，由上千个相互围绕的星系组成。整个星系团的重量相当于 100 个银河系

资料来源：迈克·欧文，剑桥大学；经许可后使用。

有这么多的星系在不停运动，偶尔发生碰撞也就不足为奇了。这种碰撞需要花费几十亿年的时间，所以我们可以通过天文观测抓拍到星系碰撞的过程。通过一系列的抓拍，我们可以整理出星系合并的顺序，如图 5–5 所示。由恒星和气体组成的星系盘在另一个星系的引力作用下发生变形。气体相撞与压缩，瞬间会产生很多新恒星。所谓"恒星潮汐流"是由从星系的外围被撕扯下来的恒星组成的，而且都非常鲜明地指向发生碰撞的一侧。

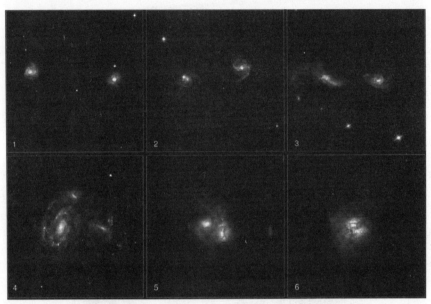

图 5-5　选取了星系相互作用过程中的几个瞬间，来说明星系合并的顺序。当星系接近并发生碰撞时，二者间的引力将气体和恒星流吸引到潮汐流中。在碰撞时，它们的气体进一步发生压缩和坍缩，直至两个星系合而为一

资料来源：美国国家航空航天局、欧洲航天局、哈勃传统团队（太空望远镜科学研究所 / 大学天文研究协会）和欧洲航天局哈勃官网的协作，以及 A. 埃文斯（美国弗吉尼亚大学，夏洛茨维尔 / 美国国家射电天文台 / 纽约州立大学石溪分校），K. 诺尔（太空望远镜科学研究所），和 J. 韦斯特法尔（加州理工学院）；经允许后使用。

　　除了抓拍，还可以通过计算机模拟揭示出星系碰撞过程中的所有细节。模拟结果有助于我们了解在真实的**宇宙**中正在进行的星系合并，以及星系变形的剧烈程度（图 5-6）。根据星系盘发生碰撞时的方位，最终合并而成的可能是一个新的、更大的旋转圆盘，也可能是一个由气体和恒星组成的圆球。

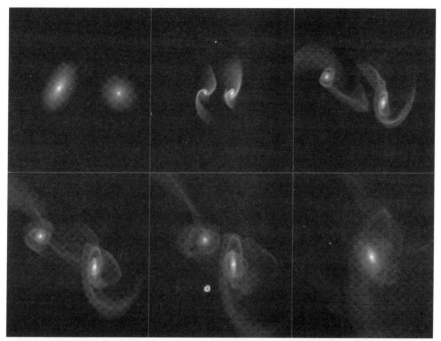

图 5-6 利用计算机代码结合万有引力、恒星、气体压力等诸多因素，我们可以模拟两个星系之间的碰撞情况。将这组图片与前一组图片进行对比，特别注意潮汐流的尾部和如"火车相撞"一般的结果

资料来源：约翰·杜宾斯基，经许可后使用。在 www.cita.utoronto.ca/ dubinski/galaxydynamics/ 上可以看到星系合并令人着迷的配乐动画。

　　宇宙中到处都是合并产生的星系，其中最引人注目的就是大量的椭圆星系（图 5-7）。你可能从未见过这样的星系，这很正常，因为它们不像其他星系盘那么好看。但它们的质量通常比一般的星系盘大，而且里面的恒星比较老，因为缺乏合成新恒星的原料[①]。

-----

　　① 天文学家喜欢分类，把东西放在不同的盒子里，不过有些天文学家对于分类的痴迷更像是在集邮而不是科研。对于星系也是如此，他们根据星系在"音叉图"上的位置，把椭圆星系归为早型星系，而把螺旋星系称为晚型星系。有些人认为这个名字是根据演化序列而来的，即椭圆星系会演化成螺旋星系，但实际的演化方式并不是这样，而是螺旋星系碰撞产生了椭圆星系。

图 5-7　两个椭圆星系。这种星系是由恒星组成的一个拉长的圆球，与星系盘相比，气体更少，旋转的有序度也更低

资料来源：泛仙女座考古调查过程中拍摄到的一小块天空，由斯特拉斯堡天文台的罗德里戈·伊巴塔提供。

　　在盘状星系变成椭圆星系的过程中，星系合并发挥着很重要的作用，除此之外，还有很多其他因素在起作用。如果一个星系盘被扰动了，比如与其他天体发生近距离接触，它就不会回到有序旋转的状态，星系最深处也有可能发生变形和振动，最终扩展成一个"星系核球"。早期宇宙中的星系似乎要比我们现在看到的整齐有序的星系的盘面更加高低不平。星系盘的这种不稳定性与恒星的形成和迁移有重大联系，不过天文学家还在研究具体的细节。现在看来，星系盘通常先形成一个核球，接着恒星整体步入老龄化，不再产生新的恒星了。或者，正如澳大利亚天文学家内德·泰勒所说：你先变胖，然后变老，最后死去。

　　星系中的恒星也发挥着它们的作用。当大质量的恒星耗尽核燃料时，会爆炸变成超新星。如果有足够多的超新星一起爆炸，那么爆炸产生的组合效果能将气体从星系发射到星际空间中。我们能从星系风的形成过程中找到相关的证据：一些星系的特点表现在从星系盘流出的高能物质微粒。而且，大多数星系的中心都是一个黑洞，其质量可能超过 10 亿个太阳质量。在极大引力的作用下落入黑洞的物质会形成一个快速旋转、能量极高的圆盘。这个圆盘的大小只是星系盘的几百万分之一，但是会产生大量的辐射。像超新星一样，这种辐射也可以加热星系中的气体，并将气体挤出星系。对于这种反馈过程的理解，是当今许多星系形成研究的重点内容。

在星系内部，气体的密度足以形成恒星和行星。引力又一次成为主要驱动力，物质块因为自身的质量而发生坍缩。对于恒星来说，坍缩最终会因为恒星核心发生的核反应而停止。对于行星来说，硬度比不上岩石的普通物质就足以阻止引力把岩石球挤压成一个黑洞。

回到宏观角度，大爆炸理论正在完成一项了不起的工作，那就是解释我们通过望远镜看到的**宇宙**。只要在网上搜索一下就会发现，还有很多其他的宇宙学说。但它们的所有数据都要经过严格检验，到目前为止，还没有一种学说能在对**宇宙**细节的解释上与大爆炸理论相媲美。关于宇宙，目前还有很多未解之谜，所以我们要继续观测、模拟、思考和推理。然而，根据我们的理解，不夸张地说，**宇宙**的某些特征在宇宙学家看来也是非同寻常的。

7 堂极简天文课

大挤压

如果你已经读出了这本书字里行间的意思，而且紧跟着我们提供的神秘线索，那么到现在，你应该已经知道暗能量是什么了。

开个玩笑，我们也不知道。

事实上，对于暗能量，我们只知道一些基本情况。我们知道它占**宇宙**总能量的 73%，还知道是它造成了**宇宙**的加速膨胀。由此，我们对它的性质也有了一定的了解，特别是它是如何进入我们的宇宙模型的。所以，我们可以问：如果暗能量发生改变，**宇宙**会怎么样？让我们先从简单地改变暗能量的多少开始吧。

简单地说，太多的暗能量会阻止星系的形成。因为只要物质在延缓着**宇宙**的膨胀，暗物质晕就会坍缩，并从周围吸入更多的物质。一旦物质本身的分布过于分散，暗能量就会取而代之，导致**宇宙**的膨胀速度越来越快，物质则进一步被稀释。星系和它们的暗物质晕被迫分离，由于距离太远而无法合并，也无法从星际空间获取更多的物质。星系的物质供应被切断后，就只能用剩下的气体来制造恒星，当这些恒星耗尽燃料走向死亡时就不会再产生新恒星了。

事实上，当**宇宙**中的暗能量成为主宰者后，就会出现上面这种结局。但在其他宇宙中，暗能量只要增加一点儿，这个阶段就会来得更早，而且自此开始就不会再形成新星系了。**宇宙**的加速膨胀会将物质推出引力的作用范围，物质就不会坍缩了。

在这些宇宙中，形成恒星、行星和人类的所有自由能都会被迅速稀释，变得毫无用处。这些寒冷、孤独的宇宙是注定不会有生命的。

我们还要考虑到另一种可能性，那就是暗能量可能是负的。负能量不是物质或辐射所具有的性质，但因为我们对暗能量知之甚少，所以这也是一种可能性。尤其要注意的是，爱因斯坦的宇宙常数也可能是负的。

负暗能量意味着一个宇宙正在向大挤压的方向发展。负暗能量会像物质一样，导致宇宙的膨胀速度减缓。宇宙无法摆脱负能量的影响，所以膨胀最终一定会变成收缩，并演变成"大挤压"。

　　少量的负暗能量不会对生命造成显著的影响，这样的宇宙往往生生不息。在发生"大挤压"之前，宇宙中会形成大量的星系和恒星。但如果负暗能量增多，宇宙就会更快地走向衰亡。过多的负能量会导致宇宙在星系、恒星、行星和生命出现之前就已经毁灭了。

　　所以，我们**宇宙**中的能量含量似乎正走在钢丝上。如果暗能量和物质的比例与我们的观测结果不同，宇宙的演化历史就会截然不同。总之，有暗能量的宇宙是很容易毁灭的。

量子真空和宇宙常数

　　现在，我们要揭示现代物理学的一个并不光彩的秘密，有一本畅销的教科书是这样向学生说明这一尴尬局面的：

> ……可以说，当今高能物理学中存在的最严重的理论问题，就是观测结果与理论预测之间存在差异，并且缺乏有说服力的理论观点来加以解决。
>
> ——伯吉斯和摩尔

　　问题就出在对暗能量的认识上。虽然有很多可能的成因，但主要的怀疑对象之一就是所谓的量子真空。

　　我们在物质行为方面的最佳理论是量子场论，这个理论我们在第 2 章和第 3 章中提到过。下面，我们来详细讨论一下。物理学中的场是在时空中所有点上都存在的物理实体。相比之下，在任何给定的时间内，一个粒子只能存在于一个特定的点。

　　量子场的独特之处在于，场的某些结构能反映我们周围粒子的情况。以某种方式激发场，它就会像一个粒子那样运动和相互作用，或者表现得像两个粒子，或者像很多粒子，又或者像没有粒子一样。对于量子场论来说，电子不过是电子场的一种波动。

事实上，**宇宙**中的所有物质都是由这些量子场的振动组成的，比如电子场、夸克场和光子场等。这些场的摆动和相互作用构成了日常生活中的运动和行为。

如果我们把某个空间中的粒子全部清空，就被称为量子真空。在这种状态下场仍然存在，但对我们来说关键问题是：这个场里还有多少能量？请记住，即使没有粒子，场也存在，还可以振动。

在爱因斯坦的引力理论中，这种真空能量的表现很像暗能量，会导致宇宙加速膨胀。如果我们能算出这部分能量是多少，就可以预测出宇宙中有多少暗能量。这可能是量子场论取得的又一场胜利！

每个场都对真空能量有一定的贡献，而且每个场的真空状态都可以用一连串的波形来表示。从图 5-8 中可以看出如何将波形叠加在一起，每个波形都有自己的能量特征值。

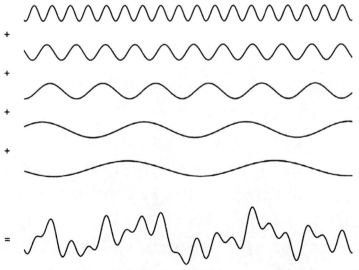

图 5-8 从数学角度来说，我们可以用一组波来表示某个场的真空状态，每一个波都有自己的特征能量，这些能量的总和就是真空的总能量

如果我们单纯地把所有波形加起来，将会得到一个无穷大的答案，这是不对的。无穷大通常意味着我们的假设是错的，在这种情况下，其实很容易找出原因。我们假设即使在能量无限大的情况下，量子场论仍然能够精确地描述物质的性质。显然，我们的实验证据根本无法证明这一点。

事实上，在理论方面，这也是一个可疑的假设。自然界中有一个能量标尺，叫作普朗克能量，我们认为在这个能量值之下，就可以忽略引力的作用。量子场论不包含引力，但通过简单的计算就会发现，具有普朗克能量的粒子会变成黑洞。这种现象很可能不会发生，但我们绝对不能相信任何忽略这种现象的理论。

只计算普朗克能量值之下的真空能量，我们就能得到一个有限的预测值，这可比无穷大要好多了。但是，与我们的观测值相比又如何呢？

预测值是观测值的 10^{120} 倍，只要看看这个数字庞大的数量级，就会知道这个答案错得离谱儿。

我们拿你来举例说明。作为一个普通人，你体内有多少个质子？快速计算一下，大约是 10^{28} 个，这已经是一个相当大的数字了，但它与 10^{120} 相比几乎微不足道。地球上所有人体内的质子加起来大约是 10^{38} 个，太阳系中的质子数大约是 10^{57} 个，数字虽然越来越大，但仍然相距甚远。

让我们把范围再扩大一点儿，看看可观测**宇宙**中有多少个质子。我们通过计数恒星和星系的数量，估算出大约有 10^{80} 个质子。你一定在想，我们几乎快追上了，但其实还是差得很远。

如果地球上每个人体内的每个质子都有它的可观测宇宙，那么所有这些宇宙中的质子总和约为 10^{118} 个，是预测值和实际观测值之间差异的百分之一。现在，你应该知道为什么这个局面相当令人尴尬了。

但是，普朗克能量比我们在实验中产生的能量高得多，前者是后者的 10^{15} 倍。对于现有理论的信任程度，我们应该更保守一些。

假设我们选择一个经过粒子物理实验全面检验的能量值，而且在低于这个能量值的情况下，量子场论仍然有不错的表现。我们发现预测值缩小到只是观测值的 10^{60} 倍，但这只是一个开始，先别急着庆祝。

也许还有某种我们不知道的机制在起作用，它会削减量子真空能量，使得我们观测到的宇宙膨胀的能量值要小得多。不过，这种机制必须像一把非常精密的剃刀，能修剪掉多出来的能量，只留下与观测值相等的那一部分。在这个过程中，就算没有留下我们观测到的部分，而是完全抹去量子真空能量，似乎也是理所当然的事。

要记住，这么大的真空能量会使**宇宙**的膨胀速度越来越快，根本不可能有恒星、行星和人类的存在。如果**宇宙**遇到未经处理的真空能量，将会变成一片不毛之地。

这就是宇宙常数问题，尽管这个名字有些不太恰当。有效的宇宙常数是爱因斯坦的宇宙常数加上宇宙中所有的能量常数，真空能量就是这样一种能量。**宇宙**的加速膨胀正是由于有效的宇宙常数，可是问题来了：为什么有效的宇宙常数会比每一种真空能量都小那么多呢？

宇宙常数问题绝不是"预测出错"那么简单。真空能量可正可负，所以将所有不同的能量相加，就可以奇迹般地让它们互相抵消。但这还是不太可能发生。

作为微调论的典型案例，宇宙常数问题是一场近乎完美的风暴。这个问题很重要，所以我们要详细地解释一下原因。

1. 实际上，这涉及多个问题。每个量子场——电子、夸克、光子、中微子等——都为宇宙的真空能量做出了很大的贡献。

2. 广义相对论无能为力。爱因斯坦的理论将能量、动量与时空的几何结构联系在一起。它并没有规定**宇宙**中存在着什么样的能量和动量，根据广义相对论的原理，不适合生命存在的宇宙才是完美的。

3. 粒子物理学可能也无能为力。量子场论所描述的粒子物理学过程只与能量的差异有关。我们可以改变粒子物理学中所有能量的绝对值，同时保证所有的相互作用维持原状。只有引力才与能量的绝对值有关。因此，粒子物理学在很大程度上并不在意它宇宙学和生命的影响。

4. 这不只是普朗克尺度的问题，所以量子引力理论也不一定有用。如前文所述，我们不需要为了看清宇宙常数问题，就认为当能量增加至普朗克能量时，量子场论仍然可行。宇宙常数问题在被充分理解和验证的物理学中已经根深蒂固了。

5. 其他形式的暗能量也有同样的问题。暗能量指的是所有使宇宙加速膨胀的能量，它们可能并不是真空能量。但其他形式的暗能量通常会产生其他的场，所以有关场的真空能量问题，又回到了原点。

6. 我们不能以零为目标。在发现**宇宙**加速膨胀之前，有人认为某些原理或对称性可以将宇宙常数设为零。实际上，这是一个投机性的假设，已经不复存在。

7. 量子真空产生了可观测的后果，因此不能被简单地视为虚构。特别是原子中的电子能感受到周围量子真空的影响[①]，但为什么宇宙膨胀就完全感受不到量子真空的影响呢？

8.（有效的）宇宙常数显然是经过微调的。从各个方面来说，这都是微调论的最佳案例。要创造一个没有生命的宇宙，没有什么方法比消除宇宙中的所有结构更简单的了。只要将宇宙常数扩大几个数量级，宇宙就会变成一片由氢和氦组成的均匀稀薄的雾，粒子偶尔发生

---

① 对专业人士来说，这种现象叫兰姆位移（波尔钦斯基，2006）。

碰撞所产生的气体是宇宙中的唯一现象。每个粒子将孤独地度过一生，从空荡荡的太空中经过，上万亿年里都看不到其他粒子。即便看到了，也只是擦肩而过，各自继续踏上孤独的旅途。

这就是我们需要帮助的原因。

能量密度的临界值

我们在上文中讲过，宇宙的成分决定着它的几何结构。尤其是能量密度的临界值，它把密度过大导致正向弯曲的宇宙与密度不足导致反向弯曲的宇宙区分开来。在临界点上的宇宙恰好是平的，用我们熟悉的欧几里得几何就可以解释。

事实表明，我们宇宙的能量密度与临界值非常接近，以至于我们并不知道它是平的还是略微弯曲的。尽管我们的测量结果已经精确到约百分之一，但它太接近临界值了，以至于我们无法确定它到底在临界值的哪一边。

这让宇宙学家们有点儿难受，个中原因我们在第 1 章中已经解释过了。包含自由参数的物理学理论实际上是一组理论，分别对应着不同的参数值。如果我们需要对这个参数进行微调，这个理论看起来就很可疑了。如果这组理论中只有一小部分能够解释数据背后的原理，就需要考虑其他理论了。

再回到我们的宇宙，能量密度与临界值相差不到百分之一并不是非常可疑。真正的问题在于这个值代表的是宇宙现在的密度。当我们追溯到宇宙诞生初期，探究它的初始条件时，就会对微调论产生怀疑。

如果宇宙的膨胀速度减慢，弯曲的宇宙就会变得更加弯曲；完全平坦的宇宙则会保持平坦，不过再微小的弯曲也会被迅速放大。因为（根据标准宇宙学）我们的宇宙在最初的几十亿年间的膨胀速度一直在减缓，所以为了变成如今平坦的样子，它的初始条件必须经过近乎荒谬的微调。假设我们让时间退回到宇宙形成第一种元素的时候，也就是大爆炸发生的几分钟之后。为了让我们的宇宙变成现在这种平坦的样子，它的能量密度与临界值就必须相差不到 1 000 万亿分之一。这实在太可疑了！

时间再往回推的话，只会让情况变得更糟。我们至多能将时间退回到所谓的普朗克时间，而在这个时间之前发生的事情，我们只能通过量子引力理论来预测。（我们没有这样的理论，或者至少没有经过充分理解和验证的理论。）普朗克时间指的是宇宙最初的 10^{-43} 秒，此时经过微调的宇宙能量密度与临界值的偏差是 $1/10^{55}$。这更加可疑了！

这个问题叫作平直性问题，它不仅是关于宇宙学的问题，也是关于生命的问题。

为了理解这个问题，让我们回到宇宙的初始条件，并对它们做一些改变（图 5–9）。我们先从增加宇宙中的物质含量开始，从而进一步延缓宇宙的膨胀。在物质使宇宙完全停止膨胀之前，我们不需要增加太多的物质。膨胀停止了，宇宙随即开始坍缩，最终消亡。

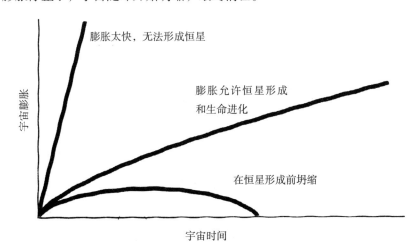

图 5–9　成分不同的宇宙可能有完全不同的膨胀情况，对其中的生命也会产生重大影响

这样的宇宙就像詹姆斯·迪恩和科特·柯本一样，放荡不羁、英年早逝。在这样的宇宙中，生命会有什么样的前景呢？当我们增大这些宇宙的初始物质密度时，它们会经历长达几十亿年的生命周期，情况与我们现在居住的宇宙很相似。但是，如果我们继续增大物质密度，宇宙的寿命就会变得越来越短，从10亿年缩短到100万年、1 000年、几年、几个星期、几个小时、几秒……显然，这对生命来说是一个坏消息。

所以，物质过多并不是好事。如果我们减少宇宙中最初的物质含量，会怎么样？我们暂时不考虑暗能量的存在，假设宇宙中只有物质。

在物质减少的情况下，宇宙从诞生之日起就膨胀得很快，以至于宇宙里空荡荡的。暗物质和气体的密度非常小，原子之间可能相距数十亿光年。在这种宇宙中，根本不可能形成任何结构，气体也不可能形成小的星系和恒星。尽管这些宇宙会一直存在，但永远是漆黑一片、死气沉沉。

幸好，宇宙的初始密度经过了微调，要知道引发这样的自杀式膨胀并不难。如果我们在大爆炸发生10亿分之一秒后观察宇宙的密度，会发现这个值非常大，约为每立方米 10^{24} 千克。这是一个很大的数字，但宇宙的密度只要每立方米再增大1 000克，宇宙早就坍缩了。如果密度每立方米减少1 000克，又会导致膨胀过快，无法形成恒星和星系。

随着我们离大爆炸发生的那一刻越来越近，宇宙微调的程度也越来越大。宇宙的密度就好像人行走在锋利的刀刃上，最轻微的失误就会让我们在上一节中所讲的星系形成的故事化为泡影，代之以一个无聊透顶的故事。暗物质不会坍缩成暗物质晕，普通物质不会坍缩成星系盘，星系盘不会分裂成恒星，周期表中质量较大的元素不会在恒星中形成，也就不会有行星和我们。宇宙将只是一锅由氢和氦组成的近乎均匀的浓汤，原子要么在自身引力的作用下被压碎，要么在广阔无垠的太空中孤独一生。

Q 值的大小

在人们认识到平直性问题的同时，又出现了另一个问题。20 世纪 70年代，宇宙学家们开始抱怨**宇宙**太平稳了！

一旦我们解开爱因斯坦的引力场方程，就可以追踪宇宙物质的历史，还可以追踪任何光子在**宇宙**中的运动路径。特别是，我们可以计算出宇宙的哪些部分可以通过发射光线来沟通。但问题就出在这里。

你应该还记得宇宙微波背景辐射吧，它就像一块珍贵的化石，可以帮助我们探索宇宙早期的各种奥秘。戴上一副微波探测护目镜，望向夜空中的某个方向。你会看到大爆炸发生 37.8 万年后的气体，我们把其中一部分称为 A。现在，将视线向左偏转两度，把你看到的这部分气体称为 B。我们可以通过计算得出结论，A 和 B 相隔太远，在大爆炸之后的 37.8 万年间，二者之间没有任何交集。它们对彼此一无所知，就像海面上相隔很远的两艘船一样，即使用最先进的望远镜也看不见对方，因为它们都在彼此的视野之外。所以，我们可以说这两部分气体也在彼此的视界以外，这个视界是由光速决定的。

可是，这两部分气体的温度却几乎一样，偏差只有十万分之一。

这个问题被称作视界问题。通过探测 CMB，我们发现**宇宙**中有上百万个区域都在彼此的视界以外。它们看不到对方，但温度几乎完全相同。

通常，温度均匀是再普通不过了的现象。房间各个角落的空气温度大致相同，而且我们很熟悉背后的原因。热的物体会使冷的物体变热，反之亦然。如果房间的某一处比另一处更热，热量就会流动，直到这两处的温度相同。我们需要找到不同区域相互接触的证据。

在一个从大爆炸以来膨胀速度就一直在减慢的宇宙中，CMB 的各个部分根本没有足够的时间相互接触。我们可以简单地假设**宇宙**从一开始温度就是均匀的，这看起来就像另一个微调论的问题，以及又一个无法解释的可疑现象。

CMB 近乎均匀的温度意味着早期**宇宙**是非常平稳的。宇宙密度和平均值最多相差十万分之一，这个数字被称为 Q。我们不知道它为什么会是这个值，但这对生命的产生和存活来说至关重要。

我们在前一节中已经了解到那些小物质块是如何构建起**宇宙**，并形成星系的。从这些早期的过程来看，在引力的作用下，一些区域的物质会被全部清空，变成巨大的宇宙空洞，而那些物质会进入其他区域，形成我们现在看到的星系和星系团。

没有这些物质，故事就不会开始。如果一个宇宙从一开始就是绝对均匀的，引力就没有作用对象了。虽然宇宙会膨胀和冷却，但物质会永远保持均匀的分布状态。在这样一个宇宙中，没有星系，没有恒星，没有行星，更没有生命。

所以，允许生命存活的宇宙在诞生之后不能过于均匀，在物质和辐射的分布上必须有一些变化。

事实上，Q 值就像那位金发姑娘在面对三碗温度不同的粥时做的选择一样，必须是刚刚好的。①

首先，Q 值不能太小。你应该还记得气体冷却在星系形成中扮演的重要角色。虽然引力很重要，但还不够，气体要想完成进入星系的最后一步，就必须把自身的热量释放出去。

如果把 Q 值减小为百万分之一，普通物质就会始终处于分散、高温和互不干扰的状态，也没有暗物质晕为快速运动的气体提供冷却的场所。热物质带来的压力会一直抗衡着引力，防止物质坍缩成恒星。没有恒星就没

---

① 取自美国传统童话《金发姑娘和三只熊》。——译者注

有行星，也就没有生命。

如果我们把 Q 值增大 10 万分之一，会怎么样？显然，随着 Q 值增大，引力会发挥更大的作用，在宇宙早期，某些区域就会发生坍缩。在这些巨大的原星系中，气体会发生坍缩并形成恒星，但也会有越来越多的恒星挤在较小的区域中。这种现象会导致恒星多次近距离接触，不利于形成在稳定轨道上运动的行星。

如果把 Q 值进一步增大，会导致宇宙的大片区域发生引力坍缩，形成巨大的黑洞，每个黑洞的质量都超过几千个星系的总和。所有构成恒星、行星和生命的原材料都会被封锁在这些黑洞的单向视界之后，宇宙将成为一片不毛之地。

要创造出像这样的灾难性宇宙，究竟需要多大的 Q 值呢？答案是不太大。如果 Q 值是万分之一，附近的恒星就会扰乱行星的轨道运行。如果 Q 值是百分之一，黑洞就会大量存在。

所以，描述**宇宙**初始状态的平稳程度的 Q 值，需要经过微调，才能保证宇宙结构在一个相对平稳的环境中形成，但也不能过于稳定，否则就无法形成任何结构。

宇宙暴胀假说

我们还剩下一些漏洞、疑问和假想。

平直性问题和视界问题的前提之一，都是假设**宇宙**早期的能量是由物质和辐射支配的。**宇宙**的减速膨胀使得其平直性降低，并将微波背景辐射的各个部分隔离开来。

这让我们想到了一种解决方案，就是在宇宙早期有一段加速膨胀的时期。这个想法是由阿兰·古斯、安德烈·林德、阿列克谢·斯塔罗宾斯基、保罗·斯泰恩哈特和安德里亚斯·阿尔布雷希特在 20 世纪 70 年代末 80 年代初提出来的，被称为"宇宙暴胀理论"。

要解决这些问题，暴胀必须非常激烈，从**宇宙**诞生后大约 10^{-35} 秒开始，一直持续到 10^{-34} 秒。在这段时间内，**宇宙**的尺度至少倍增了 80 次（也就是扩大了 10^{18} 倍）。就好比一粒沙暴胀到银河系这么大，跨度超过 10 万光年。

尽管暴胀时期很短，但它消除了空间曲率，使**宇宙**变得几乎完全平直。同时，它还保证我们从微波背景辐射中看到一小部分暴胀前的**宇宙**。

利用暴胀理论还能进行一项意料之外的预测。由于物质和空间在暴胀时期的量子涨落，所以宇宙并不均匀，这种不均匀也体现在宇宙结构和即将构成星系的物质块上。暴胀理论的新奇之处在于，借助一些数学上意想不到的变换，就可以预测出这些量子涨落的统计性质（不仅仅是 Q 值），还能保证正确率。

我们搞定了吗？微调论的问题解决了吗？毕竟，我们有一个可验证的、成功的科学理论，能够解释宇宙参数的微调原理。难道不是吗？

别心急。宇宙暴胀假说的问题是……它算不上一个理论，因为不涉及物理学。

暴胀时期被定义为宇宙加速膨胀的一个阶段。我们已经知道，宇宙的膨胀（不管是加速还是别的方式）是由宇宙的能量引发的。那是什么造成了宇宙暴胀呢？目前还没有明确的解释。

宇宙暴胀是一种结果，而不是原因，这种结果能产生其他的理想结果。虽然有上百种解释暴胀原因的说法，但很少有哪一种可以脱颖而出。

打个比方，暴胀就像台球桌上的白球。如果路线设置得当，就能把目标球干净利落地击入底袋。但是，这并非对击球过程的完整解说，因为我们忘了说球杆！

那么，哪种能量会导致暴胀呢？它可能是某种场，而且由于场是以相关粒子的名字命名的，所以我们通常也把它叫作暴胀场。然而，这个听起来让人印象深刻的名字，不过是另一个我们不了解的东西。

任何与暴胀有关的物理理论，都至少需要遵循以下几项要求。

A. 我们需要一种能产生负压力的能量。我们在讨论暗能量的时候说过，负压力将导致宇宙加速膨胀。暴胀的原因不可能是暗能量，因为暗能量不足以驱动如此快速的膨胀过程。所以，我们需要找到另一种未知的能量。

B. 暴胀必须发生。在某种程度上，暴胀场必须掌控宇宙的膨胀。如果暴胀的能量被物质和辐射的能量所淹没，就不会促使宇宙加速膨胀了。

C. 暴胀开始后，必须持续下去。为了解决平直性问题和视界问题，我们至少需要宇宙的尺度加倍 80 次。所以，暴胀一定要把加速膨胀的油门踩到底！

D. 在持续一段时间后，暴胀必须结束。这是非常重要的一点。在暴胀时期，物质至少被稀释为原来的 10^{72} 分之一。在暴胀结束后，已经没有任何物质可以形成任何种类的宇宙结构，更不用说生命了。

E. 暴胀结束后，为了形成宇宙结构，宇宙必须重新获取物质和辐射。所以，在暴胀结束时，它的能量必须被转化为普通的物质和辐射。

F. 当物质和辐射涌入宇宙时，绝对不能过于平稳，也不能过于起伏。我们之前讨论过，生命需要特定程度的波动，即 Q 值要在百万分之一到万分之一之间。

在不知道暴胀是什么的情况下，我们很难判断这些要求是通用的还是经过微调的。不过，好在我们有一些线索。

其中最好判断的可能是 C，因为一旦暴胀开始，就很容易持续。关于如何做到 D 项和 E 项，我们掌握了一些合理的线索。早期对于暴胀的研究一直围绕着"暴胀如何自然终止"的问题，不过新建立的理论已经完全可以解决这个问题了。只不过暴胀场是另一个量子场，也会对宇宙真空能量有所贡献。暴胀一旦结束，如果它产生的真空能量太大（无论正或负），它要么会继续加速宇宙的膨胀，要么会迅速导致宇宙在"大挤压"中被毁灭。

A 项可能比暗能量更糟糕，这种能量不可能只是真空能量，因为真空能量是不会停止的。所以，我们对于暴胀的了解还远远不够。这一次，我们还是有很多选项，但应该选择哪一个，我们掌握的线索很少。

B 项是一个主要问题，它关乎宇宙学家们正在争论的暴胀理论是否有希望解释宇宙的演化，以及暴胀是否需要特殊的、经过微调的初始条件。比如，我们的很多想法都要求在发生暴胀之前，就已经存在一个广阔平直的区域，但我们又恰恰需要暴胀理论来解释为什么会有这样一个区域。同样地，暴胀场看起来也处于低熵态。

F 就是著名的"暴胀微调问题"，这个问题是由圆周理论物理研究所的尼尔·图罗克教授在 2002 年提出的。实际上，暴胀可能产生任意 Q 值，即从零到非常大之间的任何一个值。如果 Q 值大于 1，宇宙就将是一个黑洞，这真的不是一个好主意。所以，暴胀的性质必须经过微调，才能产生合适的 Q 值。

暴胀使得宇宙常数问题变得更加复杂，似乎只有用微调论才能解决平直性和波动性（Q）的问题。虽然暴胀是一个令人印象深刻的预测性观点，而且确实解释了很多有关**宇宙**的问题，但并没有搞定所有问题。

中微子的质量问题

在宇宙中，还有另一个与生命密切相关的因素。回顾一下标准模型中的粒子，其中有三种粒子我们并没有进行太多的讨论，它们就是中微子。

中微子（符号为 v_e、v_μ 和 v_τ）是在核反应中产生的，但要探测到它们，是极其困难的一件事。因为它们不携带任何电荷，也就不会通过电磁力与其他带电粒子产生相互作用。因此，当它们在核反应堆中产生以后，无论是在地球上的核电站还是在太阳核心，它们都会迅速地穿过物质，进入太空。

关于中微子的质量问题，说起来相当简单，却花了最长的时间才得以解决。从 20 世纪 30 年代有人预测出中微子的存在开始，实验结果就表明它们似乎是没有质量的。我们认为中微子就像光子一样没有质量，只不过我们看不到它们。这真是大错特错了！

故事还要从太阳核心讲起。核反应不仅为太阳提供能量，也是一种光源，还是中微子的主要生产者。事实上，每秒钟你身体的每平方厘米都有将近 1 000 亿个来自太阳的中微子穿过。

只要在夏日来一场日光浴，再借助一些简单的设备，我们就能感受到太阳释放出的能量有多少。我们会发现，正午的时候，地球上每平方米的能量超过 1 000 焦耳。根据这个数据和一些物理学知识，我们就能推断出太阳核心的核反应速率有多快，进而推断出有多少中微子会到达地球表面。尽管中微子很难探测到，但并非完全不可能，在过去的 30 年里，我们已经能够测量来自太阳的中微子流量。不过还有一个问题，一个大问题！

科学家清点了进入探测器的中微子数，并计算出这只是预期数量的 1/3。肯定有什么地方出错了。理论物理学家们反复钻研核物理学的各种定律，却找不出什么问题。

在粒子物理学的标准模型（图 2-4）中，有三种中微子，每一种都对应一种质量稍大的轻子。其中一种中微子与电子相对应，另外两种则分别

对应 μ 子和 τ 子。太阳中的核反应只产生一种中微子，就是电子中微子，而且地球上的探测器也是为了测量这种中微子的流量而设计的。

所以，当中微子从太阳核心被释放出来时，如果它们不全是电子中微子，还有其他中微子，会怎么样？什么因素有可能导致这种情况呢？

答案并不在于为太阳提供能量的核反应，因为我们知道这个过程只会产生电子中微子，所以电子中微子在从太阳到地球的途中一定发生了某些事。为了理解这一点，我们先要了解发生在量子力学世界的一些怪事（不用害怕，如果你一直用日常经验来与量子世界做对比，当然会觉得量子力学很奇怪了）。

中微子存在振荡现象。在从太阳到地球的过程中，电子中微子会转换成一个 μ 子中微子或者 τ 子中微子。这种变化是周期性的，就像变化无常的时尚趋势一样，这些变化后的中微子也有可能再变回电子中微子。

中微子振荡贯穿从太阳到地球的全过程，尽管太阳生产的是 100% 的电子中微子，但当它们到达地球时，只有 33% 的中微子仍然是电子中微子，而只能探测到电子中微子的探测器根本探测不到 67% 的其他中微子。问题解决了！

中微子振荡揭示了一个非常重要的事实，那就是中微子有质量。这个质量虽然非常小，但却真实存在。难道这种不可见粒子对**宇宙**来说并不重要？

事实上，中微子会对**宇宙**产生巨大的影响。为什么呢？因为它们数量庞大。我们已经知道，**宇宙**中所有恒星中的核反应都会产生中微子，在一些放射性衰变的过程中也会释放出中微子。更重要的是，在大爆炸刚刚开始的时候也产生了大量中微子。

如果我们把所有来源不同的中微子加起来，就会发现宇宙中每立方米平均约有 3.4 亿个中微子。这远远超出了**宇宙**中原子的平均密度，要知道，每立方米只有大约两个氢原子，大致相当于宇宙微波背景辐射的密度。

　　一想到我们与这个影子般的庞大群体在**宇宙**中共存，却几乎感觉不到它们的存在，真是令人不可思议。不过在一个地方，人们通过中微子的万有引力作用发现了它们的存在。

　　在第一颗恒星诞生之前，年轻的**宇宙**是一片辐射、物质和中微子的海洋。引力造就了星系，使坍缩的暗物质吸引气体，最终形成了恒星和行星。在我们的**宇宙**中，几乎没有质量的中微子发挥的作用很小。它们能量的绝大部分都以动能的形式存在，所以它们基本上在做光速运动。它们快速地穿过所有物质块，而不愿意被束缚和增大物质块的吸引力。

　　但是，和其他基本粒子一样，我们并不知道中微子为什么会有那么小的质量，或者为什么它们的质量和其他基本粒子相比是如此之小。和其他粒子一样，我们也可以问：如果中微子的质量不同，**宇宙**会变成什么样子？

　　事实上，宇宙学家已经非常详细地研究了这个问题。通过了解中微子的质量对宇宙结构形成过程的影响，我们就可以利用对宇宙结构的观测结果来测量中微子的质量。（这是微调论与理论物理学之间从局部到整体连续性的最佳例证。）令人印象深刻的是，目前关于这些中微子质量的最精确的测量结果是：三种类型的中微子质量之和还不到电子质量的百万分之一。

　　马克斯·泰格马克、亚历山大·维兰金和莱文·波戈一起完成了这项不可思议的工作，并计算出质量更大的中微子对星系形成的影响。如果中微子的质量变得特别大，它们的行动就会变得特别缓慢，以至于很难从新形成的星系中逃逸。这样一样，中微子的质量就会使新星系的总质量增大。

　　但是，如果中微子的质量只增大一点儿，会怎么样？这些中微子仍然足够敏捷，能够从新形成的星系中逃逸，进而填满整个宇宙。你可能以为这就是故事的结局了，即这个宇宙中的中微子比上文那个宇宙多了一些。但是，整个宇宙中多出来的质量会产生累积效应。星系是通过长时间的质量累积不断发展的，并且质量的累积速度取决于新星系所在位置的局部密度与宇宙密度的差距。由于中微子质量变大而产生的附加质量会大大降低这种差距，从而减缓星系的发展速度。最终，质量稍大的中微子会抑制物质坍缩成星系的过程，就没有了构成生命、恒星和行星的能量来源，也不会有生命的起源和进化。

但是，我们可以改变的幅度有多大呢？其实并不大。我们已经知道，三种中微子的质量之和大约是电子质量的百万分之一，是质量第二大的粒子。泰格马克及其同事发现，即使只把中微子的质量增大几倍，就会对星系的形成产生毁灭性的影响，整个宇宙只剩下无形的物质。

所以，在星系中，复杂生命要想在围绕恒星运动的行星表面出现的话，宇宙中就需要有几乎无质量的中微子。为什么大自然会对我们如此眷顾，这个问题至今仍然是一个谜。

奇点之谜

目前，宇宙微调论还有待研究，宇宙的奥秘也有很多。物理学定律让我们有机会调查、推断和猜测**宇宙**从诞生后的 10^{-35} 秒一直到今天的历史，其间大约是 138 亿年。这是多么了不起的一件事啊！

如果我们想进一步了解微调论，就需要追溯到更早的时期，也就是宇宙刚刚诞生的那一刻。但是，到了大爆炸发生后约 10^{-43} 秒的时候，我们无法再探究下去了。因为我们现在最好的引力理论，也就是爱因斯坦的广义相对论失效了。在 t = 0，也就是宇宙诞生的那一刻，我们碰到了一个叫作奇点的数学谬论。如果我们用爱因斯坦的理论去推测宇宙诞生时的密度和温度，那么我们得到答案是"无穷大"。

在很多科普读物中，奇点往往被描述成一个神秘又奇特的东西，但在物理学领域，无穷大的出现通常是一个危险信号，警示我们的假设是不切实际的，我们的方程也不再适用。

要记住，奇点并不是什么神奇的东西，而只是一个由于我们滥用理论而导致的错误。就像在日常生活中打翻牛奶或者撞车之类的错误一样，我们对奇点的态度不应该是毕恭毕敬、试图回避，而是要仔细检查，确定到底出了什么问题。

然而，**宇宙**初期的奇点问题尤其棘手。关于宇宙，我们最简单也最成功的数学理论都是从奇点开始的。我们尝试过增加一些符合实际情况的条件，但都没有成效。事实上，在20世纪60年代末，史蒂芬·霍金和罗杰·彭罗斯就表明，在各种可能存在的宇宙中，一开始的奇点都是不可避免的。

宇宙学家们还在研究**宇宙**初期的情况，希望能解释一些相互矛盾、令人困惑的问题，包括"大反弹"理论和由于量子效应而消失的奇点。[①] 这些就是宇宙学的研究前沿，是尚未开发的领域。进步无疑是缓慢痛苦的，我们在追寻答案的过程中，找到了一个看似宇宙起点的奇点，但却无法触及。我们只能继续向前。

宇宙暴胀的使命

宇宙是平的

宇宙暴胀还有一个我们不能忽视的特殊性，就是它与平直性问题的

---

① 还有什么是量子力学做不到的吗？

关系：为什么我们的**宇宙**从处于能量密度临界值的平直状态开始，经过几十亿年的演化，仍然如此接近最初的状态呢？早期**宇宙**可选的密度范围很广，它为什么偏偏选择了这一种呢？

第一个问题是，所有以物质和辐射为主要成分的宇宙在诞生的时候几乎都是平直的。[①] 唯一的区别在于，平直的宇宙需要经过多长时间才能演化成不那么平直的宇宙。我们的**宇宙**在诞生 138 亿年后还没有出现变化的迹象，这段时间应该算很长还是很短呢？尽管对人类来说，这显然是一段非常长的时间，但古典宇宙学却没有给出做比较的标准时间。所以，这个问题的答案是："时间长还是短，是与什么相较而言的呢？"

然而，从量子引力理论中我们得到了标准时间。我们可能以为，宇宙经典的初始条件应该出现在普朗克时间，也就是宇宙诞生 10^{-43} 秒的时候，因为引力理论与量子理论在这里出现了分歧。所以，并非所有宇宙一开始都是平直的，因为通过倒推，我们发现有一些宇宙在普朗克时间之前并不是平直的。在这种情况下，平直性问题就转变成：为什么我们宇宙的生命比普朗克时间长那么多？

第二个问题很复杂，因为无论我们选择哪个时间点，都面临着很多种密度的选择。所有这些的密度真如我们想的那样可行吗？作为优秀的科学家，我们应该根据现有的理论，算出某种给定条件的宇宙出现的可能性。缩小范围之后，我们就可以推测（在没有发生暴胀的情况下）出现几乎接近平直状态的宇宙的概率很小。

不过，还有一种更严密的计算方法。这种方法相当需要技巧，不容易计算，最终的结果也十分令人惊讶，即完全平直的宇宙所占的比例是 100%。

---

① 这个观点是由黑尔比希（2012）提出的。

概率是一种比例，但比例不一定是概率。你可以测量靶心相对于整个靶盘的面积比例，但如果你开始投飞镖，那个比例就是一个概率。这个100% 的结果最先是由史蒂芬·霍金和唐·佩吉推导出来的，表明形成平直的宇宙完全不足为奇。[①]事实上，出现非平直的宇宙才是不同寻常的。

这是一个奇怪的结果，而且很难依据**宇宙**早期的某些特定场景孤立地加以解释。这个比例意味着什么呢？如果它是概率，又是什么概率呢？有宇宙的统计样本吗？ 这个数字是否只是对我们应该预测到的事实所做的总结？

不管怎样，抛开宇宙暴胀的影响，我们有理由用怀疑的眼光去看待平直性问题。在宇宙中，生命所需的能量密度可能并不像乍看上去的那样经过了微调。这不会影响到需要通过暴胀理论解决的其他问题，比如视界问题。

生命存在的特殊值

暴胀理论指明宇宙未来的发展方向了吗？其他微调问题是否可以用同样的方式解决？

也许不能，因为暴胀是有目的的。

假设我们把能量注入一个年轻的宇宙。选择一个特定的时间，然后在数轴上列出所有可能的能量密度，也就是你要在每立方米空间中注入的能量。最左边是零，表示一个空空如也的宇宙。最右边是普朗克密度，要知道再往右会发生什么，我们就需要一套量子引力理论，注意可能会有意想不到的结果。

那么，在这条数轴上，爱因斯坦的引力场方程有没有选中任何独一无

---

① 霍金和佩奇（1988）。另请参阅埃夫拉尔和科尔斯（1995，吉本斯）和图罗克（2008），与卡罗尔和塔姆（2010）。

二的点呢？当然，在给定膨胀率的情况下，有一个特定的密度值将左侧反向弯曲的宇宙与右侧正向弯曲的宇宙分开了，平直宇宙恰好在中间。这个值就是能量密度临界值。

所以，生命需要多大的能量密度呢？答案是宇宙结构（星系、恒星、行星和人类）的密度恰好在临界值的位置上。

这就是暴胀解决微调问题的方式。它的目标是让宇宙变得平直，这样生命才能产生和存活。

但这恰恰是几乎所有其他微调问题都缺少的。如果你画出夸克质量的数轴、电子质量的数轴、Q 值的数轴、基本力强度的数轴，就会发现你根本找不到一个允许生命存在的特殊值。没有这个特殊值，物理学将对生命所需的参数一无所知。

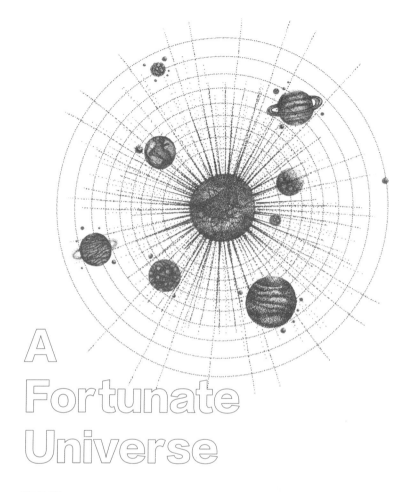

A
Fortunate
Universe

第 6 章

如果自然规律不存在了，万物会
怎么样？

到现在为止，关于改变自然规律的讨论，一直都保持在大家所熟悉的物理理论的范畴内。我们已经改变了规律中的很多要素：物质、基本力的强度，以及宇宙的初始状态。但是，我们还没有触及规律本身。就像大自然的常数一样，我们也不知道自然规律为什么是现在这个样子。所以，让我们改变一切，放手一搏吧！

你可能以为我们已经讨论过一些奇怪的场景了，但这正是事情变得不可思议的地方。我们将以比较温和的方式开始，看看在我们的**宇宙**中，为人熟知的经典物理学和古怪的量子力学之间有什么分歧。接着，我们将更深入地研究对称性对于宇宙性质的影响。在这个过程中，我们会改变**宇宙**、空间和时间的构造。那么，在这些陌生的环境中，生命有可能存在吗？

在我们正式开始之前，必须弄清楚一件事。到目前为止，我们一直在强调，科学家们几乎不知道为什么万物会是现在这个样子。在科学研究的前沿，有无数疯狂的想法在随意传播，完全不受实验证据的约束。在外行人看来，这种混乱的局面似乎毫无意义，而且很难分辨哪些是有深远影响的想法，哪些是纯属编造的想法。

但是，科学家们其实有点儿喜欢这种混乱。如果是理论上的混乱，有很多想法却缺少足够的证据，一次决定性的实验就可以给谬论沉重的打击，消除错误的认识，从而大大推进我们对自然的认知。如果是实验上的混乱，即我们有很多无法解释的观测结果，理论物理学家就必须深入和创造性地思考，并提出大胆超前的新观点。

科学史就是一个从混乱逐渐走向清晰的过程。从哥白尼革命（揭示了地球绕着太阳转）到 20 世纪早期的量子力学，再到 20 世纪 50 年代 DNA 被发现，正是混乱的局面催生了这些成就。**宇宙**有 95% 的特性是我们不知道的，关于宇宙学的种种困惑意味着一个革命性的时机已经到来。因此，我们不会为我们不了解的事情而道歉。相反，我们要庆祝一下！①

量子力学入门

在现代科学的早期，以伽利略和牛顿为代表的科学家们往往专注于日常体验。只要看一下经典力学的教科书就会发现，物理学虽然在计算方面不是很简单，但却与我们生活的世界有着非常直接的联系。牛顿解释了苹果为什么会落在地上、行星如何移动，以及彩虹为什么会在雨后出现。200 年后，詹姆斯·克拉克·麦克斯韦的方程组统一了电与磁，并揭示了光的本质。工业革命催生的热力学则揭开了热、温度和压力的神秘面纱。

1874 年，有人告诉年轻的马克斯·普朗克："几乎所有的理论都已经被发现了"。这个后来成为 20 世纪最伟大科学家之一的年轻人来到慕尼黑，打算将物理学研究作为自己毕生的事业，不料却被菲利普·冯·约利教授

---

① 尽管你应该为科学最前沿的混乱而庆祝，但你也应该以一贯有所保留的态度去对待与之相关的任何媒体报道。我们非常支持媒体尽可能多地报道与科学相关的内容，并梦想着有一天，新闻中的科学报道能在体育和天气之间播出。然而，突破性进展疲劳是所有科学报刊读者所面临的风险：每天似乎都有一篇新闻说要宣布一个观点，能够改变我们看待宇宙的方式，但它们从来没有完全履行过自己的诺言。

劝诫去研究其他学科，因为"理论物理学和几百年前的几何学一样，早就没什么可研究的了"。[①]

但其他物理学家并不这么看，既有理论的瑕疵正在显现。

原子一直是物理学家最关心的研究对象，尤其是它们的内部结构。人们脑海中的原子类似于一个微型太阳系（图 2-3），原子核在中心，电子像行星一样绕轨道运行。但是，有一个问题，一个大问题！电子是在指向原子核的电磁力的作用下沿轨道运动的，这与太阳对行星的引力作用相同。但与引力不同的是，轨道上的电子可以通过辐射释放能量，随即撞向原子核。用太阳系来类比原子的内部结构似乎有点儿问题，因为它解释不了原子为什么是稳定的。

但稳定的原子并不是经典物理学面临的唯一难题。19 世纪的物理学教科书没有解释在熔炉中加热的铁为什么会发光，或者当光照射到像钾这样的金属片上时，为什么会有电子逸出。

历经几十年混乱的实验阶段，从失败的开端到走进死胡同，从疯狂的想法到痛苦的计算过程，直到出现真正的天才，物理学家们才渐渐意识到微观世界的规律与日常生活的规律不一样。微观世界是由量子力学支配的。

要充分解释量子世界的特性，至少需要一本书的篇幅，但我们在这里可以把要点总结一下。在经典物理学中，任何特定时刻的粒子都可以用它的位置和速度来表示，位置就是它们在哪里，速度就是它们要去哪里。量子物理学更复杂一些，像电子这样的粒子具有波动属性，所以用波函数来描述它们，函数图像的波峰和波谷会告诉我们电子可能的位置和运动方向。

---

① 引自韦纳特（《像哲学家一样的科学家：科学大发现的哲学影响》，2004，第193 页）。

　　在原子中，如果一个电子绕着原子核运动，它就不能自由移动。在量子力学中，电子是一种波，必须贴合到轨道上。从图 6–1 中我们可以看到原子核周围电子的波，右边图中的轨道不会存在，因为波的两端没有合拢。其他两种波与轨道贴合得很好，表明电子在轨道上的运动方式不止一种。与光子的能量一样，绕轨运动电子的能量取决于它的波长：波形越紧凑，能量就越高。由于不是所有的波形都有可能存在，所以电子的能量是量子化的，也就是说，它只能取离散的值。

图 6–1　原子核周围的电子波一定要与轨道相吻合。因此，某些波形（及其关联能量）是可以存在的，比如左边和中间这两种，而其他一些情况是不允许的，比如最右侧的情况。

　　为什么要假设电子具有奇怪的波动属性呢？因为这有助于我们理解为什么原子是稳定的。在最内侧的轨道上，电子离原子核最近，也就是说，它不能再靠近原子核了。[①]处于基态的时候，电子是无法靠近原子核的，因为内侧没有能容纳电子的轨道。

　　因此，尽管量子世界是出了名的反复无常和不可预测，但实际上，它是我们周围万物稳定存在的基础。

---

　　①　这个论点还有一个稍微复杂一些的版本。电子的波动性限制了它的位置和动量。这就是著名的海森堡不确定性原理。螺旋进入原子核的电子位置的不确定性会越来越小，因此动量的不确定性就会越来越大。在某一点上，电子离原子核很近，速度也很快的时候，会受到电磁力的约束。电磁力的吸引作用与对抗这种作用的量子阻力之间的较量决定了原子的大小。

虽然量子力学很奇怪，但物理学家们已经认可这就是微观世界的运转方式。量子力学做出了很多准确度惊人的预测，为现代世界的一些伟大的技术发明奠定了基础，比如计算机芯片、激光和核磁共振成像（MRI）等。[①]

但是，在日常生活中我们从哪里才能发现量子力学的身影呢？为什么它能影响原子但影响不了网球呢？物理学家们建立了两组方程式，一组用于描述电子飞过房间的情况，另一组用于描述网球经过同一房间的情况。如何把它们整合在一起呢？什么时候、什么地点、怎么做才能使量子力学的东西看起来像经典物理学的东西？量子力学和经典物理学之间的桥梁在哪里？

答案似乎与另一个自然常数的值有关，它就是普朗克常数。这个数字出现在所有关键的量子力学方程中，用符号 h 表示。当你计算粒子通过狭缝时会如何偏转、电子绕核运动的轨道尺寸、原子核的结构的时候，都会用到这个常数。

在我们的**宇宙**中，普朗克常数的值为 $6.626\ 069\ 57 \times 10^{-23} \text{kg m}^3 \text{ s}^{-2}$。如果把它换算成我们常用的千克、米和秒等单位，它会显得非常小。原子的大小是与普朗克常数成比例的，这意味着原子也很小（一杯水中约有 10^{24} 个分子）。单个光子的能量也微乎其微，一个普通灯泡每秒大约发射出 10^{20} 个光子。由于人类个头较大，无法分辨这种细微的粒度，所以水和光看上去是连续的。

那么，我们可以简单地说大的东西属于经典物理学的研究范畴，而小的东西属于量子力学的研究范畴吗？我们可以通过消除原子的内部结构，来避免日常生活中与经典物理学格格不入的怪事吗？埃尔温·薛定谔做过

---

① 不幸的是，"量子"这个词被强行赋予了"魔法"的含义，用于解释各种各样的从心灵感应到鬼魂的"现象"。把量子用于保健品中，并不会把蛇油变成灵丹妙药。

一个广为人知却备受争议的思想实验，证明这样做是行不通的。

1935 年，薛定谔设想出一种"恶魔般的装置"：一只猫被关在一个盒子里，盒子里还有一小瓶毒药和一些放射性原子。在接下来的 1 个小时中，原子有 50% 的概率会发生放射性衰变，触发探测器，打破瓶子，毒死猫。因为盒子是密封的，所以我们并不知道瓶子有没有被打破，也就不知道那只猫是死是活。

那么，在打开盒子之前，我们应该怎样描述猫的状态呢？"薛定谔的猫"常常作为一个哲学难题摆在公众面前。越来越困惑的外行人被告知："根据现代物理学，这只猫既活着又死了。"于是，我们只好摸摸下巴，装出一副若有所思的样子，然后努力说服自己这种说法在某种程度上是非常深刻的。

然而，这并非该思想实验的重点。用量子力学的数学语言来回答"原子有没有衰变？"的问题，得到的答案是"原子完好 + 原子衰变"。这到底是什么意思？

这种状态被称为"叠加态"，所以我们不应该说"原子既发生了衰变，又完好无缺的"。在量子力学中，你可以非常精确地说"原子发生了衰变"，或者"原子完好无损"，但这两种状态都不是叠加态。一方面，如果我们认为波函数代表的是系统本身，那么我们应该说，在这个例子中，原子既没有发生衰变也不是完好无损的。[1] 另一方面，如果我们认为波函数代表的是我们对系统的认知，那么我们应该说，我们不知道原子是发生了衰变还是完好无损的。

---

[1] 我们不需要否定逻辑就是"排中律"：A 或者非 A 是真实的。如果 A 是"原子已经衰变"，那么非 A 就是"原子已经衰变的说法并不是事实"。"原子衰变 + 原子完好"的叠加状态是后一种非 A 的情况。在量子力学中，"原子已经衰变的说法并不是事实"并不意味着"原子是完好的"。"原子衰变 + 原子完好"的叠加状态完全是另一回事。

但通常的说法是，不要担心原子在微观世界的双重性质。在探测器记录下原子发生衰变的那一刻，一切都结束了。

等一下……探测器也是一个量子系统，因为它是由原子构成的。当我们考虑到这一点时，量子力学告诉我们，"原子加探测器"的系统用数学语言来描述的话，就是"原子衰变和探测器被触发 + 原子完好无损和探测器未被触发"。所以，我们还是无法确定波函数。

随着原子、探测器与周围环境的相互作用，有越来越多的东西将会被原子的双重属性所影响，包括那只猫。于是，这个系统很快就变成了"原子衰变、探测器被触发和猫死亡 + 原子完好无损、探测器未触发和猫活着"。要记住，这意味着猫和探测器中的所有原子的波函数都与原子的双重属性纠缠在一起。这真是一团糟！

要留心已经发生的事，这是薛定谔要讨论的重点，但人们在讨论他的这个思想实验时却常常忽略这一点。现在，原子的双重属性被放大为一只猫的大小。量子"既不是这样，也不是那样"的叠加态被放大，所以我们不得不说猫处于一个"既活着又死了"的叠加态。但是，正如薛定谔所说，这是"相当荒谬的"，而且没有人见过这种状态。这个思想实验的重点不是要我们考虑一只猫如何做到既活着又死了，而是提醒我们从未见过这样的事情。当我们打开盒子后，并不会看到一只既活着又死了的猫。我们也不会自动产生这种模糊的认识："我看到了一只活猫，又看到了一只死猫。"我们只能看到一只活猫或者一只死猫。在量子力学的世界中，我们可以选择叠加在一起、错综复杂的替代方案。但在经典物理学的世界中，只有单一的现实，替代方案也只有一种，它不是叠加态。

所以，并不能简单地说"小东西属于量子力学，大东西属于经典物理学"。我们还是没能回答这个问题：什么时候、什么地点、怎么做才能使量子力学的东西看起来像经典物理学的东西？

答案的一部分似乎与一种叫作"退相干"的效应有关。[①] 回想一下，和"原子＋探测器＋猫"的系统相互作用的所有粒子都与原子的双重属性纠缠在一起。因为原子无法决定自己表现出来的性质，与原子相互作用的物体也无法决定。然而，我们不可能在实验中追踪每一个粒子。光子可能会从探测器中发射出去，穿过窗口飞向太空。在实际操作中，我们追踪的是子系统。

这就是产生退相干效应的地方。我们只有追踪整个错综复杂的系统，才能看出量子力学所有古怪的性质和波形。如果系统很小，操作起来就容易得多。但如果系统和环境产生相互作用，量子的双重属性就会消失，进入杂乱无章、难于追踪的大环境。令人吃惊的是，系统中剩下的部分就像一个经典物理学的系统。

更确切地说，这是因为我们的测量设备（比如探测器、猫和当你打开盒子后你的眼睛）无法跟踪大型系统中量子的双重属性。量子系统通过与周围环境不断地产生不可逆的相互作用，被迫进入符合经典物理学的特殊状态。就这样，退相干效应破坏了叠加态。[②]

这个问题差不多已经解释清楚了，我们还需要说明一下为什么只能观察到一种可能的经典物理学状态。退相干效应是答案的一部分，但还缺少一些东西。我们在这里无法讨论所有的选项，只能说其他选项都很奇怪。

我们对退相干越来越了解，这意味着科学家们已经知道如何在不破坏量子双重属性的情况下将其放大。我们已经能够在叠加态下，通过 800 个单独的原子，去创造并观察大分子。这种分子的大小已经和最小生命形式

---

① 请注意，我们对量子力学和经典力学之间的转换分析可能会有点儿笼统。

② 更多有关退相干的技术细节，请参阅楚雷克写的《退相关与从量子力学到经力学的转变回顾》（2002）及达斯《测量与退相关》（2005）。

的大小非常接近了。很快地，一只变形虫或者蠕虫，甚至一只老鼠，都可能会表现出量子的双重属性。

让我们回到微调论上。如果我们改变普朗克常数的值，而且改变量子力学适用的尺度，**宇宙**会有什么改变呢？假设我们将普朗克常数设为零，就可以完全消除量子力学的影响，整个世界将遵从牛顿和麦克斯韦的经典物理学定律。我们已经注意到，在一个受经典物理学支配的宇宙中，原子是不稳定的，电子会失去能量，随即以螺旋运动方式进入原子核。在一个没有量子力学（h = 0）的宇宙中，是没有原子或化学物质的，也就不会有分子或人类。

相反地，不妨假设我们改变了普朗克常数，增大了展现出量子双重属性的量子力学尺度，直到叠加态影响到宏观世界中的事物。[①] 也就是说，如果退相干效应出现得非常缓慢，以至于大多数事物在大部分时间里都处于量子叠加态，会怎么样？

我们不是最早思考这个问题的人。汤普金斯先生是俄裔美籍物理学家乔治·伽莫夫创作的一系列科普读物的主人公，他在酒吧看到台球桌上的球的运动方式很怪异：它们向四周滚去，但"看起来好像不止一个球在滚动，而是很多的球，并且大部分的球都有一部分从另一个球中穿过。尽管汤普金斯先生以前也经常看见类似的现象，但今天他可是滴酒未沾"。[②] 台球发生碰撞后，表现得像一种"奇怪的波"。后来，汤普金斯冒险进入量子丛林，很快就被一只量子老虎袭击了！我们该如何看待这个奇怪的量子

---

① 回忆一下 h 是有单位的，而我们常用的单位（秒、米、千克）与量子物理学的关系十分紧密。例如，秒这个单位是利用铯原子的振荡决定的，而振荡又取决于铯原子的量子特性，也就是说取决于 h。所以，为了恰当地描述一个普朗克常数的值不同的宇宙，我们应该明确哪些量改变了，哪些量没有变。在这里，我们只单纯地考虑生命大小的量子效应所产生的一般后果。

② 伽莫夫《平装本中的汤普金斯先生》（1965，第 65 页）。

世界呢？

在经典力学的世界中，物理学是拥有确定性的理性。这意味着如果我们确切地知道现在的世界是什么样的，知道所有原子的位置和运动方向，就可以用物理定律预测出未来的世界是什么样子。

但是，量子世界截然不同。知道电子的量子态，并不一定能知道电子在哪里（位置）或者它要去哪里（动量），当然也不能知道电子的精确位置和动量。虽然我们可以利用引力场方程根据某个时间点的电子位置和动量推导出另一个时间点的电子位置和动量，但依然存在不确定性。

假设有一种不得不直接面对这种不确定性的生命形式，它就像薛定谔的猫一样，永远不知道其他东西在哪儿，也不知道它们的运动趋势。更令人困惑不解的是，它的身体也模糊不清。如果你在一个宇宙中可以同时走路、睡觉、跳舞和潜水，你该怎么办？打个比方，如果你的大脑在大部分时间里都无法做出决定，那它怎么储存和处理信息呢？[①]

在量子世界中，还有一个尤其棘手的问题，就是非定域性。假设有一个球被踢了出去。在预测球的飞行轨迹时，无论是物理学家利用数学工具进行计算，还是足球运动员凭借直觉判断，他们都只需要考虑球周围因素的影响。所以，他们考虑的是球场的风速，而不是大西洋的风速。但在量子世界里，事物并不是完全分开的，而是纠缠在一起，所以球的飞行可能会受到宇宙中其他所有物体的影响。由于我们对周围世界的了解有限，所以这个球的运动方向根本无法预测。

在我们的**宇宙**中，我们只在需要的时候才会用到量子力学，而且只用它解决微观问题。量子力学使原子保持稳定，但猫并不在意构成自己身体

---

① 对于那些听说过量子计算机的读者来说，其实也不能说明什么。量子计算都是以"测量"结束，也就是说量子计算机（至少）需要退相干才能完成计算。在一个退相干过程相当缓慢的宇宙中，完整的量子计算完全是可遇而不可求。

的量子单元。[①] 我们可以依靠这个由经典力学支配的可预测的世界，特别是，生命可以存储和处理信息，这是它的典型特征之一。

神奇的对称性

对于物理定律，我们还可以进行更彻底的改变。接下来，我们来谈谈对称性。

与量子这个词一样，对称性也是一个术语，尽管听起来像在讨论室内设计和工艺品时才会用到的词。事实上，对称性对现代物理学来说极为重要。这种性质既美观实用又意义深远，在简化方程的同时还增添了美感。对很多物理学家来说，对物理学终极定律的探索就是在追寻最深刻的对称性。[②] 更重要的是，从对称性中我们得到了守恒定律。

推导过程是这样的：在**宇宙**中，不管你在哪里发现了对称性，都会找到一个相关的不随时间变化的守恒量。为了理解这一点，我们来看一些例子。

你还记得在高中物理课上学过许多守恒量吗，比如能量、动量和电荷。一个系统的总能量、总动量和总电荷在任何时候都是一样的，比如，能量不能被创造或毁灭，而只能从一种形式转换为另一种形式。当然，还有一些不守恒的物理量。在经典物理学中，虽然总能量是守恒的，但动能本身并不守恒；汽车把汽油转化成动能，然后在刹车时把动能转化为热能。磁场、温度、重力加速度和许多其他物理量也都不守恒。物理学家们尤其偏爱守恒量，因为它们只需要计算一次。不管系统多么混乱，守恒量都不会改变。

---

① 看来猫也不太喜欢牛顿力学。
② 我们衷心推荐史蒂芬·温伯格的《终极理论之梦》。

我们要感谢杰出的数学家艾米·诺特，是她把对称性与守恒定律联系起来。诺特是现代科学史上的一位无名英雄，是在学术界由男性垄断的情况下脱颖而出的一位聪慧非凡的女性。诺特去世后，爱因斯坦在《纽约时报》发文称："在世的数学家中，要论谁最出色，诺特绝对是女性可以接受高等教育以来，迄今为止最杰出和富有创造性的数学天才。"

这里有一个展现诺特的优秀洞察力的例子。假设你在实验室里做了一个物理实验，并得到了一个特殊的结果。如果你把所有的实验设备都向左移动一米，你不会期望得到不同的结果，因为你假定那里的物理定律和这里的一样。这种平移对称性听上去很容易理解，甚至是老生常谈了，但却成就了一种解决经典物理学问题的有效方法——拉格朗日力学。事实上，平移对称性就意味着动量守恒。

同样地，今天所做的任何物理实验的结果，都与昨天或明天的实验结果相同。诺特认为，这种时间对称性就意味着能量守恒。

但是，物理学研究对象的性质绝不仅仅是位置和时间那么简单，所以还有更多的对称性等待我们去发现，尽管它们并不是那么直观。比如，隐藏在量子力学波函数中的对称性就意味着电荷守恒。

自然界中的对称性与守恒量之间的联系，常常让物理系学生感到惊讶。但是，一旦你了解了其中的原理，寻找对称性及其对应的守恒量就会成为一种发现新自然法则的有效方法。每一个守恒量不仅让解决问题的过程变得更容易，还有助于我们找到问题所在。

当然，我们也要小心。对称性和物理理论一样，都是有限制条件的，那种在某些情况下看似很明显的守恒定律有可能并不成立。

能量是物理学中最著名的守恒量，它的情况就很有意思。要记住，它与时间对称性有关，明确地说就是能量守恒定律不随时间改变。但是，在上一章中我们说过，爱因斯坦的广义相对论本身就能决定时空的几何结构，所以根本不需要任何的时间对称性！

我们在地球上所做的实验表明能量是守恒的，所以时间平移对称性在我们的宇宙中似乎也成立。但我们也知道整个**宇宙**正在膨胀，任何两个星系之间的距离都会越来越大。如果**宇宙**是有界限的，那么明天它会变得更大，从字面意义上来说就是会有更大的空间。

宇宙膨胀的事实意味着时空本身并不具有时间平移对称性。所以……听好了……整个**宇宙**的能量并不守恒。

你倒吸了一口凉气，这是什么情况！你可能会产生这样的疑惑："但是，我在学校学的那些能量不能创造或者毁灭的说法是怎么一回事儿呢？"好吧，是老师搞错了。①

我们完全可以看到这种不守恒性。比如，光在穿越一个正在膨胀的宇宙时发生红移，波长变长。这样一来，每个光子都会失去能量，那么，能量去哪里了呢？②答案是，它哪儿也没去。**宇宙**并不遵从时间平移对称性，所以能量不守恒，暗能量也不守恒，如果**宇宙**的体积加倍，它就会有双倍的暗能量。

这并不意味着宇宙会变混乱。**宇宙**的能量变化是可预测的，所以我们很清楚能量流动和变化的方式。事实上，在研究**宇宙**诞生的最初几分钟内，能量是如何在快速膨胀的**宇宙**中影响元素形成的时候，我们已经做出了一些现代宇宙学史上令人印象最深刻的预测。

所以，我们生活在一个能量不守恒的**宇宙**里。这可能让你觉得别扭，

① 在一所大型综合性大学教授物理学的过程中，大部分工作时间都花在了纠正高中科学教育中偶尔出现的谬误。

② 有些教科书说，不管怎样，光失去的能量都会变成膨胀所需的能量。根本不是这样！充满物质的宇宙会比那些充满辐射的宇宙要膨胀得更快，这与我们所认为的光子失去的能量会加速膨胀是相反的。为了弥补另一个认知漏洞，我们还要知道光子失去的能量与暗能量所获得的能量并不平衡。

其实有好多人与你为伍。比如，爱因斯坦就曾尝试把能量守恒定律延伸至广义相对论，结果以失败告终。也许能量守恒会被纳入一个"万有理论"，这个理论（有可能）把重力与其他基本力统一起来，但也有可能做不到。不过现在，我们只能和能量不守恒的**宇宙**共存。

如果你能接受这个令人震惊的事实，并且继续前进，就应该考虑接下来这个有趣的问题了：到底为什么会有对称性和守恒定律呢？你应该还记得电荷守恒来源于量子力学波函数的对称性，为什么会存在这种对称性？说实话，我们也不知道。

需要强调的是，那些不具有对称性的宇宙在理论上并没有什么问题。它们的方程也许不像我们的**宇宙**那样简单或者精妙，但在数学原理上是一致的。在这些宇宙中，像电荷这样的物理量可能是不守恒的。我们很快就会提及，强行增加对称性可能会带来严重的后果，比如，导致一个没有物质的宇宙！

那么，为什么对称性对我们的**宇宙**有如此重要的作用呢？物理学家在大自然的引领下，将对称性引入方程，提出了经过实验验证的守恒定律。虽然这些方程反映了自然规律，但它们不能揭示对称性的来源。目前，我们还无法解释那些最深奥的方程所包含的对称性。

在物理学领域，在深入探索自然规律的过程中，我们发现了更多的对称性。更深层的问题往往可以用更深层的对称性来解决，所以，对称性的起源问题是整个物理界意义最深远的问题之一。

如果**宇宙**不是对称的，会怎么样？ 我们将以电荷守恒为例来解答这个问题。

从最大尺度来看，**宇宙**是由基本力中最弱的引力控制的。这似乎有些自相矛盾，但强核力和弱核力的作用距离很短，在原子核外基本上没有什么作用。电磁力和引力一样，也是一种长程力，但相反的电荷会抵消电磁力的作用。只要正电荷和负电荷的数量刚好相等，电磁力就失效了。

总的来说，**宇宙**是电中性的。如果**宇宙**的某一部分出于某种原因而使正电荷占多数，那么与其相对应的负电荷必定在**宇宙**的其他地方。这两部分会相互吸引，直到最终相互抵消，恢复局部的电中性。

所以重点在于，我们要知道电中性需要达到什么样的精确度。假设你正在组装地球，结果你一不小心犯了错，每放进去 10^{36} 个质子和电子，都会多放进去一个电子，导致这些多出来的电子之间的排斥力比引力还强。这样一来，地球就不会在引力的作用下成为一体了。

事实上，同样的净电荷（$1/10^{36}$）也会导致宇宙中任何需要引力约束的结构无法形成；星系、恒星和行星都不会在自身的引力下坍缩，而会在电磁排斥力的作用下分崩离析。结果就只能形成一个弥漫着气体的宇宙，没有其他东西。

我们的**宇宙**看起来净电荷为零，处于电荷守恒状态，所以你应该无须为此辗转难眠。我们不知道**宇宙**为什么净电荷为零，但考虑到电荷守恒，这似乎是一件很自然的事。

此外，对称系统也更容易分析，更容易预测。一个没有对称性的宇宙是没有守恒定律的，所以它会非常混乱，在复杂事件的背后也不会有简单的定律。物理学家、诺贝尔物理学奖获得者戴维·格罗斯很好地总结了这一点：

> 的确，很难想象在某些对称性不存在的情况下，我们在探索自然规律时会多么举步维艰。在不同地点和不同时间复现实验结果正是基于自然规律在时空中的不变性。如果物理定律没有表现出规律性，我们就无法理解物理定律；如果自然规律没有规律性，我们就无法发现自然规律。[1]

①　格罗斯《对称性在基础物理学中的作用》（Gross，1996）。

我们抱怨的不仅仅是不能研究物理事件，就好像缺乏可预测性只会影响在实验室里读取数据的教授一样。对于设法生存的生物体和试图整合记忆的大脑来说，一个不可预测的宇宙才是大问题。生命无论是在新陈代谢、繁殖还是处理信息方面，都依赖于自身结构与环境的稳定性。如果明天早上氧气的化学性质被破坏了，我们就有大麻烦了。

那么，宇宙至少要具备哪些对称性，才能形成复杂的智慧生命所需要的结构呢？对于一组给定的对称性，气体会坍缩成恒星吗？恒星中的核反应足以加热和激活它周围的行星吗？原子和分子足够稳定和多样，支撑起生命复杂的生化结构吗？

尽管我们能预测出一些显而易见的灾难，但总的来说知之甚少。这个问题太复杂了，我们只能触及皮毛。但随着我们的物理理论不断完善，我们也许能在其他假想的宇宙中发现生命存在的可能性。

但是，我们接下来会看到，对称性过多也不是一件好事。看来，对称性稍少一点儿对于我们的存在至关重要。

镜像对称性和不对称性

弱核力可以将一种基本粒子转化成另一种，所以它和**宇宙**中的其他基本力都不同。但是，弱核力有一个更加神秘的特点却常常被人们忽略。在下文中，你会发现我们讨论的内容似乎与微调论相去甚远，但请继续紧跟着我们的脚步。这些内容真的很有趣，而且很重要。

我们先从一个故事说起。想象你走进了一家电影院，大屏幕上正在播放一部黑白电影。那是一个发生在非洲的故事，你看到了茂密的森林，以及成群的动物穿过广阔的平原。镜头逐渐聚焦到一个水塘边，一匹斑马看着在水中游动的鳄鱼的身影，眼睛里充满不安。突然，一群带着步枪的猎人闯入镜头！

一个男人走上前去，举枪射击。[1] 他用右手握住枪管，用左手扣动扳机，姿势看起来有些别扭，原来这个枪手是一个左利手。这种情况并不罕见，大约每十个人中就有一个人是左利手。随着越来越多的人开枪射击，你的好奇心也越来越强烈，因为他们也都在用左手开枪。这么多的左利手聚在一起，真是太奇怪了。

如果你看得更仔细一些，就会发现还有地方不对劲儿。他们用的枪都是手动栓式步枪，这种枪的枪栓通常在右侧，便于右手操作，但这些猎人都把步枪的枪栓改装到了左侧。有了改装后的步枪，猎人们用起来都很顺手，真是越发不可思议了。

不过，你在看电影的过程中，还注意到一些非常奇怪的细节。镜头拉远，屏幕上出现了猎人的卡车，卡车的侧面有字。当你能清楚地看到那几个字是"猎人俱乐部"（The Hunters Club）时，你发现字是反的：

你突然意识到，你一直在看的这部影片并不是关于一群拿着改装步枪的左利手猎人的故事，而是一群拿着普通步枪的右利手猎人。只不过放映员在把胶片放入放映机时，不小心放反了。

---

[1] 在写这本书的过程中没有动物受到伤害。所有的测试对象都是研究生。

你为什么没早一点儿发现呢？看到那些森林、平原和水塘边的动物的场景时，你就应该意识到胶片放反了。

然而，直到一些不对称的现象出现在影片中，比如大多数人都应该是右利手，你才开始怀疑情况不太对。[1] 这不是一种很强的不对称性，因为左利手并不罕见。看到一群左利手，这种情况尽管不常见，但也不是完全没可能。左利手专用步枪也是一样，因为确实存在一些专供左利手使用的设备和工具。[2]

后来，字的方向揭示出真相。字母和单词显然是不对称的，你在影片中看到的并不是你居住的世界本来的样子。

自然界的不对称性不只是用左手还是用右手的简单问题。生物体内的许多分子都是不对称的，这会影响它们与其他分子的相互作用。以香芹酮为例，这种天然存在的分子结构非常复杂，从图 6–2 中可以看到其中 25 个原子的排列方式。事实上，香芹酮有两种结构，它们互为镜像。从化学角度看，它们似乎是相同的分子，但你只要闻一下就会发现它们的不同。右旋的分子闻起来像薄荷，而它的镜像分子闻起来则像香菜。

---

[1]　一个真实的镜像地球是 1969 年的经典科幻电影《叠魔惊潮》中的主要元素，这部电影又被称为《遥远的太阳之旅》。事实上，这个天体是人们注意到意料之外的不对称性之后，慢慢发现的一颗镜像行星。

[2]　杰兰特惯用右手，但吃饭时用的是左手。当他在餐馆要求使用左手拿刀时，往往会遇到阻碍。虽然有左利手的专用餐具，但它们似乎比左利手更为罕见。卢克也惯用右手，2004 年曾试图使用左手拿刀，结果至今仍在恢复中。

R 型香芹酮   S 型香芹酮

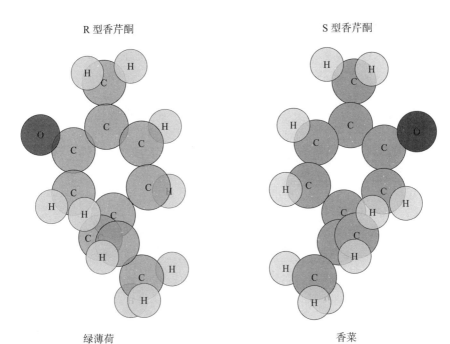

绿薄荷   香菜

图 6-2　香芹酮的两种同分异构体。对人类来说，R 型香芹酮闻起来像绿薄荷，而 S 型香芹酮闻起来像香菜，这表明气味受体是一定能够分辨这两种气味的，因此这些受体也是不对称的。

　　类似地，有一种柠檬烯闻起来像橙子，它的镜像分子闻起来则像柠檬。某些在消化过程中被你的身体吸收的糖和碳水化合物，都有一些毫无用处的镜像分子，最终被身体排泄出去。

　　你的身体是非常偏爱手性分子的。你的细胞在制造蛋白质、组织和器官时所用的都是左旋氨基酸。蛋白质中只要有一个右旋氨基酸，它的折叠方式就会完全不同，进而形成一种非常不同（而且可能有害）的分子。生命的"左撇子"现象仍然是一个谜，一些科学家认为这可能和弱核力有关系。

　　这些不对称性的影响到底有多深？在**宇宙**的法则中有不对称性吗？

　　我们已经知道，**宇宙**是由基本粒子和基本力支配的。我们想象自己走进了电影院，发现屏幕上演的是一个电子正在和一个光子相互作用，或者是原子核内的夸克正在与胶子相互作用。现在，问问自己，我们能否像看猎人电影一样，将原始影片与镜像影片区分开来。

这似乎不太可能。电子和夸克上不会有字，光子和胶子上也没有，镜像电影看不出有什么不对劲儿。一个电子从左侧进入，与此同时一个光子从右侧进入，它们相互碰撞，有可能各自按原路返回，也有可能从相反的方向离开。基本定律似乎是左右对称的，用物理学术语来说，就是基本定律具有宇称不变性。

可是，奇怪的弱核力又一次与众不同，它竟然违反了宇称不变性。我们待会儿再解释这实际上意味着什么，在 20 世纪 50 年代，当人们发现这个情况时，都十分震惊。几乎所有人都想当然地以为，所有的相互作用都符合"宇称守恒定律"，也就是说镜像翻转后的情况和原来的情况完全一样。宇宙怎么能分清左右呢？

它确实能做到。了解弱核力一直是一个非常艰难的过程，但从 20 世纪三四十年代开始，物理学家们弄清楚了一些现象背后的原理，比如电子和正电子被原子核释放出来后发生了什么。有些人开始怀疑弱核力是否具有宇称对称性，并提出用实验进行测试。这些实验可能是你闻所未闻的最重要的实验！

美国两位年轻的研究人员杨振宁和李政道设计了一项特别的实验，由在华盛顿国家标准局的吴建雄负责实施。这项设计精巧的实验研究的是元素钴的放射性衰变。

钴的原子核质量相当大，有 27 个质子和 33 个中子，半衰期只有 5 年。它会在弱核力作用下衰变成镍，向某个方向释放出一个电子，同时向反方向释放出一个中微子（图 6-3）。中微子很快就消失得无影无踪，但电子很容易就被捕获了。

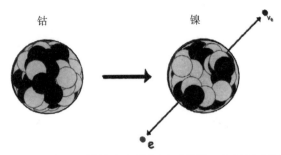

钴   镍

图 6-3　吴健雄的实验过程。钴核衰变是极不对称的，电子只会朝着与核自旋方向相反的一侧发射。这是因为另一种衰变粒子，即中微子只能朝着一个方向自旋。那它是怎么知道宇宙中的左和右的呢

　　科学家用电子探测器观察钴的样本，发现电子从各个方向被释放出来，还有很多不可见的中微子被释放出来。一切看起来都很对称，那么杨振宁和李政道寻找的不对称性到底表现在哪里呢？

　　要找到不对称性，必须让钴原子核排成一行。这似乎有些奇怪，因为原子核是由质子和中子组成的球状结构。如果排队，你用什么来定位原子核呢？

　　我们在前文中提到，基本粒子，也就是轻子和夸克，都有自旋。同样地，原子核也有自旋，因为它们是由基本粒子组成的。每一个钴原子核就像一个小磁铁，自旋的方向与罗盘指针的指向相似。如果我们把一个钴核放在一个外部磁场中，它的自旋方向朝北。

　　实验过程是这样的：把钴原子核放在一个强磁场中，使它们都向上自旋，其中一些核会发生衰变。就像铁屑在磁铁的作用下会排成一列，被释放的电子也会沿着磁力线运动。电子从上方或者下方被释放的概率应该是均等的，但实验表明并非如此，电子只从与钴核自旋方向相反的下方被释放出来。

　　你可能会想，那又怎么样。想象在发生衰变的钴核旁边放一面镜子，你会看到什么。镜子里原子核和电子的运动方向都反过来了。从上往下

看，二者都是沿顺时针方向运动，而不是逆时针。不过，上下并没有颠倒。在这个镜像宇宙中，电子被释放的方向与钴核自旋的方向一致，而不是相反，这在我们的**宇宙**中从未出现过（图 6-4）。

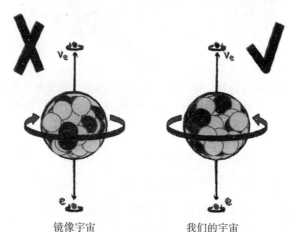

镜像宇宙　　　　　　我们的宇宙

图 6-4　在我们的宇宙中，当钴核衰变成镍核时，电子是从与自旋相反的一侧发射出去的（从上方看是原子核向逆时针方向自旋；右手性）。在左侧的镜像宇宙中，电子是从与自旋方向相同的一侧发射出来的，在我们的宇宙中还从来没有看到过这种现象

想想就让人觉得不可思议。在你能从影片中看到的所有物理过程中，任何涉及强力、电磁力或者引力的现象都不能帮你判断出胶片有没有放反。但如果你正在看一部钴核在磁场中发生衰变的影片，只要看一下钴核的自旋方向和电子被释放的方向，很快就能判断出你看到的是我们的**宇宙**，还是一个镜像宇宙，因为镜像宇宙的运转方式完全不同。

这个实验结果太令人震惊了，杨振宁和李政道因此成为历史上最快获得诺贝尔物理学奖的人之一；[①]　与此同时，费曼和科学家诺曼·拉姆齐

---

①　杨振宁和李政道预言宇称不守恒的论文发表于 1955 年，而两人于 1956 年获得诺贝尔奖。相比之下，爱因斯坦于 1921 年获得诺贝尔奖，以表彰其为物理学所做出的贡献，特别是他在"奇迹年"1905 年所取得的成就。吴建雄的实验证明了宇称不守恒的存在，但她并不是诺贝尔奖获得者！

打赌输了 50 美元。目前，科学家们仍在努力探索这个实验结果背后的意义。

为什么其他所有力都是对称的，偏偏弱核力是不对称的呢？这一切都要归因于那种难以捉摸的粒子——中微子。为了理解这一点，我们先来看人们更熟悉的中微子的同类——光子。和其他粒子一样，光子也有自旋。如果能看到向我们飞来的光子，我们就会发现它们有些是顺时针自旋，有些是逆时针自旋。把镜子对着一个正在顺时针自旋的光子，我们会在镜子里看到一个逆时针自旋的光子，这在我们的**宇宙**中是相当确定的。

然而，中微子却不遵从这种对称性规律。如果你检查一下向你飞来的中微子的自旋方向，就会发现它们都是顺时针自旋。[①] 太神奇了，它们竟然能分清左右！

为什么会这样？没有人知道答案，但我们接下来会讨论，这些微妙的不对称性在我们为什么会存在的问题上发挥着重要作用。

物质与反物质的不对称性

我们之前提到过，标准模型的粒子在这个**宇宙**中都有其对应的反粒子，比如电子和正电子。反粒子就像普通粒子一样，只不过它们的量子数是相反的，比如，电子和正电子的电荷相反。

夸克的反粒子是反夸克，由反夸克组成的重子就是反重子。所以，我们可以合成反质子和反中子，还可以用反质子和正电子组成反氢。事实上，我们可以构建起反元素周期表，反元素的化学性质都与其对应的元素相同。反氢的电磁波谱与氢一致，反氢也很愿意和反氧一起构成反水，反

---

① 这里有一个小问题。尽管中微子自旋的方向都是顺时针，但它们的反粒子，即反中微子是以逆时针方向自旋的。

水还能像正常的水一样流动、结冰和飞溅。

我们甚至可以制造一个反人类，无论从哪一点看，他都和你我完全相同。但是，如果你遇到这样的反人类，千万不要和他们握手，否则你的质子、中子、电子就会和他们的反质子、反中子、正电子湮灭成光子，发出强烈的光。

但是，我们宇宙中物质与反物质之间的一个显著区别在于，尽管物质普遍存在，但反物质却极其罕见。这是为什么呢？

要理解这一点，我们必须回到**宇宙**的最早期。我们在上一章中说过，那是暴胀时期。

研究暴胀的目的是解释标准宇宙学模型的一些独特性质，但人们对它仍然知之甚少。暴胀开始、发展和结束的机制，一直是大家争论的话题。而且，暴胀持续的时间对宇宙与生命有关的特性，特别是宇宙的起源来说至关重要。

暴胀对于人类生存还有另一个重要作用。随着暴胀的进行，**宇宙**中所有的物质和能量都被削减到令人难以想象的程度，取而代之的是暴胀的能量（也就是我们尚不了解的暴胀场）。在暴胀结束后，这种能量又被转化为物质和辐射，这个过程叫作再加热。遗憾的是，我们对再加热的过程也不甚了解。（你开始关注这里的某个主题了吗？）

发生暴胀的宇宙就像一片沸腾的海洋，光子碰撞产生粒子和反粒子，粒子和反粒子又成对地湮灭成光子。粒子和辐射物不断地被创造和毁灭的过程遵从守恒定律，所以尽管电子和夸克的数量可能会变动，但**宇宙**的净电荷始终为零。

此外，重子数就是重子的个数减去反重子的个数，它在粒子物理学标准模型中似乎是一个守恒量。[1] 因此，尽管质子和反质子的数量会变动，但净重子数始终为零。

随着**宇宙**的膨胀和冷却，大量辐射所包含的光子能量降低。为了创造出一对粒子和反粒子，你提供的能量必须至少能构成它们的质量。后来，**宇宙**中光子的能量太少，以至于无法形成中子和反中子、质子和反质子。不久之后，就连形成质量小一点儿的电子和正电子的能量需求也满足不了了。这些粒子和反粒子不断地成对湮灭，产生辐射。最终，所有的粒子和反粒子都会消失在茫茫辐射之中。由于重子数守恒，所以我们预测宇宙中既无质子也无中子。

是的，我们根据已知的物理定律，得出了错误的结论。你可能已经注意到，我们周围有很多质子、中子和电子，你就是由它们构成的。那么，为什么**宇宙**中还存在可以构成恒星、行星、树木、人类的质子和中子呢？为什么物质比反物质的数量更多？我们最好重新思考上文描述的情况，找出到底是哪里出错了。

在过去的几十年里，宇宙学家们一直致力于解开这个谜团。但到目前为止，我们还没有一套完整的、经过验证的和成功的粒子物理学理论，能够解释为什么我们是由物质构成的，以及所有的反物质都到哪里去了。

当然，也有一些线索。通过测量**宇宙**中的重子数，并与宇宙微波背景辐射中的光子数做比较，就可以估算出我们需要什么程度的不对称性，以及宇宙微波背景辐射中的光子是早期宇宙中粒子和反粒子发生湮灭后的残留物。在我们的**宇宙**中，粒子与光子的比率大致是 1 000 000 000 ∶ 1。因此，

---

[1]　对于专业人士来说，与 sphaleron 有关的过程有可能改变重子和轻子数，同时维持二者之间的差值。然而，"尽管标准模型满足所有重子产生的条件（包括重子数不守恒），但和能够产生的所需重子数量相比还差得很远"（戴恩和库先科《物质—反物质不对称性的起源》，2003）。为了简化讨论，我们将把关注点放在标准模型之外的不对称性上。

在极早期的宇宙中，反质子与质子的比率是 1 000 000 000 ： 1 000 000 001。

伟大的苏联物理学家安德烈·萨哈罗夫找到了一些物质多于反物质的必要条件，这些条件正是粒子物理学标准模型所缺少的，而其中一个无法妥协的条件就是重子数必须不守恒。粒子物理学中一个微妙的数学偏差就会让净重子数（重子减去反重子之后的数量）不完全守恒。

无论这种不对称性的原因是什么，生命显然都需要物质。如果没有这种物质与反物质的不对称，那么我们的**宇宙**只会是一片冰冷的辐射，完全没有构成原子核和原子的粒子。这是一个典型的不适合生命存活的宇宙，因为它没有任何结构。当然，有辐射是好的，但光有辐射却远远不够。

为什么这种不对称性的比率是 1 ： 10 亿，而不是 1 ： 10 000 亿或者 1 ： 2 呢？为了回答这个问题，我们需要了解不对称性的来源。我们用一个新的不对称力，也就是我们在第 4 章讲过的 X 力来举例说明。X 力可以把重子变为轻子，这就打破了重子数守恒。在**宇宙**早期，重子数并不守恒，再加上质子衰变的影响，重子数在遥远的未来也不会守恒。而且，形成原子的过程最终也会让原子变回辐射。

在这种情况下，不对称性的程度与 X 力的强度有关。一方面，如果 X 力太弱，不对称性的程度就很低，**宇宙**中也就没有足够的物质来形成任何有意义的结构了。另一方面，如果 X 力太强，质子就会衰变得很快。20 世纪 40 年代，物理学家尤金·维格纳就已经发现质子的寿命是很长的，正如他所说，"我从骨子里就能感受到这一点"。如果质子衰变的速度加快，当我们体内原子中的质子发生衰变时，我们就会发光。即使质子的寿命大约是 10^{14} 年，释放到我们体内的能量也足以引发基因突变和恶性肿瘤。

尽管 X 力的强度看起来似乎是经过微调的，我们还是应该保留意见。我们不知道 X 力是不是造成物质与反物质不对称的原因，也不太了解它的特性，所以不知道这种力有没有经过微调。在前几章，我们讨论了一些微调的例子，比如原子核的稳定性或者星系的形成过程。在这些案例中，我们面对的是很熟悉的物理定律，运用的是很成功的理论，我们又很了解这些理论的数学性质，根据它们做出的预测也完全经过了实验验证。这些微调案例是基于我们已知的部分，而不是我们未知的部分。遗憾的是，在物质与反物质不对称的问题上，我们知之甚少。我们只能怀疑这是微调的结果，但缺乏一套被充分理解和验证的理论，所以我们无法给出证明。

除此之外，还有一个令人头疼的问题。为什么我们的**宇宙**允许的重子数不对称程度，足够产生构成你我的物质，但也没有大到导致我们的质子分解？为什么我们的**宇宙**不允许在电荷方面也存在不对称性，这种情况会导致混乱吗？

其他耦合常数

在我们的**宇宙**中，基本力的分工是：物体之间通过引力沟通，电荷之间通过电磁力沟通。[①] 但在量子力学的数学框架内，我们可以描述粒子间相互沟通的其他方式。

我们必须先明确一下"沟通"的含义。以电子为例，在量子力学中，电子是电子场的一种振动。为了相互"沟通"，电子在电磁场中振动，释放出光子。所以，当我们说一个电子在与另一个电子"沟通"的时候，其实说的是一个电子在电磁场中产生的振动被另一个电子感受到了。电子场与电磁场相互作用的方式取决于我们之前讨论过的耦合常数。

---

① 如果电磁学是将电学和磁学结合在一起，那么为什么我们只讨论电荷呢？磁荷的情况是怎样的呢？电磁方程中有等待磁荷去填补的的空洞，实际上如果包含磁荷的话，这些方程会更加对称。到目前为止，还没有发现任何磁荷（也被称为磁单极子）的痕迹。我们宇宙中的所有磁力都是电荷移动或自旋的结果。

粒子物理学标准模型呈现了我们**宇宙**中粒子（和它们的场）相互沟通的所有方式。但是，量子场论的数学模型是标准模型的基础，所以允许这些粒子有很多其他的沟通方式。这意味着可能存在其他场和其他耦合常数，也就可能存在其他可以移动和转换粒子的力。

我们可以把这些力加到方程中，然后验证一下根据这种理论做出的预测。迄今为止，在我们的**宇宙**中，还没有通过实验发现任何其他的耦合方式。从这个意义上说，标准模型的简洁性和完整性还是很令人惊讶的。

如此简洁的标准模型，到底是复杂生命的组成要素，还是只为了让人们更轻松地了解**宇宙**？如果它变得更加复杂，那些多出来的作用力会对宇宙中的生命产生什么影响呢？如果电子和夸克之间的相互作用增多，是否意味着永远不会形成稳定的原子？虽然我们可以想象这种情况，但数学运算的可能性太多，无法一一验证。所以，到目前为止，很难判断标准模型的简洁性是不是**宇宙**中形成复杂的智慧生命的必要条件。但在思考**宇宙**可能的状态时，我们肯定要想到这个问题。

时间的本质

时间的本质让很多人困惑了很长的时间。

> 时间是什么？谁能简明扼要地解释一下呢？即使是那些善于思考的人，谁能理解时间，或者说出一个与时间有关的词？但在我们的交谈中，有什么话题能比时间更让人熟悉呢？当谈到它时，我们当然是能够理解的；当听到别人谈及时间时，我们也是能够理解的。那么，什么是时间？如果没有人这样问我，我是知道答案的；但如果要我向提问者解释，我就不知道该怎么回答了。
>
> 奥古斯丁的《忏悔录》

想想我们迄今为止讨论过的生命特征，比如新陈代谢、繁殖、信息处理、思考、写作等，这些都需要花时间。所以我们必须问：什么是时间？

也许我们对时间最基本的印象就是它的流逝。当下的这一刻很快就会成为过去，并被原来属于未来的某一刻所取代。然而，我们只是在用其他与时间有关的词来定义它，比如时刻、变成、过去、以前、未来等。这就使得关于时间的讨论变得有些棘手，比如，时间流逝的说法给人的感觉是时间本身在流动，这是说不通的。

卢克的狭义相对论讲师蒂提·贝丁教授给出了一个简单的答案：时间就是你用时钟测量的物理量。[①] 对于物理学家来说，这个看似微不足道的定义足以让我们行动起来。根据这个具有操作性的定义，我们可以研究物理过程，并比较它们的速度。

然而，时间不只是时钟测量出的时间间隔。时间是有方向的，**宇宙**物理状态的顺序是不对称的，就像任何回倒的视频都能被人们看出来，掉落在地上摔碎的玻璃也不会自发地恢复原状。生命正是利用这种不对称性来运转、繁殖和思考的，比如我们形成的记忆都是关于过去的，而不是关于未来的。那么，时间的起点到底在哪儿呢？

时间的方向

让我们从熟悉的东西讲起。我们的视觉是很惊人的：可见光不断地进入你的眼睛，穿过不同颜色的虹膜中心的深色瞳孔，到达感光细胞，在那里图像被转化成电信号，传输至你的大脑。

所有的探测器都必须在相互矛盾的功能之间找到一个折中方案，所以新望远镜的设计工作的进展才非常缓慢，你的眼睛也不例外。由于感觉器

---

① 卢克的广义相对论老师是杰兰特。现在，你知道该怪谁了吧。

官是以有线的方式连接，所以视网膜上有一条没有感光细胞的缝隙。这个"盲点"是由埃德姆·马略特发现的，你可以做一个小实验体验一下，只要用谷歌搜索一下就知道了！

在被马略特发现之前，从来没有人注意到这个盲点，所以你的大脑非常善于获取不完整的信息，并利用频率范围很窄的 10^{24} 个光子重建信息，将你周围的世界通过高保真的连贯图像呈现在你的脑海中。我们在动物界的一些远亲能看到红外线和紫外线，如果没有专门的设备辅助，我们是看不到它们眼中的世界的。

地球完全被包围在粒子中，除了不同波长的光子，还有从太阳和遥远宇宙倾泻而出的电子、质子和中微子。如果你的眼睛对中微子很敏感，你的视线就能穿过地球，一直到达太阳核心！只可惜用任何已知的材料都无法制成这种轻便有效的中微子"眼睛"。

来自太阳的光线大多都处于电磁波谱范围内，会与原子和分子产生强烈的相互作用。我们的眼睛利用了这种电磁辐射带来的好处。由于光速有限，当我们望向天空时，看到的太阳其实是它 8 分钟前的样子。当我们把目光投向太空深处，看到的离我们最近的恒星——半人马座阿尔法星，其实是它 4 年前的样子。我们从仙女星系接收到的光，是它在 200 多万年前发出的，比我们的祖先掌握用火技术的时间还要早得多。我们在宇宙微波背景辐射中看到的光已经传播了将近 138 亿年。

我们可以利用电磁学方程来解释这些现象，然而，该方程有一个奇怪的特点。选择任何一个符合方程适用条件的场景，比如灯发出的光，从一幅画的表面反射之后进入你的眼睛。把这个过程反转一下，根据方程，这样做是完全可行的。

但如果你把在晴天看到蓝天的过程反转过来，就相当奇怪了。你的大脑发出的信号刺激你的视网膜，使光子从你的眼睛中发射出来，一路向上，经过大气层的散射后，穿越太空向着太阳飞去。它们与来自整个**宇宙**的电磁波一道，以太阳为中心聚拢起来。（想象把石头扔进池塘的过程，把它反转过来就是：圆形的波纹全部向中心聚拢，直到一块石头从水中跳出来！）

我们没有见过这种聚拢的电磁波，它们会是什么样子呢？这听上去有点儿像科幻小说的情节，聚拢的电磁波可能会被描述成来自未来的电磁波。如果这就是电磁波的工作原理，那我们一定会很好奇，为什么我们能看到过去的画面，却不能看到未来的场景。

来自未来的光会是什么样子？假设有一颗来自未来的恒星出现在我们的天空中。对我们来说，它不会发出耀眼的光芒，也不会把辐射洒向**宇宙**。更确切地说，它是一个巨大的光子收集器，能把来自**宇宙**各个部分的光子都收集起来。从你眼中发出的光一定会和很多的辐射一起聚拢在这颗恒星周围，经过炽热气体的散射，最终利用自身的能量把氦分解成氢。

人的大脑是非常复杂的，所以很难确切地知道来自未来的光会是什么样子。不过，我们可以假设有一台对准未来恒星的摄像机。有关恒星"发光"的记录会不断地从录像带上消失，然后被转化成光从照相机的镜头发出。再想想人类的大脑，这也许意味着你的脑海中其实有对未来的记忆，只不过当你的眼睛发射出那些来自未来的光子时，你就把未来的事情都忘记了。不妨花一点儿时间想一下：有没有什么你即将忘记的事情，比如下周六的彩票大奖号码？

到现在为止，你可能觉得这一切都很有趣，但显然我们不会接收到来自未来的光，因为那太荒谬了。但是，正如我们提到的，既有的物理定律并不能禁止这种现象发生。对于那些解释我们在**宇宙**中的经历的定律来说，我们必须理解为什么在数学上有可能出现的未来之光，实际上不会出现在我们的宇宙中。

物质与时间也有着非常复杂的关系。在粒子物理学标准模型中，一个随时间倒退的电子看起来就像它的反粒子——正电子一样。事实上，所有的反物质粒子都可以被看作随时间倒退的物质粒子。

这似乎是一件数学怪事，还好有约翰·惠勒出色的洞察力，他是 20 世纪物理学领域的巨擘之一。他最出名的学生——理查德·费曼在诺贝尔物理学奖获奖演讲中讲了下面这个故事。①

> 有一天，我在普林斯顿大学研究生院接到惠勒教授的电话。他说："费曼，我知道为什么所有的电子都有相同的电荷数和相同的质量了。""为什么？""因为它们都是同一个电子！"

根据惠勒的说法，**宇宙**中只有一个电子，它在时空中迅速地来回穿梭。我们看到的所有电子和正电子都是同一个电子在当前时刻的一张快照。尽管这个观点很奇妙，但惠勒预测**宇宙**中的电子数和正电子数相同。不过，我们在前文中说过，真实情况并不是这样。

惠勒的观点表明了粒子物理学标准模型的时间反演对称性，不过，这还不是全部。正如弱核力可以打破宇称对称性一样，它也可以打破时间反演对称性，不过非常罕见，影响力也很弱。这种轻微的不对称性并不能解释为什么我们的**宇宙**在时间上如此不对称。

也许我们需要将探索范围扩展到整个**宇宙**。

宇宙时

根据宇宙学标准模型，时间大约诞生于 138 亿年前的宇宙大爆炸，并一直延伸到无限的未来。但是，如果时间是用时钟来测量的，那会是一个什么样的时钟呢？

---

① 在 www.nobelprize.org 上可以找到。

在爱因斯坦的广义相对论中，空间和时间都只是坐标。我们给**宇宙**中某一个地点和时间指定一组特定的坐标数字是为了方便起见，想想地图上某个点的坐标，它并不意味着岩石和山上真的标着纬度和经度。即使我们更改坐标，仍然可以找到正确的方向。

当然，纬度和经度的选择并不是完全随意的。地球在自转，大致呈球形，它的中心与每个经线圈的中心重合。经线的交点是地球自转轴与地表相交的地方，也就是南极和北极。而且，地球上同一纬度的横切面与自转轴刚好成直角。尽管地球上没有标注坐标，但它无论是在几何形状（球形）还是在运动方式（自转）上，都是对称的。我们的坐标要能反映出这种对称性。

宇宙也是高度对称的，**宇宙**的任何地方都是一样的（同质性），从所有方向看上去也都是一样的（各向同性）。有一种叫作"宇宙时"的时间坐标反映了这种对称性，如果你在宇宙时的同一时刻观察**宇宙**的各个部分，会发现它们的平均密度是一样的，宇宙微波背景辐射的温度也是一样的。

随着**宇宙**膨胀而一同运转的时钟测量的就是宇宙时，只有这样，我们才能有根据地说**宇宙**已经 138 亿岁了。

就宇宙时而言，**宇宙**的膨胀能否解释我们对于时间的体验呢？答案是不一定，其中的原因我们也不陌生。

问题在于，描述**宇宙**膨胀的方程允许我们考虑时间倒退的情况。如果你解出方程，然后倒转时间，会得到一个同样有效的答案。我们的**宇宙**过去经历了大爆炸，未来会一直膨胀下去，它有一个时间反演的孪生兄弟，这个兄弟过去经历了无限收缩，未来还要面临一次大挤压。

因此，**宇宙**的膨胀在时间上表现出了方向性，因为**宇宙**的过去与现在有很大的不同，未来也会变得与现在不一样。但是，描述宇宙膨胀的方程并不能解释为什么我们认为大爆炸发生在过去，而不是未来。**宇宙**不停变化的尺度不能解释时间的方向。

量子力学中的时间黑洞

如果我们只看爱因斯坦相对论的表面意思，可能会觉得**宇宙**就像一张已经绘制好的地图，时空和我们穿梭时空的过程就像地图上的一条小路。虽然我们还没有走完这段意想不到的旅程，但可以说，迷雾山脉和白兰地河（电影《指环王》中的地名）"已经"在那里等着我们了。这样看来，关于明天将要发生的事，现在已经有迹可循了。

然而，我们对世界的看法是，未来是开放的，会在不同程度上受到我们的行为的影响。如果我们的行为方式都以预先存在的情况为基础，那么我们的选择会对未来产生什么样的影响呢？有人给出的答案是，未来的情况我们尚不知道，它还在不断发展中。过去的情况是确定和已知的，而未来却是开放和不可预测的。在这种情况下，很容易理解我们为什么不能从未来获得光子和物质，因为未来还不存在！

量子力学的不确定性也与此有关。在量子理论的某些解释中，世界在任何特定时刻的状态，并不能决定它在未来某个时刻的状态。我们今天在实验室里制造的放射性原子核，可能明天或后天就会发生衰变。没有什么定律能预测原子核什么时候会发生衰变。对于原子核明天是否会衰变，今天确实找不到什么事实依据。只能说有可能，未来的事情谁也不知道。

可是，量子力学中最受肯定的对于非确定性的解释，从物理理论的角度来说是不完善的。其中对于时间不对称性的解释是，测量过程迫使量子系统在可能的叠加态之间进行选择。但是，这也将物理学家和他们的仪器置于量子力学的规则之上，从而留下一个理论黑洞。

抛开测量的问题，量子力学的中心定律——薛定谔方程是有时间反演对称性的。正如我们在前文中提到的，关于物质和辐射的基本量子定律没有表现出**宇宙**中时间不对称的任何迹象。如果描述**宇宙**基本组成的法则中没有表现出时间的方向性，那么它到底在哪里呢？

热力学时间

宇宙的基本组成中根本没有液体。吹过树林的风，是无数颗粒子共同作用的结果，它们流动、压缩、膨胀、旋转、振动等。当许多颗粒子一起运动时，就会出现流体的性质。也许，时间的流动也是一种偶发现象。

特别是，我们已经注意到热力学和时间之间的重要联系。一方面，你把桌子上的咖啡杯打翻在地，杯子摔成碎片，泼洒的咖啡散发出香味。另一方面，你把咖啡杯的碎片和温热的咖啡倒在地上，等着它们自发组合成一杯放在桌子上的热咖啡，这简直是白日做梦。你在现实生活中从来没有见过后一种场景，但它正是前一种场景的时间反演过程。

一切都如此明显，但物理学的基本方程中却不包含时间的方向！自我恢复原状的碎咖啡杯就像咖啡杯被打碎一样，都符合我们的方程组。即使在杯子已经摔碎，咖啡洒得到处都是的情况下，如果我们能让时间停止，并反转所有粒子的运动方向，就会看到咖啡杯恢复原状，整杯咖啡又回到桌子上的情景。

由此，我们发现了一种不对称性。随便碰一下，几乎就会导致咖啡杯掉在地上被摔碎；但让咖啡杯恢复原状并回到桌子上，却需要杯子、咖啡、空气和地板的每个原子和分子之间无法想象的精确协作。

如果你一直在关注这个问题，就会发现它很像第 4 章中讨论过的熵，通俗地讲，就是某个对象从有序变为无序。你是对的，热力学的时间方向正是熵增大的方向。

那么，对于时间的方向，我们似乎已经有了很不错的解释。很容易摔碎的杯子，极不可能恢复原状。因此，随着时间的推移，我们倾向于看到打碎的杯子，而不是自发恢复原状的杯子。对于其他的熵增大过程，我们也可以得出类似的结论：分子间随意的碰撞就会融化饮料中的冰，但想让饮料中出现冰块却需要一系列特殊到几乎不可能的条件。恒星是熵的制造者，所以"来自未来"的恒星也需要一系列极不可能的巧合才能实现。我们讨论过的量子退相干效应，就反映了当一个系统与广阔而混乱的环境发生相互作用时，量子测量与熵增大之间有着怎样的联系。

然而，还有一些没有解释清楚的部分。第一个尚未解释清楚的部分是，为什么时间的方向是熵增大的方向？或者说，为什么我们只记得低熵的过去，而不是高熵的未来？

从计算机的例子中，我们可以找到一些重要线索，因为运行计算机程序会使熵增大。由于计算机可以覆盖和删除信息，所以在计算机中存储信息的过程是不可逆的。[①]

如果大脑的物理记忆像计算机内存一样，它就只能形成对过去的记忆，也就是**宇宙**熵值较小的时候。因此，我们有理由相信，任何懂得信息处理的生命形式都会记住与热力学的时间方向有关的过去而不是未来的信息。

第二个尚未解释清楚的部分，更令人头疼。我们似乎已经发现了热力学的时间方向，但基本定律的时间反演对称性怎么办呢？当规律本身没有时间方向的时候，我们该如何选择一个特定的时间方向呢？

事实上，我们无法选择。假设在上午 10 点，你给自己倒了一杯加冰块的热水。在上午 10 点 15 分时，一部分冰块已经融化；到了上午 10 点 30 分，只剩下一杯温水。让我们仔细看一下上午 10 点 15 分的水和冰。考

---

① 这个结果与兰道尔原理有关。这个原理的内容是计算机程序会将初始状态转化成一个独一无二的最终状态：假设有 4 和 2 两个数，你可以设计一个程序，算出这两个数的和，得到 6。但只见到这个结果的话，我们是无法推断出到底是哪些数字相加得到的。这些信息已经被从计算机的内存中删掉了，而且这个操作是不可逆的。程序的任何物理实现都势必会使熵增加。简单地说，计算机发热是因为它们必须忘记一些东西。

虑到事情发展的顺序和熵的变化，我们能猜出接下来最有可能发生的事情是：冰块继续融化，直到整杯水达到室温。

可是，我们对在上午 10 点发生的事也能得出相同的结论，因为基本定律是具有时间反演对称性的。那么，从上午 10 点 15 分开始往回倒推，上午 10 点在冰块部分融化之前，最有可能发生的事情就是水的温度等于室温。这在逻辑上是无懈可击的，因为低熵态的可能性较小。所以，从未融化的冰块出发解释部分融化的冰块，就相当于用更不可能发生的事情去解释不可能发生的事情。

即使记得上午 10 点冰块并没有融化也无济于事，因为你的记忆是另一种物理状态，所以不应该通过令人难以置信的低熵状态进行解释。

因此，时间反演对称性完全颠覆了我们的认识。基于当下任何的低熵态，按照相同的推理过程，我们都能正确地预测出未来无序性会增加，并预测出过去也是同样混乱无序。这与我们的记忆相去甚远，包括我们学习热力学定律时做出的所有实验。

据说物理学家尼尔斯·玻尔常开玩笑地说，预测是很难的，尤其是对未来的预测。当涉及与热力学有关的统计问题时，情况则正好相反。我们对未来的预测是相当成功的，但我们对过去的"预测"却很失败。

所以，必须放弃一些东西。在第 4 章中我们讨论过自由能，我们**宇宙**的熵值增大表明它一开始的熵是极低的。我们的**宇宙**生来就有丰富的自由能，可以为人类进化的一系列过程提供能量。

这就引出了一种解决困难的方法，叫作"过去假设"。我们简单地假设**宇宙**一开始处于低熵态，关于可能和不可能的状态的所有推论都必须从这个假设开始。这一次，我们不从自然法则本身去寻找时间的方向，而是从**宇宙**的特殊初始状态中去寻找时间的方向。随着时间的推移，熵会增大，因为这是最有可能出现的状态。熵不会沿着时间的反方向同时增大，因为从时间的起点无法再往前倒退了。

这难道不是作弊吗？毕竟，低熵态是不太可能出现的，所以简单地假设**宇宙**一开始就处于低熵态似乎是另一个问题，而不是一种解决方案。

但要仔细想一想我们是如何得出不太可能出现低熵态的结论的。把低熵态下"桌上的完整杯子"转变成"摔碎在地板上的杯子"的高熵态，只需要随便碰一下即可，而它的逆过程却需要实际上极不可能存在的分子运动的完美配合。因此，我们应该这样说：低熵态不太可能是由高熵态引起的。

由此可以得出结论，过去假设并非没有根据，因为最初的低熵态并不是由高熵态引起的。在我们对可能和不可能出现的状态做出任何判断之前，必须把过去假设看作给定的条件。

然而，这会给我们一个令人不安的结论。根据已知的情况，时间的流逝以及我们对时间的感知与体验，似乎都是**宇宙**特殊的初始状态作用的结果。为什么**宇宙**会在这样一个低熵态下诞生，一直是一个未解之谜，因为它本来可以在诞生之时就把所有可用的能量都封锁在高熵态的黑洞中。处于高熵态的初期**宇宙**只有很少或根本没有自由能来驱动新陈代谢、繁殖、信息处理、记忆形成等任何与生命有关的活动。我们的讨论证明，从深层次来说，这个谜与时间的本质密切相关。[①]

3+1 维度的宇宙

空间就像时间一样，是常常被我们视为理所当然存在的事物之一。我

---

① 戴维·艾伯特写的《时间与机遇》（2004）对过去假说进行了影响深远而且浅显易懂的解释。另请参阅肖恩·卡罗尔的《从永恒到此刻》（2010）和温斯伯格的《从永恒到此刻的一路颠簸》（2012）。支持过去假说的人对于贝叶斯概率论在物理学中的迅速崛起特别感兴趣，贝叶斯概率论把概率看作量化的不确定性。我们将在第7章中进一步讨论贝叶斯概率论，但请注意，这会给出一种甚至超越过去假设的概率测度。

们在三维的空间中生活和旅行，还有一个时间维度，在忙碌的日子里，帮我们记录着时光的流逝。正如你所想，我们要问的问题是：这种三维（对于空间）加一维（对于时间）的结构，有什么特别之处吗？

如果宇宙中只有二维空间或者一维空间，还会有生命存在吗？再从另一个极端考虑，如果宇宙中的空间是五百维，又会怎么样？

只要想想一张二维的纸和一块三维的木头之间的差异，就能理解空间维度增加产生的影响，可是应该如何理解额外的时间维度呢？这听上去像科幻小说里的场景，但从数学角度来说，在物理学中增加几个时间维度是很容易的。我们相信所有人都希望有额外的时间维度，在快到工作任务截止日期的时候，先调到其他时间维度，完成任务后再回到原来的时间维度，这样就有足够的时间给老板留下好印象了。但是，在这样的宇宙中生活，我们真的会快乐吗？

我们可以把物理定律改造成适用于不同维度的形式，但结果并不理想。如果你改变维度的数量，就会出现一些意料之外的情况。

我们以牛顿的万有引力定律来举例说明。引力使得地球、其他行星、彗星和小行星围绕着太阳有序地运行。对于两个物体之间的引力，牛顿给出了精确的数学描述：引力与物体质量的乘积成正比，与物体之间距离的平方成反比。

在我们的三维世界中，万有引力随着物体间距离的平方增大而减弱。当引力作用的距离越来越大时，强度会逐渐减弱，就像光源照射到更远的地方时会变暗一样。

我们把牛顿的万有引力方程改写一下，就可以改变空间的维度了。[①]现在，我们把空间维度从 3 个增加到 4 个。增加了一个维度之后，引力的

———————————

① 这就是泊松方程，而且泊松还利用爱因斯坦的广义相对论方程推导出了 n 维空间中的施瓦茨席尔德度规。

强度与物体间距离的立方成反比。这会有什么后果呢？一片混乱！

在这样的宇宙中，行星轨道不可能大致成圆形，而必须是正圆形。因为稍有偏差或者附近的行星产生摄动，都会导致地球要么被吸入太阳，要么迅速进入真空区。那样的话，我们都会被烤化或者冻僵。

原子中环绕轨道运行的电子也会面临同样的命运。在空间维度更多的宇宙中，是不存在基态概念的。也就是说，总有能级更低的轨道满足电子跃迁的需要。最终，电子会被吸入原子核，永别了，原子和化学！

从图 6-5 中，我们可以看到出现不同时空维度的可能性。"我们在这里"指的是一个空间维度为三、时间维度为一的宇宙，而在我们右边那些空间维度更多的宇宙中，引力和原子都是不稳定的。

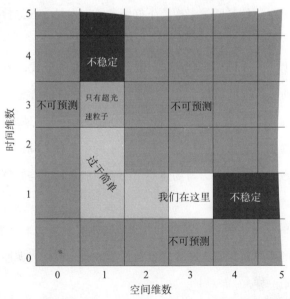

图 6-5 改变宇宙中的空间和时间的维度对当前的基础物理学会产生重大的冲击，从而影响生命存在的可能性

资料来源：根据泰格马克《写给编辑的信：时空的维度》（1997）。

如果我们减掉一个空间维度，会怎么样？在这样一个二维世界中，只要考虑生命存在的可能性，马上就会发现许多问题。像我们这样的三维生物有一个环形的拓扑结构，[①] 一个孔从嘴巴一直延伸到排泄端，这是很多动物的基本身体形态。一个二维的生物体如果有这样的消化道，就会被分成两个独立的部分。在不相交的两个维度上的直线是不会有交点的，交通会变成一场噩梦。有很多方式可以解决这个问题，比如，我们可以让二维生物包裹住食物进行消化，就像 20 世纪 50 年代一部很棒的电影《幽浮魔点》中的超级生物一样。

但是，我们需要担心的不只是二维世界中生物的吃饭问题。根据广义相对论，只有三个或以上的空间维度，引力场才能在真空中存在。这就意味着，在二维宇宙中，引力无法让行星稳定地围绕恒星运行。事实上，如果引力不能将真空中的物质聚集起来，一开始就不太可能形成恒星和行星，宇宙将会是一片不毛之地。

到目前为止，我们已经讨论了"我们在这里"所在的水平坐标轴的情况。如果我们改变了时间维度，会怎么样？

这样的宇宙会是什么样子？时钟仍然会嘀嗒作响，生命会按照一维的顺序经历一些事件。我们可以规定一个时间方向，并用熟悉的方式记录时间，创造出一个一维的记忆序列。

不同之处在于这些维度对物理学方程的影响。比如，物理学中有一种描述波的方程，不管是描述一条线上的波（一维）、水面上的波（二维），还是空间中的波（三维），这种方程都被称为"波动方程"。除了在方程中增加空间维度，我们还可以增加时间维度，看看会发生什么。

在我们熟悉的 3 + 1 维度的宇宙中，生物依靠从周围环境中收集的信息指导自己的行为。我们看到周围暂时没有车，就并入主路的车流。一只

---

① 人们常说甜甜圈就是一个非常典型的环面，除了英国人以外，因为他们的甜甜圈是有点儿被压扁了的球形，里面注入了果酱和奶油，非常好吃。

鸟可以判断昆虫的飞行路径，从而饱餐一顿。这些都是本能，我们几乎没想过这也是在做预测，但事实如此。生物利用在一个空间区域内收集到的信息，来预测未来的世界会是什么样子。

然而，随着时间维度的增多，我们必须区分手表上显示的当地时间（一维）和全球时间的维度（零或者更多）。假设我们的当地与全球的时间维度相匹配。那么，为了预测 5 秒（手表上的时间）后会发生的事，我们必须在一个空间和（全球）时间的区域内收集信息。

但是，除非你能完全准确地测量你周围的环境，否则你对未来的预测将毫无用处。增加时间维度（或者减少时间维度、零时间维度）意味着，即使我们周围的世界按照一个简单的方程运转，也是无法预测的，对宇宙的观测不会为我们提供任何有关它未来会怎样的信息。这个世界可能也是完全混乱的，而且不可能存在任何懂得处理信息的系统。[①]

如果我们的**宇宙**在诞生时，空间和时间的维度与目前的情况不同，即使生命不是完全不可能存活，产生复杂生命的可能性也会大大降低。这似乎是我们的**宇宙**为生命进行的另一种微调。

然而，基础物理学的一个推论可能会推翻这种微调的说法，它就是弦理论。根据这个理论，如果我们能非常近距离地观察粒子，就会看到它们是在十一维空间中振动的一小段弦线。至于我们为什么只能看到三个空间维度和一个时间维度，弦理论学家的解释是，其他维度被卷起来了，或者说被紧致化了。

为了区分清楚，我们之前讨论的经过微调的维度（图 6–5）指的都是大的或者宏观的维度。根据弦理论，**宇宙**可能从一开始就有更多或者更少的维度，在量子引力理论中根本就没有时间维度，所以时间一定出现得更

---

① 你喜欢偏微分方程吗？那为什么不读一读泰格马克的《写给编辑的信：时空的维度》（1997），里面有这些论证背后详尽的数学解释！

早。为了描述我们的宇宙，这些理论必须有某种方法能够推导出经典的
3 + 1 宏观时空维度。基于原子和行星的规模，时空维度必然经过微调，
其中的原因我们已经解释过了。

尽管如此，我们又遇到了一个令人头疼的问题。假设弦理论是正确
的，那么形成 3 + 1 宏观维度的过程是被迫选择了这种组合，还是随机选
择了这种组合？一开始，时空维度的组合有没有可能是其他值？

弦理论对这个问题只字未提，因为经过近 40 年的科学和数学研究，
人们发现这是一个不完整（而且非常艰涩）的理论。当然，也有可能是宇
宙随机决定了时空的维度。如果随机选择的次数足够多，一个 3+1 维度的
宇宙就一定会在某个地方出现。不过，现在我们要暂时搁下这个问题，等
到了第 8 章我们再讨论弦理论、维度紧致化和其他宇宙问题。

用数学语言描述物理理论

在这一章的前半部分，我们讨论了隐藏在物理学定律中的数学对称
性。这听上去也许有些令人吃惊，但由电子和光子组成的量子世界，以及
宇宙的膨胀和时空弯曲，都是用统一的基础数学语言来描述的。17 世纪，
法国科学家皮埃尔·德·费马在研究光的时候发明了这种语言。

当我们在自然课上第一次接触光的知识时，我们知道它在真空中沿直
线传播，遇到镜子会发生反射。但是，想想镜子里摇曳的火焰的影像，火
焰发出的光是怎么通过镜子进入你的眼睛的呢？

费马的答案是，光选择了一条从火焰到镜子再到眼睛的用时最短的路
径。由于光在空气中以匀速传播，用时最短就说明距离最短，所有其他可
能的路径则长一些。费马的最短时间原则不仅适用于解决光反射路径的问
题，而且适用于光的所有传播过程。

当光从空气射到水中时，它的传播路径会发生弯曲。斯涅尔定律描述了这种现象，不过在 17 世纪的天文学家威里布里德·斯涅尔给出相关解释之前，人们早就知道有这种现象存在。它是由光在水中的传播速度变慢造成。当比较光从水面上的光源到水下观测者的眼睛的所有可能路径时，我们会发现实际路径是最快的。

费马"最短时间路径"的概念不仅成为光传播理论的中心，也成为整个物理学的中心。当我们研究现代科学的数学框架时，无论是电磁学、量子力学还是爱因斯坦的广义相对论，我们可以看到一种"最小作用量原理"在广泛地发挥作用。在这里，"作用量"不是指让物理学家们出名的频繁聚会，而是指一个简洁有力地编码自然法则的数学量。

物理系的大学生们会在学习拉格朗日和哈密顿解决经典力学问题的方法时，遇到"最小作用量原理"。[①]我们讨论过的对称性包含**宇宙**守恒定律，是这些数学框架中最有用的一部分（图 6–6）。

$$S = \int L\, dt$$

$$\frac{d}{dt}\left(\frac{\partial L}{\partial \dot{q_i}}\right) - \frac{\partial L}{\partial q_i} = 0$$

图 6–6 作用量方程与欧拉—拉格朗日方程。这些都是现代物理学真正关键的方程，同时出现在相对论和量子力学中，也是我们为了扫除相对论与量子力学之间的障碍所做的努力。

有趣的是，在牛顿物理学、麦克斯韦电磁学、量子力学和爱因斯坦的

---

① 我们衷心地推荐由萨斯坎德和拉博夫斯基合著的《经典力学：理论最小值》（2014），这本书适合所有想要真正将最小行动原则付诸实践的人。只需要一点儿数学知识和大量的思考，你就会对物理学原理有非常深刻的理解。

物理学通常是按照时间先后和历史顺序来讲授的，而并不是先讲最重要的方法。这就有点儿像是让刚开始学习汽车修理的学徒去撞石头一样。我们真希望科学教育能够现代化！

相对论这些对于宇宙的看法截然不同的理论中，我们发现了一个共同的核心，即它们都可以归结成最小作用量原理。从最基本的层面说，支配**宇宙**运转的物理学定律似乎都建立在相同的数学基础之上。但是，为什么呢？

这个"为什么？"的问题，物理学还无法给出答案。**宇宙**有没有可能生来就有不同的数学内核？如果有可能，会是什么样子？

很难概括出以其他的数学结构为基础的宇宙会是什么样子，因为可能性实在太多了。这就是为什么微调论主要针对自然常数，因为至少我们很了解相关的规律。

然而，这些陌生的世界还是有用的。替代宇宙的情况很简单，有助于我们仔细地探索。而且，数学家们在过去几十年里一直愉快地徜徉在这些虚拟的宇宙中。

康威宇宙和生命游戏

我们**宇宙**的时空是连续的。从目前的实验结果可以看出，在空间或时间维度上的任意两个不同的点之间，我们都能找到第三个点。从 20 世纪 40 年代开始，以斯坦尼斯拉夫·乌拉姆和约翰·冯·诺依曼为首的数学家们也着手研究了那些不连续的、离散的"宇宙"。假设在国际象棋的棋盘上，a1 和 a2 两个方块之间根本没有其他可以放棋子的地方。用数字来表示地点或时间的时候，我们用整数 1、2、3…来标记，而不用小数。

在创建好一个离散宇宙之后，我们可以按照离散规则创造一些离散的实体。1970 年，数学家约翰·康威设计了一个非常棒的例子，这个例子被称为"生命游戏"。[①]（这不是一个真游戏，而是一种模拟游戏）。它的工作

---

① 最初发表在加德纳写的《数学游戏：约翰·康威的新单机游戏"生命"的奇妙组合》（1970）。

原理如下：

生命游戏中的宇宙是一个长方形的二维细胞网格。细胞的状态非常简单，就是非活即死，游戏规则同样简单。在某个特定的时间点，针对每个细胞，计算出它们相邻的 8 个细胞中有几个处于活着的状态。如果

A. 这个细胞是死的，相邻的三个细胞是活的，或

B. 这个细胞是活的，相邻的两个细胞是活的，或

C. 这个细胞是活的，相邻的三个细胞是活的，

那么，这个细胞在下一步的时候就是活的；否则，这个细胞就是死的。

我们设置好一个由死细胞和活细胞组成的宇宙，然后按下"开始"键。宇宙会不断发展，细胞会存活和死亡，所构成的形状或图案会扩大和缩小。比如，从图 6-7 中，我们能看到一个被称为滑翔机的形状。经过 4 个步骤之后，这个形状移至右下方。

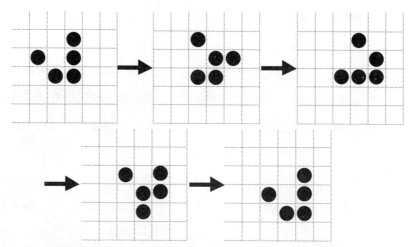

图 6-7 康威生命游戏中的"滑翔机"。用黑点表示的细胞是活的，而白色细胞是死的。左上角的图案经过 4 个步骤的变换后，整体向右侧和下方各移动了一格。这个图形看起来就像在网格的对角线上滑动一样

在康威的宇宙中，人们发现了很多神奇的图案，比如，各种各样的交通信号灯、繁殖者、滑翔机、脉冲星、河豚和宇宙飞船等。1971 年，查尔斯·科德曼发现了"诺亚方舟"的图案，最初是一个 15×15 的网格，其中有 16 个细胞是活的（如图 6–8 所示），很快就发展成一个沿对角线对称的图案（"河豚"的图案）。在总计 1 344 次变换中，形成了"42 个方块、40 个交通信号灯、22 个蜂窝、8 个面包、4 个滑翔机、两艘船、两个方块桌、两艘长船、一艘宇宙飞船和一个信号灯"的图案。[①]

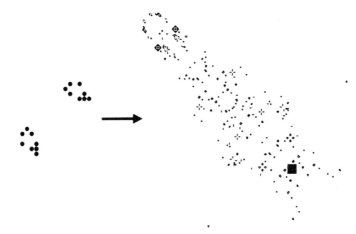

图 6–8　康威生命游戏中的"诺亚方舟"。左侧的起始图案中只有 15 个细胞，经过 2 688 个步骤变成了右侧的图案。右侧的灰色区域显示出起始图案的位置。这个"河豚"会一直沿着对角线向左上方延伸。

重要而且相当令人惊讶的一点是，在生命游戏中，你可以构建一台通用图灵机（UTM，Universal Turing Machine）。也就是说，这是康威宇宙中一个精心构建的实体，它可以模拟任何计算机的算法。[②] 虽然不知道该怎么称呼这些网格上的"生命"，但我们至少可以说，康威的宇宙可以自

[①]　在 conwaylife.com/wiki/ 上查看有关"诺亚方舟"的更多内容。

[②]　这部分并没有充分表现出图灵及其同事和继任者在计算机科学与信息理论领域严谨的数学工作，详见詹姆斯·格雷克写的《信息简史》（2012），里面对这一领域进行了介绍。

行支配很多软件。

像康威宇宙这样按照离散规则在网格上运行的宇宙叫作细胞自动机。其他形式的康威宇宙会设置不同的游戏规则，比如每个细胞有两种以上的状态，或者维度更多的网格，这样一来，可能的情况就会相当多。那些二维的、每个细胞有两种状态（活／死），而且下一个步骤的情况取决于当前相邻细胞状态的游戏，都是类生命游戏，这些游戏有超过 10^{154} 种可能的情况。即使下一步的情况只取决于相邻细胞"活／死"的数量，还是存在 262 144 种可能的情况。

在这本书中，我们的任务就是研究其他有可能存在的宇宙，所以细胞自动机也在我们的研究范围之内。请注意，举一些有关细胞自动机的有趣例子是远远不够的，我们还要扩大搜索范围。我们到底会找到一个到处都有复杂环境和生命的伊甸园，还是一片生命只栖息在小块绿洲中的沙漠？

我们很想介绍一下细胞自动机是如何平衡我们在康威宇宙中看到的简单性、复杂性和创新性的。遗憾的是，我们无法回答这个问题。更何况，已经有证据表明有意思的细胞自动机少之又少。

第一个证据是康威的生命游戏的发展。规则的简单性并非凭空而来，康威和他的学生们努力寻找能形成不可预测宇宙的规则，并从真正的生物系统中借鉴一些规则。比如，通过隔离或者过度拥挤来制造"死亡"，其间还有新生命出现。理查德·盖伊在（2008）为康威写的短篇传记中评论道：

> 康威是在排除了许多图案，包括三角形、六边形以及正方形栅格，以及借鉴了很多生死攸关的规律，包括引入两种甚至三种性别（状态）之后，才发明了生命游戏。好多张方格纸上都被摆得满满当当，他和他的学生们一起摆弄扑克牌筹码、外国硬币、贝壳、围棋棋

子，以及任何可用的东西，直到在生命与死亡之间达成一种切实可行的平衡。

这听起来很像微调论，也就是在一个广阔的可能性空间中，只有很小一部分在单调和混乱之间实现了有趣的平衡。

第二个证据更正式一些。数学家们尝试对细胞自动机进行分类，并根据一系列特定的规则归纳出 4 种类型的宇宙。（由史蒂芬·沃尔弗拉姆在 20 世纪 80 年代中期提出，他认为细胞自动机能产生复杂的类似物理学的定律。）虽然这个分类不十分严谨，因为有些例子很难归类，但其结果是很有用的。

第 1 类：单调乏味。宇宙趋于稳定、均一状态，每个细胞都始终活着或者死去。

第 2 类：重复发生。宇宙很快就形成了一种简单稳定或周期性变化的图案，细胞可以在活着和死去的状态之间来回转换。

第 3 类：混乱无序。宇宙没有稳定的结构，任何图案都会很快瓦解，回到混乱的状态。

第 4 类：趣味盎然。宇宙中复杂的图案比比皆是，而且结构稳定，能够长时间地存在、移动和相互作用。

关于第 4 类宇宙的一个很好的例子就是诺亚方舟：从刚开始的一个很简单的图案，经过 1 000 多步之后，变成一个复杂且对称的图案。

研究人员对第 4 类宇宙最感兴趣。要想在细胞宇宙中创造一台通用图灵机，就需要有编码信息、保护信息和传输信息的能力。第 1 类宇宙和第 2 类宇宙都做不到，因为它们的性质太单一以至于无法编码信息，太稳定以至于无法传输信息。第 3 类宇宙也不理想，因为混乱的状态会干扰我们试图编码的所有信息。于是，沃尔弗拉姆猜测只有在第 4 类宇宙中才能创造出通用计算机。

在细胞自动机中，第 4 类宇宙非常罕见。最简单的细胞自动机是一维的：只有一行细胞，处于活或死的状态，下一步的情况只取决于相邻两个细胞的状态。这种细胞自动机共有 256 种可能的情况，其中只有 6 个属于第 4 类宇宙。尽管一维的细胞自动机很简单，但马修·库克在 20 世纪 90 年代证明其中的一个宇宙确实有可能包含一台通用图灵机。

研究人员还注意到，微调第 4 类宇宙往往会导致其变成一个简单的（第 1 类或第 2 类）或者混乱的（第 3 类）宇宙。所以，能够支持信息处理实体存在的第 4 类宇宙只存在于其他类别宇宙间的狭窄缝隙中。结果就是，随着游戏规则变得更加复杂（比如，维度更高，每个细胞可能的状态更多），第 4 类宇宙所占的比例将会急剧下降。

这些平衡点类似于物理学中的相变，比如，当冰被加热至熔点时，它的结构会突然改变。考虑到水的温度和压力，它的三种状态（气态、液态和固态）之间有着清晰的分界线。同样地，在一维细胞自动机可能出现的情况中，"过于简单"和"过于混乱"之间也有鲜明的分界线。我们认为生命游戏的复杂情况出现在边界，这里也是各类宇宙发生相变的地方，即"混沌边缘"。

2014 年，巴西的桑德罗·雷亚和纳光弘木内研究了 262 144 种与康威的生命游戏类似的宇宙。他们认为，第 4 类宇宙往往出现在边界附近，其两侧分别是死亡细胞越来越多的宇宙和死亡细胞越来越少的宇宙；康威的宇宙非常靠近这条边界线。他们总结说："复杂的细胞自动机十分罕见……（康威的）宇宙规则是经过微调的，只有这样才能使细胞自动机处在相变的分界线上，表现出包含通用图灵机的罕见性质。"

即使在完全陌生的细胞自动机领域，这里只有网格上离散的"活/死"

细胞，而没有时空中的场和粒子，我们仍然看到了熟悉的情况。绝大多数可能的宇宙都无法容纳、储存和传播信息；图案要么单调乏味，要么空白一片，还有可能被毫无意义的信息所覆盖。但在边缘处，如果实现了恰当的平衡，图案就可以保存和复制，细胞可以存活和相互作用，任何的计算也都有可能实现。更重要的是，这类有趣、复杂、有组织且能够处理信息的宇宙，需要经过微调才能产生。

秩序和混沌

当我们改变**宇宙**的法则和结构时，得到的结果往往是单调或者混乱。但还有一种需要考虑的情况，就是一个根本没有数学规则的宇宙。虽然这看起来非常怪异，但如果我们能够从任何一种有序的角度来理解**宇宙**，这件事本身就相当惊人。爱因斯坦说过："这个世界最令人费解的一点就是人们可以理解它。"[1]

生命依靠宇宙定律的数学性质。在我们身体的每个细胞中都有无数的连锁机制，这些机制的运转取决于我们身体成分的稳定、可预测的特性和它们相互作用的规则。

大自然的数学规律可以在我们对实验数据和**宇宙**观测数据进行编码的过程中，发挥极大的作用。比如，当电子在氢原子的可用轨道之间跃迁时，会发出一定频率的光。我们不必记住美国国家标准与技术研究院原子光谱数据库中的上百个已观测到的波长数据，而只需用里德伯公式就能算出来。透过一页页的观测数据和实验记录，我们找到了一种简单的模式。

但这样做并非都有效。数学家将一串字符的柯氏复杂性定义为产生这

---

① 引自瓦伦廷《爱因斯坦传记》（1954，第 24 页）。

串字符的最短指令集的长度。以下面的字符串为例：

0101010101010101010101010101010101010101010101

我们可以简单地把它描述成"22 个'01'"。相较之下，你无法用同样简单的方式来概括莎士比亚的《哈姆雷特》，或者下面这个掷骰子得出的数列：

2136362464625333655165126244523663316365 1656

由此，我们得出了一种在分析棘手问题时严谨有效的方法：如果没有比字符串本身更短的指令，字符串就是随机的。换句话说，字符串是不可压缩的。柯氏复杂性的数学原理在于，大多数字符串都是随机的。[①]

更值得注意的是，代表实验结果和**宇宙**观测数据的数字串可以归纳成几个简短的方程。以大型粒子对撞机为例，它每天都会收集大约 50 太字节的关于粒子相互作用方式的数据。然而，借助适当的数学语言，我们可以把粒子物理学的标准模型写在一张纸上。可见，我们的世界可以被编码或概括的程度是非常惊人的，宇宙之所以能被人们理解，是因为它可以被压缩。

如果宇宙不能被压缩，会怎么样？如果物理现象不能被概括成简单的模式和规律，会怎么样？这样的宇宙才是真正随机的，因为你经历的任何事件之间都是没有关联的。粒子、波、场和北极熊可能会莫名其妙地突然

---

① "绝大多数的字符串都没有可计算的规律性。我们认为这样的字符串是'随机的'。没有比这个字符串的文字描述更短的描述方式了，也就是说它是不可压缩的。"李和维塔尼《柯氏复杂性简介及其应用》（2008，第 4 页）。

出现或消失，就像看着一台旧电视机上的满屏雪花，或者读 100 万只猴子在 100 万台打字机上共同创作的作品，期待能看到像《哈姆雷特》一样的巨著。

很难想象在这种令人抓狂的随机环境中，生命如何产生，以及如何发展、繁衍和进化。在混乱中，终于出现了一些显而易见的秩序或结构，它们似乎遵循着一定的数学规律。不过，这种短暂的幻觉很快就会被极度混乱的状态所淹没。我们的宇宙定律反映了允许生命存在的秩序和稳定性。由于理论物理学是从假设这些定律开始的，所以科学根本无法告诉我们为什么宇宙是有序的。

带着这种对混乱状态的想象，我们的探索之旅也快接近尾声了。在思考一个没有规律、没有结构和没有可预测性的宇宙的过程中，我们已经进入了最后的混沌状态。

在我们的整个探索过程中，不断印证的一个中心思想就是：无论是对我们已知的世界进行微调，还是彻底颠覆时空的基础，宇宙都有可能变得与现在完全不同，死气沉沉、贫瘠不堪。

在探究人类存活在**宇宙**中的原因的过程中，我们发现这个**宇宙**有一套严密的物理规律，有恰到好处的粒子质量和基本力，还有适宜的初始条件和十分难得的三维空间和一维时间。**宇宙**原本有这么多种潜在的可能性，所以我们不能忽视人类的存在本身就是很特别的这一事实。

那么，我们该如何理解这一点呢？

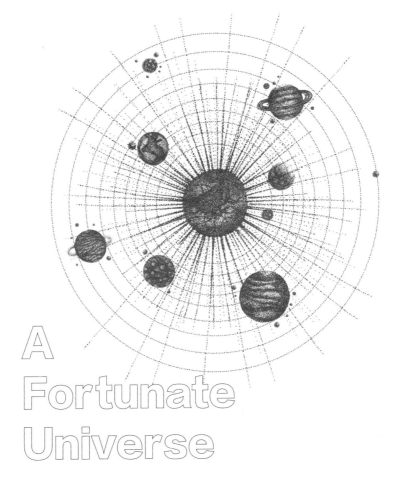

A Fortunate
Universe

第 7 章

如果微调论是成立的，外星生命会
怎么样?

我们已经把微调论介绍给了很多读者和听众，不管是年轻人、老年人、科学家、普通百姓，还是难得一见的哲学家，都会围绕微调论提出各种各样的问题。

有一次，我们在悉尼天文研究所发表了 40 分钟的演讲。那里的工作人员都是专业的天文学家，他们的工作就是探索**宇宙**，结果演讲结束后的回答环节长达 1.5 个小时。对于那些参加过天文学研讨会的人来说，这种事简直闻所未闻。在一般的研讨会上，天文学家们最多提出三四个问题就会急于离开，因为午餐时间到了。

根据我们的经验，与生命有关的**宇宙**微调论在观点表达的力度方面也是很特别的。不管在普通场合还是专业场合，观点分歧往往会演变成激烈的争论。即使那些认为微调论毫无意义的人也一定会满腔热情地向大家解释为什么微调论无用。

微调论还引起了巨大的反响。大多数听众都赞同这是一个不同寻常的事实，不能随意妄言，更不能避而不谈。它必须定位明确，要么为其他的推论服务，要么与所有的相关结论都划清界限。

问题在于，不同的听众对微调论的定位是不同的。每次演讲之后本来井然有序的提问环节，很快就会演变成一场市民大会。后排观众对演讲者的提问被前排观众打断，左边观众的观点受到右边观众的质疑。演讲者只需点燃引信，就可欣赏烟花表演了。

考虑到微调论确实有些特别，如果我们把多年来从听众那里收集到的最常见的问题介绍一下，应该会对大家有所帮助。

问题（a）：这只是一个巧合。

说明：如果你试图解释宇宙中的每一个小细节，那你会发疯的。有些事情本来就是这样，那些不需要进一步解释的内容就是自然法则。

简短解答：马普尔小姐对她自己说过："任何巧合都值得关注。如果真是巧合，就把它抛在脑后。"[①] 微调论看起来很像一个线索，有助于我们了解比已知的自然法则更深层次的奥秘。

详细解答：我们认为，现在已知的自然法则并不是终极的自然法则。特别是那些常数，简直太麻烦了。尽管（此刻要用低沉浑厚的声音）自然界的基本常数在我们看来还很神秘，但它们以自由参数的形式出现在方程中。它们是我们无法计算而只能测量的数据。在它们的伪装之下，实际上是擅自闯入自然数学法则的仪表读数。太无礼了！

所有包含自由参数的理论都将被一种自由参数更少的理论替代。这种理论会是什么呢？与这些自由参数有关的任何有趣的事实，都有可能是我们下一步研究的线索。微调论就是一个典型的例子。

问题（b）：我们只观测到了一个宇宙。

说明：让我们回顾一下已知情况。我们已经观测到了多少个宇宙？答案是一个。在我们已经观测到的宇宙中，有几个存在生命？答案是一个。

---

① 选自阿加莎·克里斯蒂的《复仇女神》（1971）。

所以，你可以得出这样的结论：所有的宇宙都存在生命。那么，经过微调的宇宙在哪里呢？

简短解答：物理学不仅有观测，还有对规律、理论和法则的研究，以及验证那些假设性的情况。进行微调的宇宙是从理论上按照我们已知的自然法则推导出的一种可能性。所以，我们必须比较这些理论上存在的宇宙，已观测到的有生命存在的宇宙并不能代表全部。

详细解答：物理学家们已经发现，对于已收集到的有关宇宙运转及其成分变化的大量数据，只用一小部分简单的数学法则就可以解释。

然而，这些法则不只是描述了**宇宙**的真实情况。以牛顿的万有引力定律为例，它描述了间隔一定距离的任意两个物体之间的引力。自然法则的特点就是具有预测性，它们不仅能描述已经观察到的现象，还能预测接下来会观察到的现象。而且，我们利用这些法则做出的预测总是正确的。

理论物理学家的一部分工作就是在遵循自然规律的前提下，探究其他可能性，从中了解**宇宙**的相关情况；再看看在这些可能的情况中，有没有可以验证的。比如，牛顿定律考虑了高椭圆轨道的可能性。如果太阳系中的所有天体都在这样的轨道上运行，那么它们在大部分时间里是看不见的，只会周期性地出现，并迅速掠过太阳。1705 年，埃德蒙·哈雷利用牛顿定律做出预测，1682 年出现的以他的名字命名的彗星将在 1758 年再次出现。尽管埃德蒙·哈雷没有亲眼看到自己的预言成真，但他的预测是对的。

对可能情况和可能宇宙的探索，也包括对自然常数的研究。为了测试这些常数，我们会计算出它们的值对实验观测结果的影响。比如，我们可以计算出电子在磁场中的路径与电子携带电荷、质量的关系，有了这个计算结果，我们就能从观测到的电子路径倒推出电子携带的电荷和质量。

科学中使用的概率是相较于一些可能性计算出来的，所以我们在高中学到的概率定义是"有利的可能性"。我们在问题（o）中还会详细地讲解概率，在这里我们只需要记住，科学家是结合数据和理论，来判断哪些情况是可能的或者不可能的，从而验证自己的想法。不能因为我们观测到了这个数据，就断言这个数据出现的概率是1。

　　微调是理论上可能存在的宇宙的一个特征。要想知道为什么我们的宇宙是现在这个样子，我们可以根据自然规律，通过探索它可能的样子来获取线索。

　　问题（c）：小概率事件总在发生。

　　说明：抛开生命不谈，我们现在思考一下你存在的可能性。想一想你的父母在同一个地方相遇，然后彼此投缘，最后结婚生子的概率。想一想一个精子从10亿个精子中脱颖而出与卵子结合的概率。回溯过去，把你的祖祖辈辈身上的微小概率相乘，你会得到一个非常小的概率。然而，你就在这个世界上，习惯就好。

　　简短解答：小概率有时意味着不太可能发生的事，这一点无须多言。但有时，小概率还意味着我们做出了错误的假设。考虑到几乎没有人相信已知的自然法则就是宇宙的终极法则，那么有生命存在的宇宙尽管出现的概率很低，但有可能帮助我们找到一种更好的解释或一种更深层次的理论。

　　详细解答：律师会说，"当然，DNA 检测结果说明我的委托人不可能是无辜的。但是，法官大人，不太可能发生的事情却总在发生，就像卵子和精子的结合！陈述完毕。"

　　这种对微调论的看法一定是有问题的，因为任何想要利用低概率事件做文章的人都会说同样的话。我们根本无法推导概率。

　　想想那些看似不太可能发生的事情：一个扑克牌玩家拿到了一手同花

顺的好牌，探测器上出现了大振动，一个有一万亿种可能的密码组合的保险箱被一下子打开了。在这些例子中，小概率不仅来源于事件本身，也来源于我们的假设。我们假设发牌人是公正的，仪器的读数只表示噪声，以及窃贼猜出了保险箱密码。

要区分这些例子和那些"真正不太可能发生"的情况，只需要一种更好的解释：发牌人在洗牌时作弊，探测器探测到了有用的信号，以及窃贼是内部人。但对于"卵子 + 精子 = 你"这个例子，我们恰恰找不到类似的解释。

所以，在我们认定一个低概率事件的发生完全是巧合之前，应该考虑一下其他解释。关于微调论，更深层次和更好的解释是什么呢？请接着往下看。

问题（d）：微调论已经被证明是错误的。

说明：许多科学家都仔细研究过微调论，并得出结论：即便微调论不是错误的，至少也是十分可疑的。

简短解答：不，并不是这样。

详细解答：卢克发表了一篇关于微调论的相关科学文献的评论文章，认真总结了该领域 200 多篇已发表论文的结论。这些论文大多是以下几位重要物理学家的原创成果：卡特、西尔克、凯尔、里斯、戴维斯、巴罗和蒂普勒。他们都是这个领域的先驱者，借助尖端的模型和方法，他们的计算结果得到了改进。有些论文认为生命可以有新的选择，有的论文认为生命被微调的程度要比之前想象的更大。总的来说，**宇宙**微调论经受住了物理学家们反复研究的考验。

体现这个领域进步的一个很好的例子，就是乌尔夫·迈斯纳及其团队的工作。他所在的核力理论专家团队把注意力转向了碳核的霍伊尔状态，这种状态在恒星产生碳的过程中起着至关重要的作用。有了碳，才会产生 DNA、骨架以及生物的许多其他基本单元。

2011 年，他们用超级计算机模拟实验证明，原子核理论可以精准地预测霍伊尔状态的所有测量数据。2013 年，他们用最先进的模型研究了"碳基生命的生存能力与轻夸克质量的关系"。他们发现，稍微改变夸克的质量或电磁力的强度，就会显著地影响宇宙形成有机生命所需要的碳和氧的能力。

借助许多这样的例子，目前最先进的理论物理学已经让我们了解到，适宜生命存活的条件对于自然常数的敏感性。

只有少数经过同行评议的论文对这本书中讨论的微调案例提出了质疑，[①]但没有一个人认为在自然常数和初始条件不同的其他大多数宇宙中都会有生命存在。尽管还有许多工作要做，尤其是了解更多关于生命形成的奥秘，但理论物理学的进步，尤其是计算方面的改进，有助于加深我们对微调论的理解。

这个问题可能源于一种观点，即微调论是由一群强行控制物理学以达到自己目的的宗教信徒发明的。然而，事实并非如此。它始于物理学期刊，属于巴罗、凯尔、卡特、戴维斯、多伊奇、埃利斯、格林、古斯、哈里森、霍金、林德、佩奇、彭罗斯、波尔金霍恩、里斯、桑德奇、斯莫

---

① 史蒂芬·温伯格认为有理由相信，霍伊尔状态下允许生命存在的性质所对应的参数范围是很大的；这已经被埃佩尔巴姆等人（《霍伊尔状态的从头计算法》2011，2013）和迈斯纳（《核物理学中的人择观点》，2015）的计算结果证明是错误的。在第 3 章中，我们讨论了哈尼克、克里布斯和佩雷斯的理论（2006），他们认为生命在一个没有弱核力的宇宙中是可能存在的。这需要其他参数进行"合理的调整"（他们的原话），而且可能不会产生充足的氧气。阿吉雷（《作为几种人择论证反例的零度宇宙大爆炸》，2001）认为，在零度大爆炸中，也就是光子数与普通物质粒子数大致相同的宇宙中，可能是允许生命存在的。正如第 6 章中所讨论的，关联参数（被称为 $\eta\gamma$）取决于使宇宙中物质多过反物质的物理原理，而且我们对这些物理在很大程度上并不熟悉。所有这些案例都在卢克的综述文章中讨论过。

林、萨斯坎德、泰格马克、蒂普勒、维兰金、温伯格、惠勒和维尔切克等物理学家。[①]

问题（e）：进化会找到出路的。

说明：我们已经发现，生命是非常顽强的，能适应从南极冰层到海底火山口等极端环境。生命在高温、寒冷、酸性、辐射、压力、干燥和营养缺乏等条件下的生存能力，足以证明其坚忍不拔的特性。进化总有办法让生命适应任何环境。

简短解答：与其他大多数可能存在的宇宙的恶劣状况相比，即使是地球上最极端的环境也算得上天堂。除了失去恒温环境以外，你体内的原子会被分解，粒子会被黑洞或大挤压粉碎。进化也需要一定的生化基础，如果没有能根据内部机制自我复制的生命形式，达尔文进化论就无从谈起。

详细解答：地球上的生物能够在各种各样的条件下存活。耐受力最强的生命形式被称为极端微生物，它们能在大多数其他生命无法存活的环境中生存并茁壮成长。比如，令人印象最深刻的一种微生物名叫极端嗜热古生菌 116 号菌株，是一种单细胞微生物，生存环境的温度高达 122 摄氏度，受到的压力是我们的 200 倍。还有一种名叫摇蚊的小昆虫生活在喜马拉雅山脉的高海拔冰川中，在温度极低（零下 16 摄氏度）的环境中依旧活跃，即便是那些来自南极的昆虫，此时也会"裹紧外套"，赶紧回家。

是我们低估了生命吗？世界知名数学家伊恩·马尔科姆博士说道：

> 如果说进化史教给了我们一些什么，那就是生命永远不会被束缚。生命会打破常规、冲破藩篱，向全新的领域进发，尽管这个过程很痛苦，甚至危险重重……我只想说，生命总会找到出路。

[①] 巴尼斯在《宇宙智能生命微调论》（2012）中引用过的参考文献。

当然，伊恩·马尔科姆博士是一个虚构的人物，但他的观点却很棒。在读这段话时，不妨模仿一下"杰夫·高布伦沾沾自喜地预测侏罗纪公园的命运"的语气。[①]

但是，这种说法有两个问题。第一个问题是，地球上的生命所面临的条件根本不能代表其他可能存在的宇宙的条件，也不代表银河系的条件。以温度为例，生命可以在零下 20 摄氏度到 122 摄氏度之间存在并保持活性。而大部分的星际空间都很热，[②] 温度在 6 000 摄氏度到 10 000 摄氏度，只在稠密的分子云中，温度才会降至零下 260 摄氏度。此外，即使与发现微生物的地球大气最薄弱的地区相比，星系空间的气体密度只是前者的一万亿分之一。相较而言，地球真是舒服极了。

在任何时候，我们都不能因为其他宇宙的压力、盐分、酸性、温度高到会让生命力最顽强的微生物都难以生存，就贸然下结论说这里不会有生命存在。其他宇宙中的极端环境不仅体现在温度上，更确切地说，在这样的环境中，原子会被瓦解，所有的化学反应都停止了，黑洞被粉碎。在这个每一万亿年左右才会发生一次粒子碰撞的宇宙中，生命永远是孤独的。

第二个问题是，极端微生物是适应环境之后的产物。它们展现了生命可以生存的条件，而不是生命可以形成的条件。鉴于生命在过去无数年中成功适应环境的例子，地球上生命形成的条件很可能比生命延续的条件要宽松得多。

---

① 你可能会发现自己在读下面几段内容的时候，也不自觉地用了杰夫·高布伦的噪音，这再正常不过了。

② 这可能会让你感到吃惊，因为我们通常认为太空的温度是很低的。星际空间物质的温度是由加热和冷却过程之间的平衡所决定的。在这种分散的环境中，将气体冷却到 5 000 摄氏度以下的过程是非常缓慢的。在恒星辐射、宇宙射线和超新星的共同作用下，气体的温度很高。然而，由于它分布稀薄，所以如果你不明智地把头探出宇宙飞船的窗口，也感觉不到热。

这才是问题的关键。这些极端微生物向我们展示了进化能做什么，但这并不是我们关心的问题。我们关心的问题是，为了推动生命的形成和进化，宇宙需要做些什么。尽管单个细胞在生物学上是很简单的结构，但却是化学方面的奇迹，化学又需要用到很多物理学知识。为了产生和合成行星上的所有化学物质，需要有一个条件适宜的宇宙，而且这个行星必须与稳定产生高能光子的恒星保持安全距离，光子才能为光合作用等过程提供能量。

达尔文进化论的影响力并非凭空产生。生化机器从环境中汲取能量和营养物质，以便在资源紧张的环境中进行自我复制，包括几乎相同但不完全一样的遗传信息的复制，这是进化的开端。我们的宇宙为什么会有孕育这些生物和完成进化的罕见能力，这是我们要努力解决的问题。

问题（f）：当宇宙的大部分地区都不适宜生命存活的时候，该如何微调？

说明：微调？你一定在开玩笑。宇宙中 99.999 99…% 的地方都是充满辐射的真空，不适宜生命存活。到处弥漫着令人窒息的气体，要么是难以想象的严寒（零下 260 摄氏度），要么是烤炙一般的炎热（1 000 000 摄氏度），还有发生热核反应的恒星，物质坍缩形成的黑洞，以及偶尔出现的超新星或者伽马射线爆发。宇宙的绝大部分地区都是荒凉的，即使环境适宜的地方也无法高效地创造生命。这个宇宙看起来不像为了生命而进行过微调。

简短解答：这个问题是在把地球上的条件和宇宙中其他地方的条件做比较，完全忽略了核心问题。我们真正想知道的是，这个宇宙为什么会有像现在这样的基本属性，所以应该把我们的宇宙和其他可能存在的宇宙做比较，而不是比较这个宇宙中不同地方的情况。此外，宇宙的尺度和密度与生命并无关联。尺度更小、密度更大的宇宙往往不会存在太长时间。

详细解答："允许生命存活"既不意味着"每个角落自始至终都充满了生命"，① 也不意味着**宇宙**中的所有地方在所有时候都能维系生命，更不意味着你可以随时随地靠在躺椅上，等着有人为你端上一杯鸡尾酒。

所以，宇宙微调论并不能解决费米悖论，包括：大家都在哪里？如果地球已经进化出可能即将离开太阳系并主宰银河系的智慧生命，为什么我们找不到其他外星文明存在的证据？地球是第一个存在智慧生命的星球吗？银河系中只有我们这一种文明吗？文明在它们的主人离开母星之前就会自毁吗？微调论只能告诉我们，我们的**宇宙**拥有一些生命存活所需的物理条件。但它不能告诉我们，生命能否在**宇宙**的每个角落中繁衍生息。②

你还记得我们一开始为什么要从自然法则开始研究：我们的方程看起来并不完整，还包含着无法计算的常数。**宇宙**为什么是现在这个样子？我们通过比较研究宇宙和其他可能存在的宇宙来寻找线索，结果发现只有少数几个宇宙能够进化出可以提出这个问题的智慧生命形式。

生命在这个宇宙中的某些部分不能存活，这并不重要。事实上，如果你能理解为什么生命不能在像星际空间那样的接近真空的环境中存活，你就能理解为什么生命需要一个经过微调的宇宙。如果宇宙常数稍大一些，或者宇宙的不均匀性变小，星际空间中就只有真空，而没有任何的恒星或行星。不适合生命存活的条件很容易实现；如果宇宙的每个角落都适合生命存活，那实在是太罕见了。

而且，"微调"并不意味着我们的**宇宙**在给定的区域内容纳了尽可能多的生命，或者创造出了所有能由给定粒子组成的生命形式。也许在其他

---

① 这句话来自约翰·莱斯利写的《宇宙》(1989，第 159 页)，值得一读。

② 当然这并不是说，在这个宇宙的其他地方是否存在生命的问题不吸引人或者不重要。参见保罗·戴维斯写的《可怕的寂静》(2010)。

可能存在的宇宙中，还有创造生命效率更高的地方。比如，一个没有宇宙常数的宇宙（相较我们少量的宇宙常数而言）似乎能将更多的普通粒子分配到星系中，创造生命的效率就会比我们的**宇宙**高一些。

所以，我们的**宇宙**才没有处处充满生命。但是，这也不是我们要讨论的重点！假设有很多种可能的宇宙，其中大部分都是一片死寂、毫无生气，只有很小一部分宇宙中存在生命。即使我们发现自己并不是最高级的生命形式，也不影响我们极不寻常的地位。我们存在的事实本来就是非常特别的，虽然看似简单，实际上很难解释清楚。

我们到底为什么要关心宇宙中不适合生命存在的其他部分呢？假设你在一家豪华的山顶度假村的前台工作。一位名叫鲍勃的有钱人正在办理入住手续。

> 你：先生，您的房间是 401 室，在顶层。在那里，您可以欣赏整座山的美景，晴天时还可以看到大海。
>
> 鲍勃：那可不太好，我不想看到海。
>
> 你：为什么？
>
> 鲍勃：因为我不会游泳。

于是，训练有素又彬彬有礼的你为鲍勃安排了另一个房间。如果有一天你忍不住对他产生好奇，你可能会问他：为什么能从房间看到远方的海令他感觉不舒服？这个房间怎么会存在这样的问题呢？鲍勃必须投入大量的时间、资源和精力才能靠近那片令他恐惧的海洋。即便鲍勃对溺水有一种近乎病态的恐惧心理，他也没有任何理由在点评网站上给这个房间一个差评。

同样地，为什么有人住在澳大利亚呢？那里大部分都是沙漠！[①] 没错儿，可是那里的非沙漠地区也很漂亮。

你无法在太空中生存，那又怎么样？你只能生活在地球上，这里有充足的氧气和水，而你必须投入大量的时间、金钱和技术，才能体验到真空环境的不适。

事实上，我们能猜到为什么一个相对空旷的宇宙，虽然不是完全必要的，但对生命来说并不是特别意外。原因在于，它与生命所需的密度和引力的挤压有关。

假设有一个物质球，引力会试图挤压它。如果没有另外一种力来对抗引力，这个球能存在多久呢？结果表明，这取决于球的密度，密度越大，它就会越快地被引力压碎。即使这个球很大也是一样，在密度一定的情况下，大尺寸意味着引力的作用会更强。

也许你希望整个宇宙的气体密度都处于可呼吸的状态，但这样的系统会在大约 24 个小时之后坍缩，美好的一天随即化为乌有。

现在，随着宇宙的膨胀，可以避免坍缩的发生。问题是，24 个小时正是宇宙密度发生显著变化所需要的平均时间。所以，大约在明天的这个时候，可呼吸的空气会变得稀薄一点儿。

顺便说一下，你房间里的空气在地球的支持下并不会变得稀薄。地球不会坍缩是因为原子的刚性和内压力的支撑。以这种方式对抗引力的物质体不会比地球大很多，而且必须被真空包围。

题外话：一个旋转的宇宙？如果我们从太阳系中汲取灵感，让整个宇

---

① "真是一个荒唐的地方，"土生土长的爱尔兰人迪伦·莫兰抱怨说，"这里距离太阳表面只有 1.2 千米，在街上人们噼里啪啦地从你身边走过……这里就不应该有人居住，当人们不在外面油炸自己的时候，就把自己抛向大海，这里几乎只居住着为了杀死你而存在的生物；鲨鱼、水母和石鱼，它们全在那里。"来自《完全就是迪伦·莫兰》现场版（2006）；经许可后使用。

宙旋转起来，以维持它的稳定性，会怎么样？如果我们的**宇宙**是受牛顿引力定律支配的，那么这可能是一个可行的选择。但如果采用爱因斯坦的引力理论，情况就会变得非常奇怪，爱因斯坦本人也是这样认为的。

1949 年，爱因斯坦在一次为他举办的大会上庆祝了他的 70 岁生日。与会者中有一位他最亲密的朋友——库尔特·哥德尔，哥德尔是奥地利著名的逻辑学家，也是出了名的怪人。哥德尔以在数学逻辑方面取得的突破性成果而闻名，但在 1949 年之前他对物理学没有做出任何贡献。他给爱因斯坦赠送了一件最不同寻常的礼物：一种能让爱因斯坦的引力理论描述旋转宇宙的解决方案。这个宇宙中只有物质和一个宇宙常数，而且它的自转不随时间而改变。

这看起来似乎很理想：只要有空气，我们就能在宇宙的任何地方自由呼吸。然而，哥德尔的宇宙有一个奇怪的特点，就是封闭类时曲线。

在相对论的宇宙中，你不可能比光的速度还快。假设你计划下午 5 点在半人马座阿尔法星收拾好行李出发，跨越时空，回到你在地球的家里吃晚饭。任何一艘宇宙飞船都无法帮你实现这个计划，而在乘着能满足你需求的火箭背包的情况下，你走过的这条路线叫作类时曲线。

封闭曲线是一个环，沿着它返回起点。所以，一条封闭时空曲线不仅会回到起点，而且会回到时间的起点。所以，这是一趟会回到同一地点和时间的旅行。

所以，把封闭曲线和类时曲线结合起来就是……时空旅行！在一个旋转的宇宙中，你可以不止一次地在同一时间去到同一地点，你甚至可以和你自己玩扑克牌。

对科幻小说作家来说，这听起来很不错，但要小心臭名昭著的"祖父悖论"。如果我现在乘着宇宙飞船回到过去，撞死了当时还是一个年轻小伙子的祖父，会怎么样？真是这样的话，我就不会出生，也不会回到过去，更不会杀了我的祖父。于是，我就出生了，然后我回到过去，撞死……

并不是所有允许时间旅行的宇宙都是自相矛盾的，只要我们注意历史的一致性。如果我的宇宙飞船没有撞上我的祖父，悖论就不存在了。在这样一个宇宙中，时间旅行不会改变过去。这并不意味着我的祖父过着他原来的生活，然后我出生了，我长大后回到过去，我的祖父看到了"一艘差点儿撞上他的宇宙飞船"，这个经历覆盖了他原来的生活。不过只有一个过去，也只有一条时间线，我的祖父与一艘宇宙飞船擦身而过，宇宙飞船的驾驶员是一个他觉得很面熟的小伙子。

但是，实现历史的一致性需要很多约束条件。一个人不能随随便便地穿梭时空，而置自然规律于不顾。为了避免祖父悖论，需要非常严格的控制条件。

现在还不清楚，我们能否生活在这样的宇宙中。我们的行为将由不同于自然规律的规则来约束，这些规则的影响范围并不仅限于局部，而是整体，也更令人困惑。一个人需要了解宇宙的全部历史，还要知道宇宙每一部分的运转原理。比如，我昨天刷了牙，却很奇怪地发现自己今天无法刷牙了。我并不知道，这是因为宇宙必须组织光子从牙膏上反射出去，从窗口进入太空，然后回到过去，分散当时正在开车的我年轻的祖父的注意力，造成车毁人亡的惨剧。

我们说这些题外话主要有两个原因：一是哥德尔的旋转宇宙太了不起了；二是构建宇宙的过程比想象的更困难。一些像旋转宇宙这样天真的想法，可能会带来非常有趣的结论。但我们需要回到方程中，这才是微调论要做的。

结论：让可呼吸的空气充满宇宙，还会带来很多其他问题。在发生散射之前，光子会在空气中传播约 100 千米。因此，在充满可呼吸空气的宇宙中，我们将看不到月亮，更不用说其他天体了，我们会生活在雾中。太阳的能量也无法直接到达地球，而要先加热两者之间的空气。

太空旅行也会非常缓慢和低效。宇宙飞船不能像以前一样快速穿过近乎真空的星际空间，而只能缓慢地穿过无处不在的空气，直到燃料耗尽。也许你能接受太空旅行不可能实现的事实，但地球不能，因为空气阻力会在几个月之内就把它卷入太阳。

我们还可以继续讲下去，但以上这些已经足以说明**宇宙**并不是在浪费空间。不管你信不信，真空在**宇宙**生命的形成和存活方面发挥着至关重要的作用。

问题（g）：这个宇宙就像其他宇宙一样出现的可能性很小。

说明：当然，这个宇宙出现的可能性很小，不过所有宇宙皆如此。我们必须处于许多可能存在的宇宙中的一个，这使得我们的宇宙会在某种程度上看起来是不大可能存在的。所以，我们没有理由从**宇宙**的不可能性中得出任何结论。

简短解答：比较这个**宇宙**与其他宇宙出现的可能性，其实无关紧要。相反地，我们应该考虑有关**宇宙**形成方式的各种理论，然后思考出现这个**宇宙**的可能性。我们要利用对这个**宇宙**的了解来检验相关定律和观点是否正确。

详细解答：这个问题预先假设了一个大原则，即在给定前提条件的情况下，如果两个结果的概率相同，在得到其中一个结果的时候就没有理由推翻给定的前提条件。举个例子，假设鲍勃和简中彩票大奖的概率相同，前提是他们进行公平竞争，如果简中大奖了，我们就没有理由怀疑她作弊。

虽然这个结论是正确的，但大原则却是错的。为了证明这一点，我们只需要举一个反例。如果它不成立，就说明大原则有问题。

反例是这样的：假设鲍勃和简正在玩扑克牌。在鲍勃发牌的最后 5 局中，简得到的牌很普通，分别是一对、最大牌是 K、一对、一对、最大牌是 J。与此同时，鲍勃给自己发的牌，5 次都是同花顺。

简怀疑鲍勃作弊。如果鲍勃发牌公正，那么连续 5 次出现同花顺的概率大约是 $1/10^{16}$。面对简的质疑，鲍勃反驳说，他给自己发的牌和给简发的牌一样，概率都很低。[①] 所有组合的牌都是不太可能出现的，所以简没有理由怀疑鲍勃在作弊。

显然，这其中是有问题的，足以判定大原则是错的。事实上，我们一眼就能看到问题所在，即我们已经计算出在鲍勃公平发牌的前提下所有的可能性。但是，我们怀疑的恰恰是这个前提条件。我们应该做的是，比较鲍勃公平发牌前提下的概率与鲍勃作弊前提下的概率。

考虑到同花顺不可能被击败的事实，鲍勃作弊的概率要比他公平发牌的概率高得多。另外，简拿到的牌没什么特别，所以鲍勃作弊和他公平发牌的概率是一样的。这些概率之间的差异意味着鲍勃很可能在作弊。[②]

再来看微调论，只在我们假设**宇宙**的性质是随机的，或者毫无规律、难以解释的情况下，"这个**宇宙**和任何其他宇宙一样不太可能存在"的说法才是正确的，而这正是我们研究的观点。所以，我们应该考虑用其他方式来解释**宇宙**的性质。

问题（h）：我们怎么知道在其他宇宙中会发生什么？难道要做实验吗？

说明：科学理论固然很好，但科学真正的力量其实来自对理论的检

---

① 一定要计算每手牌的准确概率（例如，K♥、Q♠、10♠、5♦、4♦），而不仅仅是"最大是 K"的概率。

② 为了防止出现异议，我们提醒读者这是一个反例，而不是类比。我们并不是说宇宙就像一场扑克牌游戏。宇宙和扑克牌游戏之间没有可比性，就算你说"啊，没错儿，但纸牌游戏有规则"，也不会推翻这个反例。

验。我们先通过观测和做实验来收集数据，然后我们将这些数据与理论进行比较，看看哪种理论能够解释数据，哪种理论应该被淘汰。所有关于其他宇宙的讨论都不可能用实际数据来检验，所以微调论不过是一种毫无根据的猜测，而不是科学。

简短解答：将理论与**宇宙**的观测数据相比较，是物理学不可或缺的一部分。要做到这一点，先要提出理论。我们特别希望找到简洁的理论，而且莫名其妙的假设越少越好，物理学进步的方式往往也是找到一种既能解释数据又严谨的理论。因此，我们要问的问题是：在已知的自然法则中，那些无法解释的部分有什么值得注意或独特的细节暗示着更深层次的内涵吗？微调论看起来就像一个这样的线索。

详细解答：探索科学理论是一个理论物理学家最重要的任务。例如，爱因斯坦在 1915 年发表了广义相对论，我们至今仍在努力地弄清楚它的全部含义。

一旦我们得到了一个理论的方程式，往往会试着去解这个方程，方程的解就代表着可能存在的宇宙。我们可以利用数据在可能存在的宇宙中找到我们的宇宙，当然，理论物理学的内容比这丰富得多。我们相信成功的理论可以解释有关宇宙的一些东西，那么，关于时空、黑洞和早期**宇宙**的情况，广义相对论到底告诉了我们什么呢？

过去，物理学一直是通过发现已知自然规律中的不寻常之处来获得进步的。有时自然规律与新的观测结果根本不符，但为了匹配数据，我们不得不做出可疑的假设。

万有引力就是一个很好的例子。当"阿波罗号"的宇航员戴维·斯科特在月球上两手同时松开一把锤子和一根羽毛时，在没有空气阻力的情况下，二者同时落地。这是为什么呢？

在牛顿的万有引力理论中，质量有两种不同的概念。惯性质量测量的是推动某个物体的困难程度，引力质量测量的则是举起某个物体的困难程度。从概念上讲，惯性质量与引力质量没有必然的联系。为了测量惯性质量，我们可以利用任何力（比如一块磁铁），并记录下物体的反应。

然而，要解释像锤子和羽毛同时落地这种现象，牛顿的万有引力理论必须假设**宇宙**中的每个物体的惯性质量和引力质量都完全相等。这是一个赤裸裸的假设，虽然它不是不可能，和观测结果也没有冲突，但却很可疑。

单纯地从理论角度思考的爱因斯坦找到了解决方案。牛顿认为万有引力是一种使物体沿曲线运动的力，于是，爱因斯坦想到，要是万有引力本身改变了空间的几何结构，会怎么样？如果万有引力使物体在弯曲的空间中做直线运动，会怎么样？而且，由于物体的运动路径只取决于空间和时间的局部属性，所以不同质量的物体会以相同的速度下落。爱因斯坦在未做出任何可疑假设的情况下，解释了锤子和羽毛同时落地的现象。

我们可以看出，当一个理论需要用非常精确但却无法解释的假设才能与观测数据相匹配时，这可能是在提示我们，应该寻找一种更深层次的理论，将假设解释清楚或者让假设更加自然。

我们的**宇宙**存在生命就是这样一个可疑的事实，它需要自然规律中那些尚未解释清楚的部分（宇宙常数和初始条件）之间一系列精确的巧合。我们能找到一种合理又深刻的理论，来解释为什么我们的宇宙允许生命存在吗？

问题（i）：只能微调一步。

说明：所有与微调论有关的案例都只涉及一步微调，而**宇宙**其他各项的值保持不变。但是，如果我们可以透过现象看到本质，就可以让奥兹国的巫师（《绿野仙踪》中的人物）一次改变好几个值，从而形成很多允许生命存活的宇宙。所以，宇宙并没有为了生命而进行微调。

简短解答：这一领域的研究始于物理学家们注意到许多不同常数的值

和生命所需条件之间的巧合，生命需要很多以独特且精确的方式相互关联的不同常数。

详细解答：这是一个根深蒂固的错误看法，没有任何事实依据。没有人在研究微调论的时候只改变一个参数。

最早的关于人择原理的论文是由布兰登·卡特在 1974 年发表的，他证明了质子质量、电子质量、引力强度和电磁力强度之间存在特殊的关系。[①] 恒星可以通过两种不同的方式将能量从发生核反应的核心输送到表面，或者通过辐射，或者通过对流，也就是高温气体周期性上升和低温气体周期性下降的过程。在符合卡特观点的宇宙中，这两种恒星都有可能存在。卡特猜测生命需要靠这两种方式产生重元素，并形成行星。

1983 年，物理学家威廉·普雷斯和艾伦·莱特曼的研究表明，恒星发射的光子的能量和驱动化学反应所需的能量刚好相等。这是一件相当巧合的事情，因为恒星产生的光子的能量必须调整到与化学键的能量大致相等的水平。

这种巧合及其他类似的情况是早期人类学文献的唯一关注点，原因就在于它们与很多不同的基本常数相关。

最近的研究结果表明，同时改变多个值往往比改变一个值更具破坏性。假设我们要改变上夸克、下夸克和电子的质量。先回想一下，我们是由这三种粒子组成的：两个上夸克和一个下夸克构成一个质子，一个上夸克和两个下夸克构成一个中子。

把图 7-1 想象成一幅三维的蚀刻素描，其中一维表示上夸克的质量，

---

① 如果你是物理学家或者数学爱好者，那么请看：

$$\left[\frac{G}{\hbar c} \frac{m^6 原子}{m^4 电子} \right]^{\frac{1}{8}} \sim a^{\frac{3}{2}}$$

还没有证据表明，这些数字中的任何一个与其他数字有关，不过一致性始终在 15% 以内：$7.1 \times 10-4 \approx 6.2 \times 10-4$。

一维表示下夸克的质量，剩下的一维表示电子的质量。当你代入相应的质量时，就会得到方块中的某个点。当物理学家们谈论"参数空间"时，这就是它大致的样子。

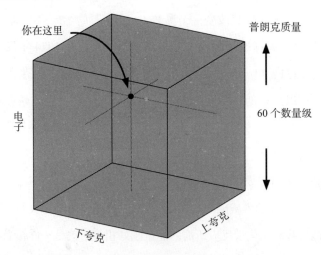

图 7-1　代表"参数空间"的三维蚀刻素描（Etch a Sketch®）。为了使我们能直观地看到基本粒子质量的可能取值，假设在这个方块中选一个点。当我们选择不同的质量值时，这个点就会在方块中穿梭。生命在哪里才能蓬勃发展呢

　　粒子的质量范围是多少呢？或者，这个方块有多高？在方块底端，粒子的质量为零，比如光子。那么，顶端的情况又如何呢？这个问题比较棘手，但至少已知的质量范围有一个明确的界限。目前，我们没有量子引力理论，也就是说，我们还不知道量子级别的物体（比如粒子）在自身重力的作用下（就像在黑洞中一样）会发生什么。通过简单的计算我们发现，一个质量等于普朗克质量的粒子会变成一个黑洞。这是在没有量子引力理论的情况下，现有理论能适用的最大质量——普朗克质量大约是电子质量的 2.4×10^{22} 倍！

　　这个质量太大了，为了把方块中有趣的部分都展示出来，我们需要使

用对数刻度。这是一种很简单的方法：质量不是以常规的 0，1，2，3…的方式增大，而是采取每次增大 10 倍的方式：…0.01，0.1，1，10，100…

特拉华大学的史蒂芬·巴尔和阿尔马斯·坎全面研究了这个方块的一个二维切片，以确定夸克质量变化产生的影响。我们要在此基础上对三维方块完成进一步的研究。在巴尔和坎研究的具体模型中，质量的下限是由一种叫作"手征对称性动力学破缺"的现象决定的，总共包含大约 60 个数量级（10^{60}），而且比普朗克质量要小。我们也用同样的方式对三维方块的每一面进行分析。

为了帮助构建宇宙的新手们免去一些麻烦，我们会把前几章中已经认定的不适合生命存活的部分先切除掉。比如，在图 7-2 中，我们删掉了灾难性的 Δ^{++} 宇宙，在这个宇宙中只有一种稳定的元素，而且没有化学反

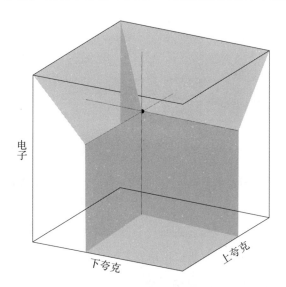

图 7-2　去除不符合要求的宇宙，第 1 阶段。从图 7-1 中的方块开始，我们要去掉 Δ^{++} 宇宙、Δ^{-} 宇宙、只有氢原子的宇宙和只有中子的宇宙，因为这些宇宙中最多只有一种化学元素和一种可能的化学反应

应；以及简单到令人震惊的△‾宇宙，其中只有一种元素和一种化学反应。我们还要删掉只有氢的宇宙和"迄今为止最糟糕的宇宙"——中子宇宙，后者中既没有元素，也没有化学反应。

有一些不具备稳定原子的部分也要删掉。我们要把质子和中子不会合成原子核的宇宙排除，还要删掉电子会被原子核俘获，造成原子减少、中子堆积的宇宙，以及所有含氢的化学物质都不稳定的宇宙。图 7–3 显示的就是剩下的部分。

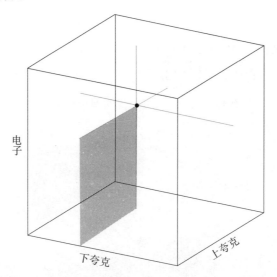

图 7–3　去除不符合要求的宇宙，第 2 阶段。我们去掉了方块中无法使原子核处于稳定状态的部分

此外，我们还在改变恒星的核燃料和内部压力的来源。我们要把弗雷德·亚当斯确定的根本没有稳定恒星存在的宇宙删掉，以确保恒星核反应得到的第一种产物（氘核）是稳定的，而且产生氘的过程要释放能量而不是吸收能量，否则就会扰乱恒星内部引力与热能的平衡。图 7–4 显示的就

是我们做减法之后的结果。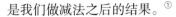①

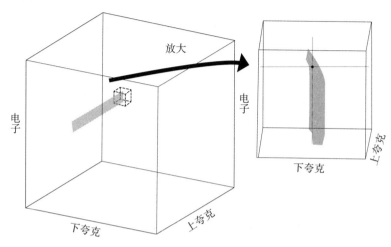

放大

电子

电子

下夸克

上夸克

下夸克

上夸克

图 7–4　去除不符合要求的宇宙，第 3 阶段。如果一个宇宙无法容纳稳定的恒星，那么也会被排除在外

最后，我们把霍伊尔共振无法让恒星产生碳和氧的宇宙删除，②得到图 7–5。

余下的允许生命生存的宇宙构成了一条细长的轴，其所对应的上夸克的质量很小，而且周围的宇宙都是不毛之地。现在，你应该明白我们为什么要用对数刻度了。如果我们用从零到普朗克质量的常规（线性）刻度，那么我们至少需要一个 10 光年（1 000 亿千米）高的三维方块，才能用肉眼看到允许生命存在的宇宙所构成的区域。

---

　　①　正如第 4 章中所述，与巴尔和坎不同，我们不会深入探究允许双质子存在的宇宙。与微调论文献中的一些说法相反，合成双质子不一定就是早期宇宙中所有氢被燃尽的原因。此外，首先通过合成双质子来燃烧的恒星可能很稳定，而且寿命很长，这些恒星不一定会爆炸。

　　②　埃佩尔巴姆等人（《碳基生命的生存能力与轻夸克质量间的关系》，2013）表明，将轻夸克的总质量改变 2%~3% 就足以影响碳和氧的产生。从我们的图中可以看到，变化的幅度约为 20%。

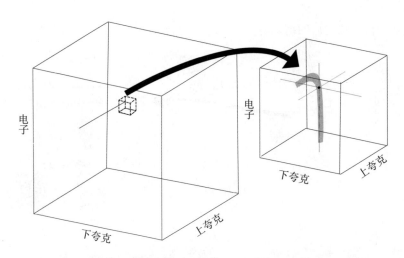

图 7-5　去除不符合要求的宇宙，第 4 阶段。我们在第 4 章中已经讨论过，碳原子的某种特殊属性（霍伊尔共振）使得我们宇宙中的恒星能够产生碳和氧，所以我们要把做不到这一点的宇宙去除

　　这样做的问题是显而易见的。我们可以改变的参数有很多，但是，生命也有许多要求。添加更多的参数固然可以得到更多可能的宇宙，但大部分宇宙都是毫无生气的，根本看不到生命存在的迹象。

　　同样地，生命也被限制在宇宙常数构成的空间中。马克斯·泰格马克、安东尼·阿吉雷、马丁·里斯和弗兰克·威尔茨克发现了 7 种参数的 8 个限制，可最终得到的有生命存在的宇宙还是只占很小的一部分。（威尔茨克是诺贝尔物理学奖得主和粒子物理学家，里斯是英国皇家天文学家和英国皇家学会前主席）。我们很想把这个七维图形展示出来，都怪这该死的二维纸张！

　　造成这种误解的原因可能是，每次物理学家们在向外行的听众介绍微调论时，通常都会描述当一个参数发生变化时会产生什么结果。比如，马丁·里斯在他的经典著作《六个数：塑造宇宙的深层力》中就是这样做的。里斯知道微调论的方程涉及的参数不止一个，而且他推导出了很多这样的方程。①

有两个错误必须避免。第一个错误是，对于允许生命存在的宇宙所构成的区域，只关注其形状，而不关注其尺寸。正如我们看到的，这个区域并不是单独的一点。在一般情况下，它可能会在参数空间的各个维度上蜿蜒。虽然我们可以说在某个范围内取值，有可能存在生命，但这是一种误导。我们应该仔细地调整参数，随机改变每个参数的值是不太可能成功的。

第二个错误是，把允许生命存在的宇宙所对应的参数范围与我们的宇宙常数进行比较。我们用比喻的方式来说明。假设你朝着靶子扔出一只飞镖，它落在距离靶子中点 3 毫米的靶心部分（如图 7-6）。成绩不错，对吧？但你的朋友说，即使你的飞镖落在离靶子中点两倍远的地方，也是命中了靶心。所以，你的成绩只是在两倍的范围内"微调"的结果……并不能说明你很厉害。

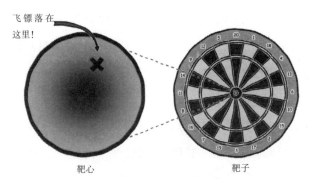

图 7-6　飞镖射中靶心。飞镖可能会落在离中心两倍远的地方，但还是射中了靶心。这是否意味着扔飞镖的结果只是在两倍范围内"微调"的结果而已，或者说射中靶心的概率是 50%？很明显不是！墙面包含飞镖所有可能的落点，而靶心相对于墙面越小才能证明扔飞镖的水平越高

① 例如，根据泰格马克和雷斯的《万用理论》（1998）：

$$a^{-1}\ln\left(a^{-2}\right)^{-16/9}a_{\mathrm{G}}\left(\frac{\beta}{\zeta}\right)^{4/3}\Omega_{\mathrm{b}}^{-2/3}\leq Q\leq a^{16/7}a_{\mathrm{G}}^{4/7}\beta^{12/7};$$

这显然涉及不止一个变量，但对于普通读者来说可能有点儿太吓人了，除非你把这个式子藏在脚注里。还要注意，这是一个不等式，而不是等式，因此应该不会影响这本书的销量。

这肯定是有问题的。不是靶心相对于你飞镖命中的位置，而是靶心相对于墙面的大小，才能证明你扔飞镖的能力高超，或者你一定要命中靶心的决心。

我们在第 2 章中讲过，如果把下夸克的质量增大 6 倍，就会得到一个没有原子、化学物质、恒星和行星的中子宇宙。这个结论看似留下了很大的余地，尽管"6 倍"是可以用来说明微调区域的界限的，但会在尺寸上给人造成一种错觉。与粒子加速器能达到的最高能量相比，允许生命存活的范围不到 10 万分之一。与普朗克质量相比，这个比例是 10^{20} 分之一。某个常数（在给定的理论中）的可能值范围往往比实际值大很多。

问题（j）：生命沙文主义者凭什么认为生命是特别的？

说明：你太自负了！你大概认为这个**宇宙**只围着你一个人转，是吗？[①] 有很多种东西也只存在于一小部分可能的宇宙中，我们为什么不讨论宇宙为了行星、黑洞或者苹果平板电脑所进行的微调呢？就像创造神话的过程一样，微调论假设人类是宇宙中最特别的存在。这其实只是一种**宇宙**尺度上的自负，**宇宙**根本不在乎我们。

简短解答：如果有关**宇宙**的某个事实只支持一部分理论，而不支持其他理论，就可以说这个事实是很特别的，之后它就可以帮忙验证我们的想法。

详细解答：地球上的各个大陆像拼图一样彼此契合，这有没有什么特别的意义呢？做布朗运动的粒子随机碰撞，悬浮在液体中，这有没有什么特别的意义呢？物理学家阿诺·彭齐亚斯和罗伯特·威尔逊无法完全消除天线上的微弱噪声，这有什么特别的意义吗？

---

① 要向卡莉·西蒙道歉，这里借用了她的一句歌词。

虽然这些现象看似无关紧要，但其实非常特别，因为它们都印证了关于世界如何运转的重要理论。阿尔弗雷德·韦格纳证明，大陆拼图表明它们曾经连在一起，后来随着板块运动而分开。爱因斯坦指出，布朗运动证明了原子的存在，并据此测量出原子的微小质量。直到彭齐亚斯和威尔逊的实验引起普林斯顿大学罗伯特·迪克及其同事的注意时，他们才意识到自己已经发现了宇宙微波背景辐射，也就是早期宇宙的遗迹。

还有另外一个例子。犯罪现场的一颗子弹上明显的擦痕，有什么特别的意义吗？你可能会想，所有被发射的子弹上肯定都有一些痕迹，怎么能说这颗子弹很特别呢？然而，假设我们已经找到了发射这颗子弹的那把枪，这些擦痕瞬间就会变得非常重要，因为它们像指纹一样，对于那把枪来说是很特别的。

某些事实对于某种理论来说可能是特别的，主要是因为它们告诉我们的有关这个世界的奥秘和我们从中得出的结论。

生命特别吗？当然，这个**宇宙**包含生命是一个科学事实。任何科学事实最终可能都是特别的，这取决于我们所掌握的与宇宙有关的理论。我们很快会讨论这一点，在此之前我们先看一些能说明生命是特别的表面证据。

喜剧演员提姆·明钦唱道："即使我没有拥有你，别人也会拥有你。"这首有些生硬的情歌接下来是："我的意思是，我觉得你很特别，但像你一样的人其实有很多。"①

在寻找特别的东西时，至少一开始要找到一些稀奇或者不常见的东西。坦率地说，明钦的爱人是可以被替代的。他有很多其他可能的选择，"从统计学的角度说，她们中的一些人可能和你一样好"。

---

① 来自专辑《准备好了吗？》（2009），经许可使用。

我们已经知道，在一系列可能的宇宙中，生命是十分不寻常的。这与黑洞形成了鲜明对比。要得到黑洞简直太容易了，仅凭引力就能做到，增大宇宙的不均匀度也会产生大量的黑洞。

但只有稀缺性还不够，苹果平板电脑至少与生命一样不同寻常，但没有人写过关于苹果平板电脑微调的书。为什么对微调论来说生命比苹果平板电脑更特别？原因有两个。

生命形式对于科学来说可能是特别的，因为科学家们也是生命体。

在科学中，我们观测到的现象不仅取决于存在什么，还取决于观测方式。你在夜空中看到的景象在很大程度上取决于你的观测方式，取决于你是通过大气、镜子、探测器、软件，或者是坐在电脑屏幕前面的人来观测的。

比如，在研究遥远宇宙的过程中，我们只能探测到最明亮的天体，而看不见那些过于模糊的天体。正是这样的选择效应使得天文学家们总是在夜里观测星空。[①]

由于生命与选择效应有关，所以它们是特别的。正如我们在第 1 章中指出的，宇宙不是我们的实验对象，我们也不是弗兰肯斯坦博士，而是怪物。

科学一直在努力地消除或者至少补偿一部分人为因素的影响，比如我们用双盲医学实验来克服安慰剂效应。我们之所以用数学工具阐述理论和分析数据，部分原因是这个过程是很自然的，而且有算法支撑。我们可以让电脑来完成这项工作，几乎不需要人的参与。我们在发表结果前，会请其他专家对我们的工作进行评审。我们要控制变量、校准仪器，与其他专家合作。

---

① 明白了吗？

无论怎么说，科学都是一种知识，需要了解科学的人。科学的产生主要依赖于人类的大脑，人脑这个重达 1.5 千克的器官是宇宙中最复杂的物质。并不是所有的自然法则都能成为科学，因为许多自然法则造就不出科学家。

人类有可能是特殊的，因为我们有道德认知和道德行为。

但是，也有人告诉我们人类是微不足道的，因为与浩瀚的**宇宙**相比，我们实在太渺小了。大家都知道，天文学家也已经证明，与天空的范围相比，地球就只有一个点那么大。也就是说，与宇宙的大小相比，地球的大小几乎可以忽略不计。这大大颠覆了中世纪的有关人类特殊性的思想，但说"地球是一个点"的人恰恰是生活在中世纪的哲学家波爱修。地球只是宇宙中的一个点，这个事实人类很早以前就知道了。

要记住，意义、目的、重要性和特殊性等都不是科学术语。我们还没有发明出能表示意义大小的示波器，也没有目的测量仪，更不会用望远镜去测量宇宙的重要性。所以，科学不能说明人类是微不足道的。

我们说一个人很重要，其实是在称道对方的道德价值，这是无法用望远镜测量或者用任何尺度来衡量的。我们是可以调查取证、寻求真理、分析推理、创作音乐、欣赏美景、敬重科学、珍惜美好、崇尚美德和表达爱意的生物。人类是很重要的存在，正如苏斯博士所说，"人就是人，再渺小也是人！"[①]

问题（k）：我们对生命并没有一个很好的定义。

说明：我们对所谓"人类所了解的生命"其实不是特别了解，尤其是在谈及非生命的化学物质进化成生命所需的条件时。生命确实很难定义。

---

① 来自《霍顿与无名氏》（1954）。

简短解答：我们在第 1 章中讨论过这个问题，得出的结论是：那些不允许生命存在的其他宇宙可能会导致我们对生命的不同定义会变成圈套。

问题（1）：可能还存在其他生命形式。

说明：为了正确地构建宇宙微调论，我们需要计算每种生命形式出现的概率。那么，我们没有考虑过的生命形式该怎么办？比如，你已经讨论了在什么条件下恒星内部会形成稳定的碳元素。但是，硅基生命怎么办？以其他化学物质为基础的生命该怎么办？那些与化学物质无关的生命，又该怎么办呢？

简短解答：发现其他可能存在的生命形式还不足以推翻微调论，我们必须找到在任何宇宙中都有可能存在的其他生命形式才行。但是，目前还未发现有这样的生命形式存在。既然生命如此简单，为什么我们所了解的生命却都依赖于复杂的有机化学呢？

详细解答：首先，前面讨论过的大部分微调论案例涉及生命的假设条件很少。以宇宙常数为例，一个看似很小的增长就会导致一个没有任何结构的宇宙，而减小到负值的话则根本不会有宇宙存在。所以，其他宇宙都太简单了，以至于其他生命形式根本无处栖身。

其次，即使某些生命形式能够躲避我们在参数空间中发现的有害环境，自然参数的小幅度改变仍然会对宇宙形成生命的能力产生显著的、无法抵消的不利影响。虽然我们无法肯定在这样的宇宙中一定没有生命存在，但有一些关于我们的宇宙适合生命存在的观点还是值得关注的。

再次，我们对碳基生命形式的关注并不是"碳沙文主义"的表现，也不意味着人类只关心自己的生化组成。其实，碳本身就是很独特的。

以元素周期表第一行的碳元素的"邻居们"为例，它们分别是锂（Li）、铍（Be）、硼（B）、氮（N）、氧（O）、氟（F）和氖（Ne）。现在，我们要问的问题是：用这些元素和最简单的氢可以组成多少种化合物？

Li	Be	B	C	N	O	F	Ne
4	6	38	29 019	65	21	6	0

我们希望，这其中能有一个数字庞大到令你吃惊。[①] 上表中的数字表明，你可以用碳合成很多种东西，它的多用途和灵活性是其他任何元素都无法比拟的。你一定还记得元素的种类是有限的，所以我们可以逐一测试。

碳的灵活性使其能够合成存储信息的分子。这些分子可以很大，因为碳可以形成长链结构；而且，长链碳分子要合成人类，还需要大量信息。碳化合物是亚稳态的，也就是说它们不太稳定，所以信息无法被读取和利用。但它们也不是完全不稳定，而是必须相互作用，才能存储信息。

此外，碳化合物的多样性使 DNA 成为一种有效的信息介质。生命的化学组成允许 DNA 的碱基（通常用 G、A、T、C 表示）以任意顺序排列，而且碱基之间没有任何化学亲和力。这一点非常关键，我们举例说明原因。假设你的电脑键盘失灵了，每当你按下按键"A"的时候，屏幕上都会多出现一个字母"C"，这将严重影响你输入有效信息的能力。同样地，如果 DNA 的碱基 G 对碱基 A 的吸引力超过对碱基 C 的吸引力，DNA 就会包含冗余信息。而这只是因为化学亲和力的作用，而不是出于信息编码的需要。碳合成的多种化合物都没有这样的化学亲和力，因此可以准确地承载信息。

水和其他物质都不一样，它的许多性质和类似的化合物相比存在很大的区别。比如，它能有效地吸收热量，因此地球上的海洋在稳定气候方面起着重要作用。水是一种近乎万能的溶剂，可以帮助生命体有效地完成内部运输任务。二氧化碳是一种常见的代谢废物，也是一种能溶于水的气体。身体清理二氧化碳的方式相对简单，只要通过血液把它运送到肺部，

---

① 这些数字来自于 2015 年 9 月在 chemspider.com 数据库中的搜索结果。这个表格中的化合物都有净电荷，而且没有考虑同位素标记的结构。

再呼出去即可。

此外，固态水的密度比液态水的密度更小，直白地说就是冰浮于水。如果没有这种特性，冰就不会浮在海洋和湖泊上形成隔热层，而是从水体底部开始冻结。而且，一个冰期就可以把海洋的水全部冻成冰，消灭一切水生生物，使地球成为一颗冰冻星球。再加上冰能有效地反射阳光，所以冰冻的状态可能是永久性的。（记住，关键不在于生命离开水就无法生存，而是生命几乎不可能形成。）

现在，我们以与碳最接近的元素硅为例，在元素周期表中，硅就在碳的下面。你在高中化学课上应该学过，元素周期表同一列的元素有相似的化学性质。所以，硅和碳一样，都有 4 个外层电子可用于形成化学键。但与二者的差异相比，这个相似之处简直不值一提。

硅可以与氢形成 55 种化合物，与 29 019 种碳化合物相比实在微不足道。虽然硅也可以形成长链分子，但往往是重复的。而且，硅基生命中与二氧化碳相对应的二氧化硅是一种晶体，也就是说，你身体里的每一个细胞的代谢产物都不是水溶性气体，而是沙子。

这对生命来说不算灭顶之灾，因为这还不是最严重的问题。我们或许可以想象出一种能克服硅化合物的各种缺陷的生命形式。更确切地说，我们要尝试鸟瞰一下参数空间中的生命。如果硅基生命比碳基生命需要更特殊的生存环境，形成硅基生命的宇宙就会更少。当然，硅基生命在任何一个宇宙中都不可能存在。

此外，硅和碳都是由恒星和超新星产生的。恒星合成大原子核的过程是先合成小原子核，再把它们聚合在一起。因此，任何能产生硅的宇宙很可能都是从产生碳开始的。在这种情况下，就会有一些宇宙既允许硅基生命存在，又允许碳基生命存在。我们的宇宙不缺少硅，地壳中的硅含量是碳含量的 150 倍。

如图 7-7 所示，硅基生命不过就是碳基生命参数空间里的一个小疙瘩。显然，允许硅基生命存活的宇宙少之又少。

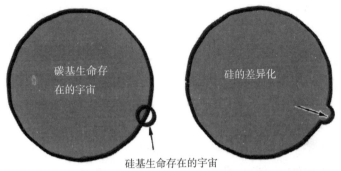

图 7-7　比较允许硅基生命和碳基生命存在的宇宙，可以看出尽管硅有成为生命化学组成框架的潜力，但与碳的潜力比起来，还是相形见绌

让我们扩大一下搜索范围，可以发挥想象力，也可以参阅极其详细的维基百科页面。把"虚构外星生物表"，从北欧神族到扎贡人，从《幽浮魔点》(The Blob) 中的怪物到《怪形》(The Thing) 中的外星生命体都囊括在内。[1]

这些外星生物中有很多其实并没有研究价值，因为它们只是我们熟悉的生命形式的变体。比如，楚巴卡尽管很可爱，但却是人和狗的结合体，它算不上其他生命形式。在寒武纪时期，也许一个小变化就有可能使异形、伊渥克人、龙虾族人或者蜥蜴族人取代人类，[2] 它们也不是我们要找的

---

①　我们中的一个人——至于是谁你自己调查——认为自己是威尔士凯尔特部落西卢尔人的后代，而且有西卢尔人的直接血统，这是一个类似爬虫的类人生物种族，与神秘博士生活在同一个宇宙中。遗憾的是，另一位作者的祖先并没有在小说中出现。

②　如果这些你都知道，那么恭喜你。为了为其他读者节省在网上搜索的时间，我们要告诉你，在《异形》和《异形 2》中的外星人是一个异形卵。伊渥克族就是在《绝地归来》中打败帝国的小熊族。《飞出个未来》中的约翰·佐艾伯格博士是龙虾族人。最后，《星际迷航》的杰姆斯·柯克船长与蜥蜴族人争斗，对方是一种以橡胶般的皮肤、毫无表情的脸和慢动作的打斗风格而闻名的两足爬行动物。

外星生物。

其他科幻作家则只是简单地将人类的心智赋予某个不寻常之物，比如气体云、光柱或者番茄杀手。虽然这样做可以很好地推动整个故事的发展，但却遗漏了一些细节。到底怎样才能让气体云胜任处理和存储信息的工作呢？目前没有相关的物理学知识，所以我们没有办法在参数空间中搜寻存在有意识的气体云的宇宙。

如果我们尝试补充细节，情况会更糟。假设有意识的气体云是通过粒子间的碰撞来处理和存储信息的。计算机科学家们已经发现了用台球来模拟计算机的方法，最近一项类似的设计是通过寄居蟹实现的，但我们并不知道为什么会这样。

我们对初始状态进行编程，一旦所有的粒子碰撞完成，最终状态就会把答案记录下来。为了预测所有粒子的运动路径，我们需要考虑所有的内力和外力。

问题就出在这里。台球计算机要求台球必须精确反弹并保持运动路径，外力变得无关紧要。这种计算机还必须有坚固的结构、刚性外壁和橡胶垫，而气体云中根本没有这样的条件。

气体粒子之间的碰撞是混乱的，粒子从一次碰撞到另一次碰撞的具体运动路径非常容易受到系统及环境细节的影响。需要计算的碰撞次数越多，对气体云及其周围环境细节的了解就必须越准确。1978 年，迈克尔·贝里证明，为了预测某个房间中的一个氧分子接下来发生的 56 次碰撞，就必须知道每个粒子在可观测**宇宙**中的位置！即使忽略一个 100 亿光年外的单电子产生的微小引力造成的误差，预测结果在 10 纳秒内也会变得无效。

弗雷德·霍伊尔于 1957 年出版的小说《黑云压境》讲述了一个发现巨大气体云的故事，这团气体云正在飘向太阳系。它原来是一个超级有机体和一种有意识的生物（绰号叫乔），它比人类聪明得多。乔对在行星上发现生命感到惊讶。

霍伊尔的精彩著作备受推崇，（当然）也非常生动地展现了科学和科学家的形象。[①] 然而，乔将面临粒子一片混乱的问题。你的大脑通过灵活的固态神经元传递信号，确保信息到达预定的目的地。但是，通过气体传送粒子是很困难的。根据贝里教授的计算结果，在宇宙边缘被电子射出的粒子，只需要 11 次碰撞，即在 1/1 000 秒内，就会偏离最初的方向。

有人说乔利用磁场克服了这个问题，磁场就像巨大的手臂，通过大规模的流体传送粒子，磁场也阻止了气体云在自身引力的作用下发生坍缩。这一切都是由有机分子构成的中央大脑控制的。乔在宇宙中漫游，偶尔为一颗恒星提供动力，并补充一些化学元素。当乔的同类发现有机物质丰富的适合的星际气体时，就会播下生命的种子，从而产生了有意识的气体云。

在《黑云压境》中，一位科学家说："让我惊讶的是，维持气体云和生命的原则有惊人的相似之处……当然，细节上还存在很大的区别：气体取代了血液、心脏和肾脏等。但是，二者的结构逻辑是相同的。"

如果我们在参数空间中寻找乔所在的宇宙，就会发现它的宇宙和我们的**宇宙**非常相似。乔需要稳定的原子核和原子、多种化学物质、长久存在的宇宙和恒星，也需要超新星将化学元素散布到星际空间中，还需要星系将物质合成气体云，进而形成恒星。这一切都是我们熟悉的，所以乔也生活在一个经过微调的宇宙中。

---

① 作为理论家的霍伊尔可能并没有观察同行的耐心。在小说中，他描述了一位天文学爱好者一次发言："……格林先生似乎突然想起了这次发言的目的。于是，他不再继续描述自己心爱的设备，开始无目的地抛出结果，就像一只洗过澡之后抖动身体的狗一样。"（《黑云压境》，1957，第 31 页）。

大多数虚构的外星生命形式的缺陷在于，我们不知道它们是如何运转的。霍伊尔笔下的乔是一个神奇的例外，而且它的内部运作原理和我们的情况非常类似。我们所了解的生命背后都有一系列极其复杂的过程。细胞并不是一小团均匀的原生质，而是一座巨大的工厂、一个城市，甚至一个由相互连接的装配线、机械装置、公路、运输装置和设计图等组成的复杂系统。如果地球上的生命在很容易形成的情况下却不惜大费周章，就太令人惊讶了。

再想想上一章中讨论过的细胞自动机。康威的生命游戏中的宇宙和我们的宇宙虽然是不同的，但规则都是可以微调的。有趣的规则在可行的规则中是很罕见的。

1950 年，霍伊尔在英国广播公司的"人在不断膨胀的宇宙中的地位"节目中评论道：

> 我认为，不管人类怎么发挥想象力，都永远不可能想得出科学家呈现在我们面前的事实……任何一个文学天才，都不可能创作出一个像天文学所揭示的事实那样精彩的故事，甚至 1% 也达不到。你只需要将我们对宇宙本质的探究与像儒勒·凡尔纳和赫伯特·乔治·威尔斯这样的知名科幻作家写的故事加以比较，就可以看出事实远比小说更吸引人。[①]

真正的**宇宙**是非常令人惊讶的，有些事实是你永远都猜不到的，生命也不例外。当然，我们无法考虑到我们不知道的事情。在这种情况下，我们也就没有理由认为我们不知道的东西会颠覆我们所知道的。由于对生命及其在宇宙中的地位越发了解，所以我们得到了支持微调论的更强大的

---

① 发表在《宇宙的本质》（1950，第 118 页）。

论据。更重要的是，宇宙不可预测的原因就在于它比我们想象的更错综复杂。

不过，生命形式如果想在广袤荒凉的其他宇宙中生存，就必须非常简单，因为那里几乎没有分子。我们目前还没有发现这样的生命形式，如果生命可以如此简单，人类又何必如此复杂呢？

问题（m）：人择原理可以解释我们的存在。

说明： 除了推动生命的进化和维持生命的存在，我们还期望所在的宇宙做些什么呢？我们既然在这里，就说明我们是可以存活的生命。我们怎么能对以观测到的事实为依据的观点感到惊讶呢？

简短解答： 到底为什么会有生命存在？对于很多可能存在的宇宙，我们根本就无法观测。为什么是我们的**宇宙**存在，而不是其他宇宙中的一个？人类存在的事实，根本不能解释人类存在的原因。"如果观测者存在，就说明宇宙允许观测者生存"的条件性陈述，也不能回答"为什么观测者存在"的问题。

详细解答： 我们可以这样阐述这个论点：

（1）如果观测者存在，宇宙就一定允许观测者存在。

（2）观测者存在。

（3）因此，宇宙必然允许观测者存在。

尽管看似合乎逻辑，但这个论点是不成立的。我们举一个例子就可以推翻它。

（A）如果我有 4 个苹果，我就一定有两个以上的苹果。

（B）我有 4 个苹果。

（C）因此，我一定有两个以上的苹果。

从（A）和（B）可以看出，我确实有两个以上的苹果。但是，这并不意味着我必然拥有苹果，所以结论不一定是成立的。从（A）并不能推导出我拥有苹果的情况。

现代模态逻辑从可能的世界的角度表达了这一观点。可能的世界是指现实中可能存在的所有情况，处于数学一致性的状态，如果不打破这种一致性，就无法再增加更多的细节。如果一个陈述在所有可能的世界中都是真的，这句话就一定是真的。因此，我们可以把上面的反例改写一下：（A'）在我有4个苹果的所有可能的世界中，我都有两个以上的苹果。（B'）在真实世界（即这个世界）中，我有4个苹果。根据（A'）和（B'），我们可以得出在真实世界中我有两个以上苹果的结论，而不能得出说我在所有可能的世界中都有两个以上苹果的结论。

请注意，即使我没有苹果，（A）仍然是真实的。同样地，即使在一个没有生命和观测者的宇宙中，"如果观测者存在，宇宙就一定允许观测者存在"的说法也是对的。显然，（A）不能证明苹果的存在，问题（1）也不能证明生命的存在是必然的。

我们在科学文献中没有发现针对宇宙微调论提出的这个问题，可能是因为科学家，特别是天文学家，很了解选择效应。

我们前面提过选择效应，现在我们来仔细研究一下。假设你想知道谁会赢得下一次选举。在理想的情况下，你应该调查每个有投票权的人。[①]然而，这是不切实际的。如果你改为调查一个有代表性的样本，就会节省很多的时间和金钱。当然，这个样本必须足够大，而且足够多样化，只有

---

① 细节：在澳大利亚，投票是强制性的；不参加者会被罚款。杰兰特在成为澳大利亚公民后的几个月里，就因为缺席议会选举而被罚款 50 美元。

这样你才能准确地推断出所有人会如何投票。

于是，你在当地的购物中心调查了 100 个人。那么，你如何检验这个样本能否代表所有投票者呢？比如，你可以记录下每个调查对象的年龄。你没有想到的是，这一天是发放养老金的日子，所以你的样本中有 20% 的人超过 65 岁，与 65 岁及以上人群占总人口 10% 的比例不符。这样一来，你的样本就是无效的。补救的方法是，根据调查对象的年龄，让每个人代表不同的人口分组。但是，如果你把你的样本看作所有人，还是很有可能得出错误的结论。

这就是选择效应。在样本（你掌握的信息）和总人口（你想要了解的信息）之间就是一个选择的过程，而且这个过程不容忽视。

天文学的观测结果不仅取决于你在看什么，还取决于你用什么看。假设你观测星系得到的结果表明，一个星系离我们越远，它拥有的恒星越多。这是否意味着越远的星系拥有的恒星越多呢？

我们刚刚是在根据星系样本的情况，推导出所有星系的情况。我们先来选择样本，把望远镜对准天空，寻找明亮的光团（明亮的光点可能是银河系中的恒星。）一个星系必须足够亮，才能被我们看到，在最暗的天空，用最大的望远镜就能看到它超群的光芒。星系离我们越远，越要发出明亮的光，才能被我们看到。同样地，你可以借助灯光看到房间对面的蜡烛，但要看到湖对面的蜡烛，就需要借助灯塔的光。因此，我们的观测距离越远，一个星系就要包含越多的恒星，才能成为我们的样本。

因此，不需要假设观测距离与恒星数量之间的关系，就可以解释样本中的每个星系平均包含的恒星数量与观测距离之间的关系。

选择效应本身并不能解释什么，它只是把一个整体和一个样本联系起来。"为什么星系如此明亮？"的答案并不是"如果不明亮，我们就看不到它们"。必须先有一个包含明亮星系的整体，其中的任何一个星系才有可能出现在我们的样本中。

"整体+选择效应"式解释在科学中很常见。比如,发表偏倚指的是那些单调的、没有任何重要发现的结果更有可能被关在研究人员的书桌抽屉里。但是,只要实验发现了特效药的积极效果,特效药看上去就会更有效。[①] 所以,选择效应非常重要,但如果没有整体,它就毫无用处。只有选择效应是无法解释任何问题的。

我们的结论是:仅有人择原理(即观测者必须居住在一个允许观测者生存的宇宙中)是不够的。它只能解释我们为什么看不到一个不允许生命存在的宇宙,但解释不了为什么存在一个允许生命存在的宇宙。如果有各种各样的宇宙存在,情况会如何?我们在下一章还会详细讨论这个问题。

问题(n):如何证明可能性?

说明:我们怎么知道其他宇宙真的有可能存在呢?我们不知道这些宇宙的常数是如何设定的以及它们可能的范围,也不知道可能存在的宇宙类型。

简短解答:我们研究过的其他宇宙在本质上并不矛盾,因为我们在改变自然规律的同时,并没有破坏它们在数学上的一致性。如果你认为有更强有力的原则能确定哪些宇宙可能存在,哪些宇宙不可能存在,还可以出于某种原因淘汰一些在数学上具有一致性的宇宙,就请明确解释并坚守这种原则,然后说清楚为什么它对恒星、行星、化学与生命如此偏爱。那正是我们想要的解释!

详细解答:"可能"和"不可能"、"必要"和"视条件而定"(既不一定是真的,也不一定是假的),一直是几千年来哲学辩论的主题。我们不

---

① 我们衷心推荐本·格尔达莱写的《伪科学》(2009)和《制药劣迹》(2014),书中强调了选择偏见在现代社会对科学的影响,特别是有关医学突破的报告。

想（或者说也没有能力）在这里把模态逻辑讲清楚。

有三种对于"可能性"的判断可能与微调论有关。

第一种是绝对可能性。有些事情不可能发生的最明显标志就是自相矛盾。一个既有电子存在又没有电子存在的宇宙是不可能存在的。最近的哲学思辨讨论了一个更广泛的概念：绝对（或形而上学的）可能性。尽管我们并没有发现这个世界上存在什么严格意义上的逻辑矛盾，但还是有很多不可能发生的事。比如，你不太可能是一只鳄鱼。同样地，首相也不可能是一个质数。

想想迄今为止我们提出的一些观点：如果自然规律 / 自然常数是 A，宇宙就会表现得像 B。这些与事实相反的条件句很常见，但仔细推敲起来就会显得很奇怪。根据定义，这些条件句先从一个假的（或与事实相反的）陈述开始，比如，如果我们没有写这本书，你就不会读到它。物理定律往往被视为暗含着与事实相反的陈述：如果两个物体之间存在一定的距离，那么根据牛顿的万有引力定律，它们之间就存在引力。①

我们可以从（绝对）可能的世界的角度来分析与事实相反的条件句。可能的世界是指现实中可能存在的所有情况，是存在数学一致性的世界，如果不打破这种一致性，就无法再增加更多的细节。思考一下下面这个与事实相反的陈述："如果你迟到了，你就会被解雇"。对这种说法的一种解读是：在你上班迟到的可能世界中，与你没有被解雇的世界相比，你被解雇的世界更接近（或者更类似于）真实的世界。比如，你被解雇只需要你的老板保持他专横的行事方式，而你保住工作却需要他一反常态的包容之心。

---

① 在这种情况下，前提（即两个物体相隔一定的距离）就不一定是假的；这种说法有时被称为"虚拟条件句"，以区别于狭义的反事实陈述，因为后者的前提就是错的，而广义上的反事实陈述包含上述这两种情况。

我们言归正传，其他经过微调的宇宙有可能存在吗？

在这里，微调似乎是很安全的。我们从描述真实宇宙的定律出发，这些定律在数学上的一致性已经得到了充分验证。接着，我们改变任意常数的值，不过方程的一致性并不依赖于这些常数。我们正在尽可能地接近另一个可能的世界，而且很快就可以完整地描述这个世界。

第二种是物理可能性。如果数学一致性给了其他宇宙一个及格分数，就表明它们是有可能存在的。那么，从更深层次的物理学原理考虑，又会怎样呢？这些宇宙在物理学上也是有可能存在的吗？

我们在第1章中讲过，物理理论有4个组成部分：物质、常数、动力学原理（用数学定律来描述）和适用情况。利用前三个部分，我们可以算出定律所有可能的数学解。这些解就代表了定律的适用情况，也就是定律认为有可能存在的宇宙。这是一种理论上的物理可能性。

不同的理论涉及不同的物理可能性。根据牛顿力学，超光速的宇宙飞行在物理学上是有可能实现的，但在爱因斯坦的狭义相对论中，它却是不可能实现的。那么，经过微调的其他宇宙在物理学上是否也有可能存在呢？

当我们改变一个理论的初始条件时，就是在探究不同物理可能性的宇宙。因此，对初始条件进行微调，恰恰是在探索自然定律已经给出的一组可能存在的宇宙，所以是可行的。

如果我们改变定律中的常数，甚至是定律本身，会怎么样？我们假设被讨论的定律和常数是大自然终极定律的一部分，根据定义，就没有更深层次的定律能限制我们已经提出的定律和常数，或者认定其在物理学上是不可能存在的，因为这些定律和常数才是游戏规则的制定者。打个比方，发明跳棋游戏不可能违背棋类游戏的准则。因此，改变这些定律和常数已经超出了对于物理可能性的研究范畴。

如果我们改变的定律是更深层次定律的近似值，就很难下结论说改变我们熟悉的"常数"在物理上是不可能实现的（如果它们真的是数学常数）还是有可能实现的（如果它们是像场一样的动态实体，或者可以用其他常数来表示）。但是，这正是微调论应该促使我们提出的问题，而且很可能有助于我们找到答案。在下一章中，我们还会详细讨论这个问题。

无论如何，我们还有一个问题：为什么有些数学上可能的世界被认为在物理学上也有可能存在呢？了解不同定律的结论，有助于你找到解答这个问题的线索。

第三种是概念可能性。在我们推测什么是有可能存在的或者在物理学上也是有可能存在的之前，我们应该对已知信息进行梳理。我们应该考虑什么在概念上是可能存在的，也就是说，从我们所知的一切出发是可能存在的。

由于迄今为止我们在这本书中改变的常数和初始条件都是最深层次的自然规律，所以我们已知的信息不能排除其他宇宙存在的可能性。也就是说，从我们已知的一切出发，它们都是有可能存在的。

但是，假设存在我们尚不知晓的一些更深刻的、合乎逻辑的、形而上学的物理原理，能够强有力地排除一系列可能的宇宙。这会让我们的研究陷入停滞状态吗？我们是否应该暂停研究，直到我们确定并不存在更深层次的定律？答案是不要！在给定有关世界运转方式观点的前提下，我们要做的就是验证它们。不过，这种深层次的定律只是需要我们验证的又一种观点。

简言之，对可能性不做判断似乎给微调论带来了一些阻碍，而我们真正需要的是其中最不成问题的部分——概念可能性。

如果经过微调的其他宇宙都不可能存在，那肯定是因为有关终极现实的一种强大、深刻且未知的原则，已经显示出对于宇宙细节管理的坚定而侥幸的偏爱，影响范围从物质含量一直到电子质量。我们想知道这个原则是什么，以及它是不是真的。如果我们没有任何正当理由就否定了在概念上可能存在的宇宙，我们的好奇心就会失去作用。

问题（0）：如何分配概率？

说明：我会给你提供一些可能存在的宇宙，但是，面对如此难以控制的乌合之众，你要怎么分配概率呢？你要研究的宇宙数量已经超过了你所能应对的范围。而且，所谓的概率究竟意味着什么呢？你要假设有一台宇宙生成机，能够随机产生宇宙、定律和常数吗？

简短解答：科学家用来验证物理理论的概率是贝叶斯概率，根据已知的信息，它能反映出某种观点的合理程度。我们不需要假设一个真实的或者想象中的宇宙集合，甚至是一个随机的宇宙生成机。我们只需要理性地思考，概率会帮助我们的。

给大量的（甚至是无限多的）可能情况分配概率，是一个非常棘手的问题，但这个问题并不仅仅存在于微调论中。在科学领域，各种理论争相解释现有的证据。为了验证某种理论，我们必须把它和其他理论做比较，包括不同的定律、常数和初始条件。了解宇宙为了生命进行微调的概率，就是用于验证微调论的概率。

详细解答："概率是多少？"的问题并不像人们想得那么简单。抛一枚正常的硬币，正面朝上的概率是1/2。我们要表达的意思到底是什么呢？在科学文献中，有很多关于概率的观点，我们可以赋予它们一些花哨的概念。①

---

① 我们在这里对概率论的评价只是针对它在物理学中的作用；我们并不是要全面地评估数理统计、认识论（对于知识的研究），或者是概率哲学。我们只是不可避免地借用一些概率哲学中的术语。

有限频率主义：在所有被抛出的硬币中，大约有 1/2 是正面朝上的。

假设频率主义：如果你无限次地抛一枚正常的硬币，正面朝上的次数大约是总次数的 1/2。

客观概率：你的拇指、硬币和地板组成的物理系统，很容易造成所有被抛出的硬币中有 1/2 的硬币正面朝上。

主观贝叶斯概率：在抛硬币之前，我个人认为硬币落地时正面朝上和背面朝上的概率一样。

客观贝叶斯概率：考虑到"抛出一枚正常硬币"的信息，"这枚硬币正面朝上"命题的合理性与"这枚硬币背面朝上"命题的合理性相同。

目前，所有这些陈述都有可能是真的，所以我们无须寻找一种关于概率的正确解释。比如，如果正面朝上的客观概率是 1/2，这通常意味着正面朝上的假设频率也是 1/2。这些解释的区别在于，概率是被分配到假设的抛硬币过程中，还是被指定为"硬币 + 拇指 + 地板"系统的一种属性。

贝叶斯概率是以托马斯·贝叶斯的名字命名的，他是 18 世纪著名的统计学家和美国长老会牧师。贝叶斯的墓碑上写着："这个墓穴在 1969 年得到修复，费用来自世界各地统计学家的捐赠。"

主观和客观贝叶斯概率之间的区别有些不太明确，但情况就是这样。主观贝叶斯概率旨在量化某个人对某个观点的置信度。人们认为自我一致性对于概率的约束很宽松，而且能够接受概率反映出来的非理性偏见。

另外，客观贝叶斯概率旨在努力揭示合理性的法则。埃德温·杰恩斯去世后出版的教材《概率论》，迅速成为物理学领域解决概率问题的《圣经》。假设我们在为一个用于软件测试的机器人编程。我们给机器人输入一些信息（"我抛出一枚硬币"），然后让它判断某个观点是否正确（"硬币正面朝上"）。所以，机器人的任务是根据给定的信息分配概率。客观贝叶斯概率旨在将真或假的逻辑扩展到对于合理性的描述上，从而对像"不到1个小时就会下雨"这样的事实陈述进行量化，但不一定要通过诸如"天上有乌云"这样的陈述来证明。客观贝叶斯概率认为，概率应该受到合理性原则的严格约束（如果约束条件不单一），而且以找出克服个人偏见的方法为目标。

术语"置信度"用于描述贝叶斯概率的合理程度，从而与频率、可能性区分开。客观贝叶斯概率的主张是，在许多情况下（而且不仅仅是在科学领域），我们可以用一般的合理性原则来探寻理性思考者的置信度。如果你是理性的，你的置信度就是客观的。[①]

目前科学界基本上接受了贝叶斯概率。我们在美国国家航空航天局天体物理学数据系统[②]中搜索到7 000多篇标题中包含"贝叶斯"的物理学和天文学论文，但只有约70篇论文的标题中出现了"频率主义"，而且其中有35篇论文的标题同时包含"贝叶斯"一词。尽管频率主义的统计方法仍在使用，但目前贝叶斯主义的主导地位还是非常明显的。尽管频率主义在几十年前主宰过统计学，但它很快就变成了物理学数据分析中无人问

[①]　我们在大部分情况下会使用"概率"，而"置信度"则经常用来表示主观的贝叶斯概率论。前面已经提到，概率论的术语是很模糊的。频率（一个事件结果的属性）、机会（一个物理系统的属性）和置信度（确定或者信任的程度）之间的界限是相当标准的。然而，有时所有的贝叶斯概率都会被描述为主观概率。我们使用主观概率的意识很强：主观概率描述某一特定个体的心理状态。对另一些人来说，主观只是意味着概率取决于已知的信息。把贝叶斯概率成为主观概率往往会让人觉得是在暗示不管任何给定什么信息和假设，都存在唯一且正确的一种概率分配方式。置信度有时也被叫作认知概率。客观的置信度有时被称为逻辑概率。客观概率有时被称为倾向，尽管有时这两者是有区别的，倾向是不可能还原成更基本的东西的。对这方面有兴趣的读者，祝你们好运。

[②]　www.adsabs.harvard.edu。

津的理论。[①]

客观贝叶斯概率的一些特点一直受到物理学家们的青睐。最具代表性的一个例子是：根据我们对太阳系的了解，爱因斯坦的广义相对论是正确的引力理论的概率约为牛顿万有引力理论的 100 倍。到底用哪种概率论能推导出这样的结论呢？

有限频率主义是不可能做到的，因为我们的意思并不是说我们每天都在关注太阳系，每几个月中太阳系都会有一天遵循牛顿的万有引力理论。我们也没有观测过所有可能的太阳系，更没发现约 1% 的太阳系遵循的是牛顿理论。假设频率主义做不到也是出于同样的原因，即没有支持这一观点的所有可能的太阳系组成的整体。

客观贝叶斯概率的问题在于，它只给出了某个理论对应的数据概率。不管这些概率多么重要和有价值，为了评估物理理论，我们更想得到某个数据对应的理论概率。问题在于，我们知道所有的观测结果，想要知道它们支持什么样的理论。但理论不是碰运气，观测结果才是碰运气。

支持客观贝叶斯概率的人并不否认这种理论无法根据频率和可能性定义理论概率。事实上，频率主义的守护者罗纳德·费舍尔宣称："我们对假设的可能性一无所知。"[②] 对于费舍尔来说，这是对将概率的讨论延伸到频率主义之外的坚决拒绝。当代科学家对此最有可能产生的反应是：这有什么意义呢？如果我们从来不质疑我们的理论是否正确、是否合理，还要科学干什么呢？

主观贝叶斯概率虽然可以说明爱因斯坦的引力理论比牛顿的引力理论

---

① 我们推荐塔勒布的《黑天鹅》（2010）、迈克雷尼的《不会消亡的理论》（2012）和西尔弗的《信号与噪声》（2015），以便读者了解更多关于现代概率理论及其在科学中的作用。伊格尔的《概率哲学：当代读物》（2011）中收录并评论了概率哲学中的一些重要读物。

② 引自奥德里奇《费舍尔与贝叶斯以及贝叶斯理论》（2008）。

正确的可能性更大，但它仅仅表达了一种观点。我们的主观贝叶斯概率很容易被精确的天文数据或者不良的情绪改变。科学家们已经找到了克服人类偏见的方法，目的是推导出万有引力真正的作用方式，而不仅仅是人类对于望远镜观测结果的解读。如果我们对**宇宙**所知甚少，也说不出关于宇宙我们应该了解一些什么，科学还有什么存在的意义呢？

假设科学家们从数据中得出结论，并把研究结果向科学界公布，希望它们能经受住反复验证，这样我们就离客观贝叶斯概率的目标更近了一步。客观贝叶斯概率将会主宰物理学领域的统计实践，因为它简洁、扎实，原则和实践之间的关系清晰，方法明确、统一。贝叶斯概率让我们找到了利用数据的正确方式。

在这里大篇幅地介绍概率论是很有必要的，因为我们需要了解微调论与其他物理理论一样，依赖的是相同的数学工具。我们认为微调论的主张可以在客观贝叶斯概率的背景下理解，而且它在计算相关概率时所面临的困难，与其他物理理论是一样的。[①]

我们说过，微调论旨在帮助我们找到已知自然法则背后的更深层次理论。为了说明原因，我们先提出一个问题：如果我们知道（a）某个宇宙遵循已知的自然法则，但不指定自然常数的值和初始条件，以及（b）数学知识，那么这个宇宙中有生命存在的概率是多少呢？我们在前几章中讨论过，这个概率极小。

如果这个问题让你感觉不太合理，那么我们换一个：还是已知（a）和（b），那么这个宇宙中有星系存在的概率是多少呢？或者有恒星存在的

[①] 这是我们对诸如微调问题和规范化问题等技术性异议的回应，详见麦格鲁和韦斯特鲁普的《概率论与微调论证》（2003）。在物理科学，特别是宇宙学中，经常遇到这种"如何处理无穷大"的问题，所以这些异议如果不能使物理学所有领域中的概率推理都推翻的话，就不可能成功地战胜微调论。

概率是多少？原子呢？液态水呢？这些问题无疑比生命存在的概率问题更简单，但它们都是同一类问题。它们都是理论物理学的问题，而且为了验证物理理论，我们需要计算（至少是近似地计算）相关概率。

尤其值得关注的是某个理论中常数和初始条件的"先验概率"。在对我们的**宇宙**完全不了解的情况下，一个取值范围很小的常数的概率就是先验概率。也就是说，我们并不是根据观测结果去推测常数的值，而是通过量化初始条件的可能性。因此如果没有观测结果，我们就不知道具体的常数值。

确定先验概率是一个专业且棘手的问题，但不只是存在于微调论中。我们在计算任何理论的概率时都需要用到先验概率。用专业术语来描述的话，我们将把常数叫作多余参数，处理的方法是将其平均化。我们还需要用先验概率从观测结果中推测出常数最有可能的值。那些想要通过实验得出电子质量有 95% 的可能性为 510.998 939 9~510.998 952 3 keV/c² 的物理学家就需要用到先验概率。①

如果我们的观测数据非常优质，我们的结论就不需要太依赖先验概率。同样地，对微调论而言，在给定理论而不是常数的情况下，在参数空间中遇到灾难性后果的速度和严重程度表明，允许生命存在的可能宇宙的概率对于任何先验概率来说，都是非常小的。

---

① 对于感兴趣的读者，不妨看看下面的数学运算细节。利用我们最偏爱的电子物理理论，你可以计算出可能性：也就是在给定理论和特定的电子质量值（m_e）的情况下，某个数据（D）的概率。我们用 $p(D|m_eB)$ 来表示这个概率。现在，我们想计算出后验概率 $p(m_e|DTB)\,dm_e$，这是在给定数据和理论的情况下，电子质量落在 m_e 到 m_e+dm_e 之间的概率。我们用贝叶斯定理的连续式来计算。

$$p(m_e|DB) = \frac{p(D|m_eB)\,p(m_e|B)}{\int_0^\infty p(D|m_eB)\,p(m_e|B)dm_e}$$

如果没有对先验概率 $p(me|B)\,dMe$ 的估算，我们是计算不出后验概率的，这个先验概率是在只给定理论，而不考虑数据的情况下，电子质量落在 m_e 到 $m_e + dm_e$ 之间的概率。

这样的概率说明我们不了解的是相关参数，而不是某个随机的宇宙生成机的任何性质。尽管我们不知道是什么设定了这个常数，但也无妨，因为这恰恰是我们正在研究的内容。

我们寻找存在生命的可能宇宙的研究，在大部分情况下都会把我们引向一个与我们的宇宙相似的世界。比如，大多数微调案例考虑的都是定律相同但自由参数不同的宇宙。这会使我们的研究带有倾向性吗？是的……更有利于寻找生命。举个例子，如果你要采蘑菇，那么在其他蘑菇旁边寻找是一个很好的方法。如果森林中的某棵树周围非常适合蘑菇的生长，这棵树附近的其他树就会比那些随机选择的树更适合蘑菇生长。同样地，研究与我们的宇宙相似的世界，更有利于我们找到允许生命存在的可能宇宙。不过，令人惊讶的是，即使在这个有倾向性的样本中，允许生命存在的可能宇宙仍然是极其罕见的！

我们来总结一下。我们在这一节里没有提出无懈可击的论点，更不用说进行计算了。我们确实没有完美的、有独创性的计算先验概率的方法。[①]贝叶斯概率确实非常棒，如果真出现了什么问题，实在是太可惜了。

除了以上这些问题外，还有一些有关微调论的问题。它们常常出现，也是目前大多数围绕微调论展开的争论的焦点。

第一个问题是，自然界的常数将由更深层次的物理理论来解释。当我们真正了解自然规律的时候，就会知道为什么**宇宙**不太可能是别的样子，以及为什么这些常数不太可能取那些不允许生命存在的值。

第二个问题是关于多元宇宙的，即有一个包含各种不同宇宙的大集合，其中一定包含一套合适的常数。我们必须找到允许生命存在的宇宙，因为那里是所有观测者居住的地方。

---

① 向澳大利亚的英国侨民反头韵协会道歉。

第三个问题是关于"设计师"问题，即**宇宙**之所以有现在的属性，是因为它实现了宇宙设计者的目标。我们生活在一个允许智慧生命存在的宇宙中，因为这对"设计者"来说是一个好创意，他还知道如何设计合适的自然法则，也有能力让这样的宇宙成为现实。

这些有关微调论的问题需要的不只是简短的解答，它们也是这本书最后一章讨论的重点内容。

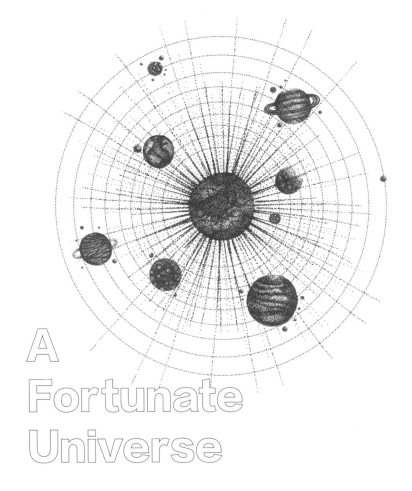

A
Fortunate
Universe

第 8 章

如果万有理论出现了，"大问题"会
怎么样？

你应该祝贺自己已经读到了这本书的最后一章。这是一个漫长的旅程，我们从微观物理学一直谈到宇宙的运转，而且没有放过中间每一个细节问题。

我们已经知道，改变宇宙的构成会对像你我这样的复杂生命形式的出现造成灾难性的影响，特别是为生命提供基础的物理条件，比如可用的能量和有机化学物质。我们的结论是，宇宙的基本属性似乎是为了生命的存活而进行微调的结果。我们需要一个膨胀得不太快也不太慢的宇宙，而且能够形成结构，有各种各样稳定的元素形成恒星、行星和细胞，有各种各样强度合适的基本力能让恒星燃烧数十亿年，有充足的碳和氧，在过去处于低熵态，有满足未来需要的自由能，有支撑生命的时空维度，还有简洁、精致的数学定律和自然法则。在所有可能的宇宙中，我们的**宇宙**实在太罕见了。

在地球这个小型岩态行星的表面，我们沐浴着阳光，看着地平线上的积雨云，或者走过一条熙熙攘攘的街道，或者驻足欣赏被白雪覆盖的安静风景。我们的存在看起来是那么自然，事实上，我们是一场宇宙赌博的结果，而且大获全胜似乎是一件必定会发生的事情。这真是一个令人不安的想法！

我们想知道，为什么**宇宙**是现在这个样子？在上一章，我们扫除了一些障碍。但你可能还会怀疑我们到底能不能回答这个问题。在受宇宙微调论启发形成的观点中，既有现实科学，又包含有根据的猜测和随意的猜测，以至于难以分辨真假。

在这一章中，我们将继续以两位宇宙学家的身份继续第 1 章中出现的那场阳光沙滩上的对话。冒着剧透的风险，我们必须坦承我们并没有找到所有问题的答案。我们会把对话继续下去，完成我们正在做的一切。

对话还在继续

旁白者：太阳快要落山了，两位宇宙学家还在讨论宇宙微调论。他们花了几乎一个白天的时间来讨论夸克和电子、暗物质和时空，他们都认为**宇宙**本来有可能不是现在这个样子，而且很有可能是一个毫无生气的宇宙。他们开始探讨能否找到我们的**宇宙**像生命一样如此精致的原因。

杰兰特：我们今天讨论了很多问题，但解释宇宙运转方式的最佳理论还有一些尚未解释清楚的参数。而且，不管是出于好奇还是挑衅的目的，我们都要问：如果随意改变这些参数，会怎么样？会产生什么怪异或奇妙的世界吗？

事实证明，改变物理定律可能会带来灾难性的后果。通常，这种灾难性后果意味着单调乏味。元素周期表消失了，化学所有的美感和实用性都离我们而去。承载生命并为生命提供能量的星系、恒星和行星都会被黑洞替代，或者只剩下一片稀薄的氢原子，孤独的质子接受着微弱的辐射，在真空中四处飘荡。这样的宇宙非常枯燥无味，并不是那种你期望能遇到像我们这样复杂、有思想的智慧生命的地方。

卢克：事实上，很难想象任何一种生命的产生过程。比如，如果不小心改变了关键的基本粒子、上夸克、下夸克和电子的质量，就会导致宇宙中的物质太过简单，以至于无法形成任何东西。

杰兰特：不仅如此，我们还很幸运地发现自己身处一个初始熵值很低的**宇宙**中，有大量的自由能，可以为生命产生的过程提供能量。一想到我们的**宇宙**在初期只有黑洞和很少的自由能，我就感到不寒而栗。一想到所有可能存在的宇宙都是一片贫瘠，我就会感到无比恐惧。所以，我们应该庆幸自己能生活在一个适合我们生存的宇宙里!

卢克：不要忘了，许多可能的宇宙在大爆炸之后很快又会发生坍缩。尽管这样的宇宙可能已经有了组成生命的要素，但它们在毁灭之前根本没有时间形成恒星、行星、复杂分子和生命。还有一些宇宙膨胀过快，导致物质密度过低，无法形成恒星、星系和任何结构。

杰兰特：这太糟糕了。不过，幸好我们在这里。我们的**宇宙**有合适的属性、合适的结构和合适的物理定律，使得生命至少能在一颗行星上蓬勃发展，而且有可能在天文学家正在研究的其他行星上也能蓬勃发展。不过，我们确实很想知道，我们的**宇宙**为什么是这个样子。

卢克：关于这个问题，我们务必谨慎。我们正在远离熟悉的科学领域，只能依靠想象和猜测，让我们尝试着系统地分析一下这些可能的宇宙。

"宇宙本来就是这样"

杰兰特：我突然想到一种解决办法，即**宇宙**本来就是这样，这就是它的全部。就像嘎嘎小姐的一首歌——"天生如此"，它生来如此。

卢克：我不同意! 科学一直以来的态度都是"不停地寻找答案"。为什么电子的质量那样取值? 为什么有三代夸克? 为什么**宇宙**的表面凹凸不平? 如果发生了暴胀，它是由什么引起呢?

杰兰特：这些当然都是很好的问题。但是，简单地说"宇宙本来就是这样！"又有什么问题呢？毕竟，我们的解释一定会在某个地方卡壳。

卢克：这种话听上去就像父母为了结束孩子提出的一连串令人厌烦的"为什么？"而说出的"它就是这样！"，这根本就不是一个答案。你可以说"我不知道"，但如果说这个问题没有答案，就完全是另外一回事儿了。"宇宙本来就是这样"的意思是缺乏回答这个问题的事实依据，也就是说，你可以在一张很大的纸上写下所有的已知事实，但你从中绝对找不到"有三代夸克是因为……"。

我们并非无所不知，那么，我们怎么知道一个问题没有答案呢？我们应该什么时候停止探究呢？吉姆·霍尔特写过一本很有趣的书《世界为何存在？》，该书对探究过程给出了建议："要一直探寻下去，直到你发现再也不可能找到进一步的解释。"

杰兰特：这听上去很有道理，而且我认为这可以说明"宇宙本来就是这样"的说法到底有什么问题。这些关于**宇宙**的问题可能是有答案的，事实上，科学至少在一定程度上回答了这些问题。既然我们有备选方案，就应该继续寻找答案，直到这些方案全部尝试过为止。

所以，我对于嘎嘎小姐式的解释并不是很满意。它让我感觉到我们是在忽略这个问题，而不是在尝试解决问题。盲目乐观不会带来好的结果，那么，我们应该思考些什么问题呢？

更深层次的物理定律

卢克：比如，那些自由参数。既有的关于**宇宙**的基本物质、运转方式和分布情况的最好的理论，都需要一些常数或参数。物理定律成立的前提是，已知电子的质量、自然力的强度和宇宙中物质的含量。有了这些常数，方程才能预测出大量有关**宇宙**运转方式的数据，比如，电子在导线中是如何运动的，光是如何温暖你的皮肤的，行星是如何围绕恒星运行的，**宇宙**是如何膨胀的。这些常数对于我们理解宇宙的原理来说非常关键，但不能通过计算得到，只能依靠测量。而且，我们不知道这些常数为什么会取那样的值。

这些自然常数引起了物理学家们的极大兴趣，因为它们直接通向更深层次的定律。

我们怎样才能找到通向更深层次的物理定律的线索呢？也许是通过新的实验，不过实验的成本很高，而且有风险。我们可以证明，既有的理论并没有将一些数据考虑在内，而是借助于大量的假设。那么，我们应该正确地解出方程，还是充分地了解实验细节呢？

但如果你建立了一个新的理论，它可以简单、准确地预测出一个自然常数的值，你就成了赢家，因为这个新理论能做到一些旧理论显然做不到的事。

杰兰特：那么，我们需要更多的物理定律吗？在更深入地研究宇宙运转原理的过程中，也许我们会了解到，自然常数并不能随意改变，而只维持它们现在的数值。

卢克：爱因斯坦用他一贯清晰的方式陈述过一个观点或者一个梦想：[①]

> 我想提出一个定律，这个定律只建立在认为自然界很简单或者可以理解的基础上，而且没有任意给定的常数……也就是说，这个定律在逻辑上非常明确，并且只包含确定的常数（这样一来，就不存在那些可以在不破坏理论的前提下随意改变数值的常数了）。

---

① 引自席尔普的书（1969），第 63 页。没错儿，卢克谈话中确实使用了脚注。

爱因斯坦太聪明了！在已知的物理定律中，我们可以在不破坏理论的前提下随意改变自由参数，而理论仍然能做出预测。从数学的角度看，这也算正常。但是，爱因斯坦更喜欢自由参数更少的理论，一个没有自由参数的理论看起来确实是比较简单的。

杰兰特：我明白了。希望科学的进步最终能让我们摆脱这些常数，我就不用为调整那些参数而头疼了。我们会发现像电子质量这样的属性是最基本的而且不能改变的量，它是由理论本身决定的。**宇宙**的产生和发展的过程将通过一些"万有理论"来解释。

如果真是这样，我们会发现要求增大电子的质量，就像要求 2+2=5 一样荒谬。也许有一天我们终会明白为什么我们的**宇宙**不可能是其他样子，这意味着一切问题都解决了吗？

卢克：对于爱因斯坦的观点，我还有很多话要说。物理学家们一直在憧憬，未来有一天坐下来用纸笔写下一些简单的方程，就能理解我们的**宇宙**是如何形成的。正如奥地利杰出物理学家路德维希·玻尔兹曼所说，即使我们不能完美地解出方程，大自然对我们来说也只是一个难题，而不是一个不解之谜。

然而，梦想并没有这么简单。在近几个世纪里，物理学并没有呈现出常数越来越少的发展趋势。但有时，一个新理论也能将一些常数统一起来。其中最知名的例子之一是，詹姆斯·克拉克·麦克斯韦在 19 世纪末所做的研究表明，电和磁实际上是同一枚硬币的两面。他证明了电和磁的常数与光速有关，这是物理学领域的一项伟大成就，也是科学界的不朽传奇。但在大多数时候，新的发现都需要增加新的常数。

虽然我们希望找到一种没有自然常数的理论，但事实证明，这个希望已经不那么鼓舞人心了。有些人认为弦理论就是基础物理学的未来，它能够将引力和量子力学统一到一个框架中。他们希望弦理论能够计算出所有物理量的值，包括自然常数。

然而，当人们发现弦理论并不像爱因斯坦梦想的那样"完全确定"时，这个希望就破灭了。自然常数对我们来说是方程中的数字，对于弦理论来说则是初始条件，也就是方程的一个解。但无论如何，它们还是自由参数，与爱因斯坦所说的"完全确定的常数"相去甚远。

杰兰特：所以，爱因斯坦的梦想只是一个梦想，未来可能依然如此。仔细想想，情况比你想象的还要糟糕得多。即使爱因斯坦的梦想能够成真，也不能证明宇宙不可能是别的样子，只能表明常数在这个特定的更深层次的理论中是确定的。我还是想知道，宇宙为什么会遵循这种更深层次的理论。

即使在这个更深层次的理论中没有找到解释，也会有其他更深层次的理论。

卢克：我同意！如果爱因斯坦的梦想成真，我们就不用写关于自然常数微调论的书了，而要写关于物理定律微调论的书。我们将不再讨论理论中的常数取其他值会怎样，而是讨论其他理论。但是，仍然会出现同样的有关微调论的问题。伯纳德·卡尔和马丁·里斯在 1979 年就简明扼要地阐述了这一点：

> 虽然所有巧合看似都能以这种方式（通过一些目前尚未统一的物理理论）解释，但别忘了，根据物理理论建立的关系恰巧也是适合生命存活的。

这就引出了一个更基本的问题。走到一个白色书写板前，随便写下一个你喜欢的方程，从这个方程中可以得出各种结果。如果你写下的是牛顿的万有引力方程，得到的一个结果就是行星围绕太阳有序运动，这一点我们在**宇宙**中已经看到了。但是，还有其他可能的结果是我们尚未发现的，比如，行星的运动速度比光速快 100 倍。一个方程所描述的现象不一定真的存在于**宇宙**中。一般来说，无论一个方程多么漂亮、简单或者独立，都不可能百分之百地描述我们的**宇宙**。

这是一个发人深省的结论。你不可能仅从一个方程出发，就得出电子存在的结论。什么必然存在和它必然具备什么属性的问题，不能用寻常的科学方法来回答。如果你认为不可能有不允许生命存在的宇宙，你就必须给出科学无法给出的证据。

杰兰特：我想我明白你在说什么，不过在思考**宇宙**问题的时候，很难不去想象它形成和发展的过程。

也许问题就在于我们认为这个**宇宙**是独一无二的，如果我们后退一步，就不会遇到像微调论这样的问题了。如果在**宇宙**产生的过程中出现了更多类似的宇宙，会怎么样？

卢克：我以前听说过这个问题，不过这听起来很疯狂。你是想说多元宇宙吗？

杰兰特：完全正确！让我来解释一下。

多元宇宙理论

杰兰特：尽管我认为物理学不会找到**宇宙**背后的独特属性，因为这是宇宙唯一可能的样子，但我认为多元宇宙理论是一种有可能解决微调问题的方法。

卢克：我打算扮演一个"好奇的旁观者"。为什么会这样，我博学的朋友？

杰兰特：好吧，宇宙在诞生后不久就经历了一个迅速膨胀的时期——暴胀。暴胀能解释宇宙大爆炸的问题，能解释**宇宙**空间为什么看起来很平直，还能解释那个讨厌的视界问题。

暴胀理论是一个令人印象深刻的观点，有很多机制都在争相解释宇宙迅速膨胀的过程。尽管对于细节的说法各不相同（比如，暴胀是如何开始、如何进行和如何结束的，当然还有暴胀的原因），但很多理论都提及，不同部分的空间的暴胀程度是不同的。在我们所在的这一部分，膨胀的时间可能很短，瞬间就停止了。但在其他地方，暴胀一直在进行。**宇宙**中永远有处于暴胀状态的空间。

所以，我们可以把大量离我们极其遥远的**宇宙**的其他部分看作独立的宇宙。其中一些宇宙经历的暴胀时长比我们的还要短，而有些宇宙则长一些，在有些宇宙中甚至存在永久暴胀。

如果自然常数在能量极高的情况下被改变，那么早期**宇宙**会使每个发生暴胀的区域都有一组不同的常数。某个部分的观测者（如果有观测者），就会看到不同的粒子、力等。

这种其他宇宙的大集合被称为多元宇宙。在这里，我们必须小心用词。字典里定义的"宇宙"包含所有的物质、空间和时间。然而，多元宇宙这个说法却比较模糊，因为我们现在可以把多元宇宙中某个拥有自己的物理定律的部分看作一个独立的宇宙。和所有的前沿科学一样，多元宇宙也有许多的未解之谜。

一部分问题出在缺少一个大家一致认同的多元宇宙的定义。对一些人来说，多元宇宙只是我们宇宙的不同部分，符合暴胀理论。对其他人来说，多元宇宙理论是量子力学的推论，就是大家经常讨论的"多世界"的观点。有些人甚至认为，任何数学结构都能算作一个真正的"宇宙"，所以从某种意义上说，所有可能的宇宙都存在。我相信，还有很多其他关于多元宇宙的看法。

多元宇宙学让一些人感到不安。对科学来说，这种说法似乎存在太多猜测的成分，对于现实的描述着实令人担忧。多元宇宙学认为，我们的宇宙可能只是很多宇宙中的一个。在一些宇宙中，要么都是黑洞，要么电子没有质量，要么行星被吸入了恒星。我们已经不止一次地看到，这些宇宙中绝大多数都是冰冷死寂、寸草不生的地方，生命根本没有机会产生和繁衍。

卢克：作为宇宙学家，我们为什么不能只讨论与多元宇宙有关的暴胀理论呢，至少它是以我们对这个**宇宙**的观测结果和**宇宙**在诞生后不久就快速膨胀的事实为基础的。在解决宇宙学中的很多问题的时候，都会提到暴胀。虽然人们认为是暴胀让**宇宙**变得平坦和光滑，但这并不足以解决微调问题，我们还需要同时改变宇宙学和粒子物理学的理论。为什么认为暴胀会导致物理定律和自然常数都被推翻的混乱局面呢？

杰兰特：实际上，我们应该认为暴胀是在消除混乱，因为已知的物理定律在能量更高的情况下会变得更对称。我的意思是，当我们研究粒子间的高能碰撞时，各种力——不管是强核力、弱核力还是电磁力——看起来都非常相似。在早期**宇宙**超高温的混乱环境中，我们推测各种基本力实际上是同一种力。

但是，随着**宇宙**的膨胀和冷却，物理定律失去了维持这种完美对称性的温度条件。只在这个时候，（我们所了解的）自然常数才有了特定的值。

举个例子。说到驾驶汽车，没有什么问题比车辆靠左还是靠右行驶更有意思的了。[①] 这是一个镜像对称性的问题。重要的是，当这种对称性被打破，即我们选择靠道路的哪一侧行驶之后，所有人都要遵守这种规则。

---

① 惯用右手的人有优势只是一个例外，但即便如此这种优势并不是特别有决定性。

卢克：我说一个笑话吧。基思走进澳大利亚的一家酒吧。

基思：就算给我钱，我也不去美国！

酒吧服务员：为什么不呢？基思。

基思：因为那里的车都靠路的另一侧行驶。

酒吧服务员：这有什么问题吗？

基思：前几天晚上我试过一次，太危险了！

（众人哄堂大笑）

杰兰特：假设有一盒磁铁。如果你用力地摇晃盒子，磁铁会弹起来，时而吸在一起，时而分开。在大多数情况下，它们会自由地移动和旋转。因为盒子没有产生任何净磁场，所以磁铁不会表现出对于某个方向的偏爱。

现在，逐渐放慢摇晃盒子的速度。磁铁与盒子侧面以及其他磁铁的碰撞不太可能把吸在一起的磁铁分开，吸在一起的磁铁会越来越多，从而形成一个牢固的磁铁团。就像选择靠路的哪一侧开车一样，磁铁会选择一个方向，然后排成一行。任何"试图反抗"的磁铁都会在其他磁铁产生的合力的作用下不得不加入队列，也就是说对称性被强行破坏了。

假设盒子两端的磁铁选择了不同的方向，并在周围强化自己的选择，用更强大的磁场吸引更多的磁铁加入。当双方形成的磁铁团在盒子中间相遇时，会陷入僵局，因为双方都无法做出让步。这个盒子被分割成不同的区域，每一个区域的对称性都被不同程度的破坏了。

雪花形成的过程也是一样。在温度更高的空气中，水以蒸汽和水滴的形式存在，并且分布均匀。随着温度下降，水从气态变为固态，雪花就形成了。尽管每片雪花产生的物理过程是相同的，但图案略有差异，这意味着每片雪花都是独一无二的。

卢克：这些类比都很有道理，但在早期宇宙中，是什么对应着这些例子中的磁铁或者水呢？是什么让它的状态发生改变了呢？

杰兰特：暴胀本身就是一个很好的例子。不管是什么形式的能量促使早期宇宙迅速膨胀，在暴胀结束时宇宙也经历了这种突然的变化。**宇宙**的不同部分在不同的时间点结束暴胀，形成了我之前提到的拼凑起来的各个部分。

为了把这些想法应用于自然常数，我们不得不先忘记它们是常数，并假设它们是别的什么东西。我们的方程只能近似于一些更深刻、更全面的方程，在这些更深层次的方程中，"常数"是像"场"一样的动态实体。

当宇宙打破这些场的对称性时，场会分裂成不同的域。每个域都有一些随机的域值，就像雪花一样独一无二。对于在各个域中生活的居民（要是有的话）来说，这些域会被看作自然常数。

每个域的大小都不一样，但与我们观测到的宇宙相比，可能都是极小的。不过，在暴胀发挥威力的情况下，一些域会扩展到像**宇宙**那么大的规模。如果暴胀一直此起彼伏地发生，就会形成一个包含多个广阔域的多元宇宙，而且每个域都有不同的物理定律。暴胀就像 20 世纪 20 年代的电影《大都会》中的劳工一样，疯狂地工作着，每停下来一次，就会产生一个新的宇宙，其中的自然法则也是崭新且与众不同的！

卢克：好吧，如果你们知道这部电影，就太好了。[①]

杰兰特：你在跟谁说话？

卢克：读者们。

让我们接着讨论一些细节问题。有谁知道怎样把常数变成物理学中的

---

① 对于那些没有看过这部经典电影的人来说，这些场景在皇后乐队同样经典的音乐录音带中被重现了。

动态研究对象吗？

杰兰特：许多人认为，最好的选择是弦理论。如果我们离得够近，就会发现所有的物质和光都是一条振动的十一维空间的弦。这个理论的吸引力在于，我们不需要假设有 20 种粒子，因为振动方式不同的弦表现得就像不同的粒子。

弦理论学家希望从合适的方程出发，能够推导出我们宇宙的所有属性，而且方程中的"常数"也能通过弦理论来预测。不幸的是，真实情况并非如此。尽管有人希望弦理论的方程是独一无二的，但方程的解还是五花八门、难以统一。弦理论方程中的自由参数虽然已经从常数变成了初始条件，但一如既往地不受约束、难以预测。

卢克：这些方程的解是什么样子的？

杰兰特：在某种程度上，这些解和我们的宇宙很像，不过可能你已经注意到了我们的**宇宙**并不是十一维空间，而是三维空间加一维时间（物理学家常用 3+1 维来表示）。十一维空间的弦理论在本质上与这一事实并不矛盾，即在创造出我们熟悉的 3+1 维世界的同时，其他的维度必须被紧致化。我来解释一下。

在 3+1 维的世界中，我们需要三个数字来告诉我们一件事发生的地点，需要一个数字来告诉我们一件事发生的时间。比如，聚会地点在第七大道 24 号 5 层，时间是晚上 7 点 30 分。一个维度可以无限大，也可以十分紧致。我们认为空间是无限大的，因为你可以行走无限远的距离。但与此同时，地表又是紧致的，因为你沿直线行进的距离是有限的，最后你会回到起点。紧致的维度可大可小，取决于可用的空间。

一个世纪以前，物理学家们认识到，如果在空间和时间上增加小的紧致维度，它们不一定会被观测到。它们太小了，类似于单个原子，以至于根本看不到。你可能会问，那我们何必在意呢？

事实上，要不是 1921 年德国物理学家西奥多·卡鲁扎发现了一个奇怪的现象，额外增加的维度就只会存在于科幻小说中。卡鲁扎把爱因斯坦的广义相对论方程套用到增加了一个紧致维度的宇宙上。他发现这个额外的维度催生了一个新方程，令人惊讶的是，它竟然是电磁学方程！奥斯卡·克莱因在 1926 年证明，将量子力学应用于这个增加了一个紧致维度的宇宙，可以解释为什么基本粒子的电荷数是基本电荷的整数倍。也许引力和电磁力并不是相互独立的力，而是在额外的维度中彼此统一的力。那么，其他的力和粒子能否被纳入更多维度的空间呢？

从卡鲁扎—克莱因理论开始，经过一个世纪的发展，才产生了十一维空间的弦理论。[①] 目前，我们仍不知道这个理论是否正确，但弦理论无疑已经引起了物理学家们的广泛关注。

卢克：好的，让我们回到紧致化的问题。我们现在有一个十一维空间的理论，除了我们需要的 3+1 维（三维空间 + 一维时间），其他维度都要隐藏起来。

杰兰特：没错儿。所以，在我们熟悉的时空中，每一个点上其实都附着着更多维数，只不过那些额外的维度被紧致化了。虽然我们看不到这些额外的维度，但弦可以。这些额外的维度影响着弦的摆动，进而影响着我们在实验中观测到的粒子的种类。

所以，大自然的"常数"都是在紧致化的状态下确定的。额外的维度决定了我们周围粒子的物理性质。

弦理论学家先从简单的形状开始考虑。假设有一个有弹性的矩形橡胶片，把两条长边相对后黏起来，再将其拉伸并将两头黏在一起，就得到了一个像甜甜圈的环状物（如图 8–1）。它还可以有更多维度的形状。

---

① 我们不可能在这里讲完整个故事。布赖恩·格林写的《优雅的宇宙》（1999）中对弦理论进行了精彩的介绍。

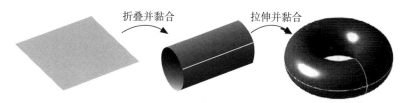

折叠并黏合　　拉伸并黏合

图 8-1　环面的制作过程，这是体现紧致形状的一个特别简单的例子。取一个有弹性的矩形橡胶片。把长边折在一起然后黏起来，然后将其拉伸并将两端黏在一起

那么，当弦在这个环状物周围摆动时，看起来像什么粒子呢？记住，粒子既可能是右旋的也可以是左旋的，这取决于它们自旋的方式。我们宇宙中的粒子，右旋状态和左旋状态下的情况并不相同。事实证明，这对于在环状物表面上运动的弦是不可能实现的，所以我们需要找到另一种形状。

于是，很多物理学家和数学家开始努力寻找合适的更多维度的形状，以便让弦理论大显身手。左旋和右旋的问题（用术语来讲就是手征性）可以通过一种叫作"卡拉比—丘流形"的特殊形状来解决，这种形状的特点是包含各种参数，比如维度的大小、形状所包含的空穴数量等。它还能预测出我们尚未观测到的粒子。粒子被称为无质量标量粒子。有些粒子是超对称的，在我们的宇宙并非如此；[①] 有些粒子是不稳定的。

有趣的是，如果我们排除那些不符合需要的形状，剩下的可能性似乎在数量上是有限的。根据最流行的估算结果，这个数字大约是 10^{500}，也就是 1 后面有 500 个零。数量如此庞大的可能性被斯坦福大学的李奥纳特·苏士侃称为"弦景观"。

卢克：但是，弦景观并不是多元宇宙，而只是一个可能性的集合。

杰兰特：没错儿。数量庞大的可能性并不能独立解决微调问题，它只

----

① 回顾一下第 3 章的"超对称性"，它意味着每个粒子有一个除了自旋不同以外，其它性质都完全相同的对应例子，只是我们看不到。

是问题的一部分。举个例子，正是由于可能中奖的彩票数量很大，才使得中奖概率微乎其微。为了增大中奖概率，我们需要购买大量不同号码组合的彩票。

由于这个问题经常被人误解，所以在这里值得引用苏士侃的话：

> 弦景观和多元宇宙这两个概念不应被混淆。弦景观并不是真实存在的，只需要把它想象成所有可能的宇宙的列表，每一项代表一个可能的宇宙……相比之下，多元宇宙是真实的，其中的每一个宇宙都是真实存在的。

所以，我们需要像暴胀这样的概念在弦景观中占据一席之地。在一个暴胀的宇宙中，每一种可能性都有可能成真，而且不止一次。

卢克：所以，关键问题在于，在这么多的可能宇宙中，生命在哪里呢？

杰兰特：这才是人择原理真正发挥作用的地方。我们发现自己生活在一个为了生命而进行微调的宇宙中，因为这个宇宙的属性符合生命产生的条件。我们不希望自己处在一个只能存在几秒钟的宇宙，或者一个没有质子、中子和化学物质的宇宙中。

卢克：考虑到我们对微调论的了解，需要有多少个可能宇宙，才能确保其中有允许生命存在的宇宙呢？

杰兰特：这是一个很难回答的问题，因为我们还在不断地探索微调论的物理学原理。我们已经知道，似乎有很多让宇宙变得毫无生气的方法。如果多元宇宙中想要包含一个允许生命存在的宇宙，最好能制造出尽可能多的宇宙。理论上，我们可以用弦景观来回答这个问题，把所有的可能性都研究一遍，并挑出那些可能有生命存在的宇宙。但这在实践中是不可能实现的，因为可能性太多了，计算起来也非常困难。

卢克：奥卡姆的威廉说过一句很有名的话："不必要的就是多余的。"那么，假想出数量庞大但并不必要的宇宙，是否违背了奥卡姆剃刀定律呢？

杰兰特：那么，我们先要问问奥卡姆先生，多余的东西是什么？某个物体吗？这似乎有些问题。根据量子理论，这个房间里有无数个原子。但是，我们并没有因为庞大的原子数量就推翻量子理论。

我想说的是，应该舍弃没有必要的独立假设。每个理论都是从一套基本陈述开始的，再引出相关预测。我们喜欢假设更少的情况，因为这可能会产生更简单的理论，理论所依据的基本事实和需要遵守的法则也更少。

如果多元宇宙理论只需要几个假设条件，就不会违背奥卡姆剃刀定律。逐一研究可能宇宙的多元宇宙学是非常复杂的，就像一个饥饿的人在自助餐厅就餐一样。如果我们能找到一种相对简单的宇宙生成机，多元宇宙的复杂情况就会变得相对简单。如果我们能从已知的物理学知识中借鉴一些相关经验，假设存在的可能宇宙的数量就会更少。现代的多元宇宙理论研究者就是这样做的。

卢克：那么，我们研究一下其他宇宙吧，它们在哪里呢？

杰兰特：暴胀让我们与它们之间相隔遥远的距离，比可观测宇宙的尺度还要大得多。而且，连续不断的膨胀使得我们永远都看不到从这些宇宙发出的光，所以我们看不到它们。

卢克：好吧，暴胀既是祝福也是诅咒。暴胀解释了为什么我们的**宇宙**中任何可见的地方都具有相同的性质，暴胀使得像密度这样的物理性质、像电子质量这样的基本物理常数，以及典型的物理定律在很大范围内保持一致。

但是，如果说科学史教会了我们什么，那就是用实验和观测结果来检验物理理论并不是可有可无的。我们不太擅长猜测宇宙是什么样子，所以必须依靠实验和观测。那么，多元宇宙学有没有做出一些我们可以验证的预测呢？

杰兰特：在这里，我们必须把节奏放缓，因为尽管我们针对暴胀提出了一些很好的观点，但还缺少一些关键的细节，比如我们不知道暴胀子是什么。而且，我们也遇到了在研究宇宙大爆炸时总会碰到的问题，即广义相对论和量子力学不兼容的问题。

一旦我们克服了这个障碍，就能预测暴胀会创造出什么样的宇宙。我们可以对一些参数进行调整——这些参数都是跟暴胀有关的——在多元宇宙中创造出各种不同的可能宇宙。然后，我们就可以开始讨论预测问题了！

假设有一个跟暴胀相关的参数，改变这个参数的值就能产生特定的多元宇宙。如果它的值符合我们熟悉的自然规律，那么它肯定对应着我们目前居住的宇宙。如果你的理论做不到这一点，或者说不太可能做到这一点，这个参数就注定是失败理论的附属品。

卢克：这种说法太不充分了。假设我们从已知的物理定律出发，为了实现宇宙膨胀的结果，对定律进行扩展，并增加一些条件。即使我们的**宇宙**出现在其中，我们也不应该感到惊讶。

杰兰特：不一定。如果多元宇宙理论让一些"常数"在很宽泛的范围内变化，但最终只产生了 17 个可能的宇宙，那么出现允许生命存在的宇宙的概率将非常小。

卢克：对，但利用多元宇宙理论进行预测一定还有其他奥秘。如果一些可能的宇宙形成了大量的生命形式，但我们一个也没有观测到，三代基本粒子、星系中心的黑洞和多元宇宙学都会被抛弃。

杰兰特：没错儿。多元宇宙最擅长的就是在某个地方孕育生命，你只需要不断地创造宇宙，直到你找到那个允许生命存活的地方。如果你设定的目标很难实现，就像你想射中一个很小的靶心，那么你最好扔出去一堆飞镖。

但是，在预测观测结果的时候，多元宇宙理论绝不会坐享其成。在人择原理的范围内，也就是观测者必须居住在允许观测者存在的宇宙中，不同的宇宙在回答观测者情况和哪种观测结果最有可能的问题上，会持不同意见。比如，观测者身处的宇宙存在了多少年？这个宇宙有多么凹凸不平？宇宙常数的值是多大，有多少种粒子，有多少中微子？

下面，举一个简单的例子。假设我在两家商店中的一家买了一件蓝色衬衫，但我记不清是哪一家商店了。一方面，我对尺寸很挑剔，但如果两个商店里可选的衬衫尺码都很齐全，有适合我穿的衬衫就不足为奇了。而且，既然我已经买了衬衫，我当然要选一件尺寸合适的了。

另一方面，我对于衬衫的款式和颜色都不太挑剔，往往是随意选择尺寸合适的衬衫。如果第一家店里有 30% 的尺寸适合我的衬衫是蓝色的，而第二家店里只有 3% 的尺寸适合我的衬衫是蓝色的，那么我更有可能在第一家店购买一件蓝色衬衫。

现在，把衬衫换成宇宙。任何名副其实的多元宇宙理论都应该提供一份可能存在的宇宙清单。既然我们正在观测自己所在的宇宙，"允许观测者存在"这一项当然是符合的。但是，款式和颜色呢？如果在一种多元宇宙中，有 30% 的允许观测者存在的宇宙中有三代粒子；但在另一种多元宇宙中，这个比例仅为 3%。如果让我们在这两者之间选择，那么我们应该更倾向于第一种多元宇宙。

卢克：一些多元宇宙理论假设存在无穷多的其他宇宙。那么，无穷多的 30% 是多少呢？

杰兰特：当物理学家提出一个理论时，无论是关于电子、雷暴、星系还是宇宙，都必须计算出可能的观测结果的概率。比如，如果你认为自己知道太阳系的运转原理，就应该用你今天通过望远镜观测到的数据来预测明天的天空是什么样子。

所以，要把多元宇宙理论当作一种物理理论认真对待的话，就必须证明其计算出的概率是合理的。而现在，无穷多的宇宙就是一个问题，因为我们不可能数尽所有可能的宇宙。我们只会得到一个"无穷大分之无穷大"的结果，而这并不是一个数字。宇宙学家们把这种现象叫作测量问题。

然而，有时无穷大的宇宙也不是毫无希望的。假设你在一条无穷长的街上的一座房子里醒来（图 8-2），路边的房子黑白相间地排列着。①

图 8-2　在无限街上有无数的房子，黑白相间。你在其中一栋房子里醒来。你在黑色房子的概率是 50%，或者是"无穷大分之无穷大"，到底哪一个才是真正的答案呢

如果这是一条有限长的街，路边只有有限数量的房子，那么你在黑色房子里的概率就是 1/2。无论有限街有多长，这个结论都是正确的，所以我们似乎也可以说，我们在无穷长街上的黑房子里的概率也是 1/2。不妨这样想：如果你猜对房子的颜色，就能赢得 100 美元，你会花一美元去猜吗？听起来这是一个不错的赌局。

但是，如果你想算出无穷长的街上黑房子占总房屋数的比例，就会得到无穷大分之无穷大的结果。这个结果对你毫无用处，所以如果你不知道自己是否有赢得 100 美元的机会，就不知道是否应该下注。

无穷多的房子比表面看起来更具欺骗性。我可以重新排列无穷长街上

---

① 这个例子来自于慈恩·多尔和弗兰克·阿列纽斯在 2014 年特内里费宇宙哲学会议上的一次讲话，题目是"无限世界中的自我定位观念"。

的房子，比如，每 1 000 栋房子里只有一栋是黑色的。我并没有改变房子的总数，它们都在。但现在的排列规律是……999 栋白房子，1 栋黑房子，999 栋白房子，1 栋黑房子……就这样占满了整条街。这样一来，那个 100 美元的赌局就不是一笔好买卖了。

我们在无穷长街上分配概率的时候，必须考虑到我们之后会不会打乱房子的排列方式的情况。所以，我们有两种选择。一是，我们可以要求得到打乱房子排列方式的权利，从此对无穷长街不抱希望，并拒绝回答任何有关可能性的问题。二是，我们可以要求放弃打乱房子排列方式的权利，并寻找一种类似于解决有限长街问题的方法去解决无穷长街的问题。

把这种方法推广到一个包含无穷多个宇宙的多元宇宙，宇宙学家们似乎也有两种选择：要么找到一种有说服力的方式数清楚宇宙的数量，要么承认多元宇宙理论无法做出预测，所以应该被舍弃。任何一种选择都会产生有意思的结果，宇宙学家还在为此争论不休。

卢克：我明白了，你解释得很清楚，所进行的类比也很恰当。我也来举个例子吧。

杰兰特：20 世纪 80 年代后期，诺贝尔物理学奖得主史蒂芬·温伯格一直在研究宇宙常数，特别是真空能量对于宇宙常数的影响。别忘了，又过了 10 年我们才观测到遥远的超新星，从而证明了宇宙常数的存在。

温伯格很好奇，如果**宇宙**有常数会怎么样？我们在第 5 章中说过，一个值很小的宇宙常数不会对宇宙及其居民产生重大影响。但如果这种驱使宇宙加速膨胀的力很大，就会阻止恒星和星系的形成。

所以，温伯格在他的脑海里描绘出多元宇宙的图景，它的每个部分都有不同的宇宙常数值。在大多数地方，宇宙常数会导致膨胀速度过快或者坍缩速度过快，以至于无法形成星系。而在一个很窄的范围内，星系能够蓬勃发展，我们应该也能在这里找到我们的**宇宙**。

过了 10 年，宇宙学家们发现，**宇宙**不仅有常数，而且它的值与温伯格的预测完全相同。这是基于多元宇宙理论做出的一次成功预测。

其他科学家已经尝试对其他常数进行类似的预测，也取得了不同程度的进展。这虽然是一个很难解决的问题，但物理学家和宇宙学家一定可以攻克它。

卢克：所以，我们可以暂且给一些多元宇宙理论一个机会。我们能判定它们的失败吗？

杰兰特：当然可以，有很多多元宇宙已经失败了。

一个暴胀的多元宇宙理论会以两种方式走向失败。一方面，假设在宇宙中有两个完全相同的部分 A 和 B，它们在极其短的时间内迅速膨胀，尺度不断加倍。它们正在进行一场竞赛，看谁在大约 10 亿年后能产生尽可能多的生命形式。但是，当它们还在膨胀的时候，生命是无法形成的，因为没有物质。它们只有停止膨胀，才能产生物质，物质再坍缩成星系、恒星和行星等。

那么，它们应该采取什么策略呢？ A 决定现在就停止膨胀，以便在最后期限来临之前有更多的时间创造生命。而 B 决定再膨胀一段时间，以便换取更多的空间、物质、恒星和行星，从而产生更多生命。

A 和 B 谁会赢呢？有两个相关的时间尺度。一个是宇宙创造星系、恒星和生命所需的时间，即使没有数十亿年那么久，至少也得数百万年。另一个是宇宙膨胀使尺寸加倍所需的时间，大约是 10^{-38} 秒。所以，如果 B 比 A 多膨胀了一秒钟，它就少了一秒钟的时间来形成生命，这几乎没有什么影响。但 B 的尺寸加倍的次数却是 A 的 10^{38} 倍，请注意 B 的尺寸不只是 A 的 10^{38} 倍，而是 A 的 $2^{10^{38}}$ 倍，后者是一个十分巨大的数字。

所以，B 会以绝对优势赢得胜利。在任何给定的时间点，比我们年轻一秒的观测者的数量都会是我们的无数倍。在早期宇宙中，大多数观测者都出现得特别早，他们出现在第一颗适合观测者生存的行星上。暴胀的多重宇宙理论似乎预测我们更有可能比他们出现得晚而不是出现得早。但是，只有我们出现得比他们更早，这个理论才能成立。

事实上，暴胀会持续发生。上述论点的问题在于，只考虑到某个特定时刻的宇宙。这是行不通的，原因有二。首先，相对论是不允许定义一个宇宙的"现在"的。其次，我们似乎应该在空间和时间上都把宇宙看作一个整体。我们不应该只研究"现在"的观测者，还要研究过去和未来的所有观测者。那些出现早期观测者的宇宙，通常可能会以星系—恒星—行星的演化方式，继续创造出像我们一样的观测者，以及未来更多的观测者。从这个角度看，笑到最后的可能是最先出现的观测者。

另一方面，我们应该怎样研究多元宇宙呢？更确切地说，为了做出预测，我们应该比较多少组观测者呢？这就是我说"暴胀会继续存在，却说暴胀的多元宇宙理论会失败"的原因。

卢克：有没有证据确凿的失败案例？

杰兰特：当然有，而且是史诗般的失败。现在，我要提醒你，我接下来说的事情可能有点儿奇怪。

路德维希·玻尔兹曼在 1895 年率先提出了多元宇宙理论。但他遇到了一个问题，即热力学第二定律表明宇宙是向热平衡状态的方向发展的。宇宙已经 138 亿岁了，看似很古老，但与它未来的漫长岁月相比简直不值一提。在玻尔兹曼那个年代，大家都认为宇宙已经度过了无穷多的岁月。然而，宇宙又离它最终灭亡的结局还很远。这是为什么呢？

玻尔兹曼也是最早认识到热力学第二定律是一个统计学规律的人之一，所以他知道"一个封闭系统的熵会随着时间而增加"并不是完全确定的情况，只是可能性很大而已。毕竟，从无序状态中偶尔也会自发产生秩序。

所以，如果你需要一些低熵能量，只需要等相当长一段时间即可。玻尔兹曼认为，抛开表面现象，宇宙整体也许已经处于热平衡状态了，就像我们预测**宇宙**在遥远的未来会出现的情况一样。宇宙的大部分地方都是死气沉沉的，没有足够的低熵能量来形成任何生命。但如果我们等待的时间足够长，**宇宙**的某个区域可能就会进入低熵态。

如果真是这样，我们所看到的这个令人兴奋的**宇宙**，实际上就是在无序状态下熵的涨落产生的统计学结果。在这种熵的涨落造就了我们的**宇宙**之前，整个宇宙可能已经存在无穷长的时间了。在我们出现之前发生的那些熵的涨落，可能造就了无数个其他宇宙；在我们消失之后，可能还会出现无数个宇宙。

卢克：真有意思，虽然听起来有点儿悲观。但是，这个想法有什么问题呢？

杰兰特：我们对宇宙中所有的生命形式都进行一次调查，不仅包括在特定时间点存在的生命形式，而是在多元宇宙发展过程中出现的所有生命形式。虽然整个多元宇宙结构在诞生的时候充满活力，但它在绝大多数时间里都处于高熵、死寂的状态。由于时间是永恒的，所以我们认为在熵的涨落过程中出现的生命形式比宇宙处于低熵态时出现的生命形式要多得多。在这种情况下，人类最有可能是一个毫无生气的宇宙中熵随机涨落的产物。

卢克：还是有点儿悲观，请继续。

杰兰特：好吧，请允许我介绍一下"玻尔兹曼大脑"。

卢克：这听起来似乎是一个统计物理学研究小组的名字。

杰兰特：或者是有史以来最书呆子气的民谣乐队的名字。

让我们再思考一下统计学上的这些涨落。我们周围的空气也会经历这样的涨落，但要等很长时间原子才能以这种方式组成一个茶壶。在此之前，我们还需要一些核反应来产生所需的元素。

现在，为了研究涨落，我们需要一个完整、宜居的宇宙，这个宇宙是从衰老宇宙中的一片死气沉沉的光子和物质中自发形成的。自发形成像茶壶这样的小东西的概率，要比自发形成巨大的宜居宇宙的概率大得多。

所以，波尔兹曼的多元宇宙理论依赖于非常罕见的熵的涨落，来为生命提供宜居的条件，而且小宇宙比大宇宙出现的可能性要大得多。如果生命要等待无穷多年才能得到一立方光年的宜居环境，那么我们所处的这一立方光年就不太可能也在这个时刻进入低熵态。就这样，你得到了所需的环境，而且除此以外，几乎没有其他的宜居环境了。

正如亚瑟·爱丁顿在 20 世纪 30 年代指出的那样，在玻尔兹曼的多元宇宙中，我们不可能看到和现在的**宇宙**一样的宇宙，它们并不都处于低熵态，而且用望远镜根本观测不到。玻尔兹曼的想法并不能解释，为什么我们的宇宙和我们经历的涨落看起来如此庞大。

所以，这个多元宇宙理论错得很离谱儿。如果我们的**宇宙**真像玻尔兹曼说的那样，只是一个毫无生气的大宇宙中发生的熵的涨落，那么我们应该身处一片热平衡的海洋中，并且都挤在一个低熵态的小岛上。

卢克：这是一个明显失败的预测。科学理论把赌注押在观测结果上，相应地得到奖励或受到惩罚。一次性押对结果的胜利者要比一系列对冲下注好，对冲下注又比孤注一掷的失败者好。

玻尔兹曼的理论把赌注押在"宇宙的大小"上，而且把几乎所有财产都押在"生命所需的最小尺寸"上，当出现"比生命所需的最小尺寸大得多"的结果时，就宣告这个理论彻底失败了。这是一个很好的关于如何验证多元宇宙理论成败的案例！

那么，这些玻尔兹曼大脑在哪里呢？

杰兰特：正如我前面所说，尽管熵的涨落极为罕见，但相对于产生一个存在生命的宇宙，它们更有可能产生一个茶壶。同样地，熵的涨落更容易产生一个完全成熟的大脑，而不是一个巨大的、存在生命的宇宙。

玻尔兹曼大脑是有自我意识的，其中有些大脑可能在思考宇宙学理论和熵，有些可能在回想泰勒·斯威夫特的歌曲。在膨胀的宇宙即将进入的漫长、黑暗、空虚的未来中，玻尔兹曼大脑的数量远远超过曾在充满恒星和行星的宇宙中存在的生命数量。

事实上，如果我说我只是一个玻尔兹曼大脑，我就有危险了。尽管这个大脑中存有我在威尔士的所有成长记忆，有我和父母、兄弟姐妹、妻子和孩子在一起度过的美好时光的记忆，有丰富的关于广义相对论和电磁学的知识，有贫乏的关于抵押贷款和税收的概念，还有瞬间产生的想法，但这一切可能只是熵的随机涨落产生的幻觉，很快就会消失在茫茫宇宙中。

卢克：你确定世间没有一个神智正常的人会认为自己是一个玻尔兹曼大脑吗？

杰兰特：当然，但我是怎么知道的？我怎么可能知道？我不可能跳脱自我，然后四处观察。这就是哲学家所谓的"缸中的大脑"的思想实验：我如何知道自己不是缸中的大脑？我们对于外部世界的看法都是合理的假设，仅此而已。

当然，对于每一个成熟的、存储了你所有回忆的玻尔兹曼大脑来说，在随机想法和记忆的干扰下，会产生很多不好的记忆。这会导致一种大脑出现的可能性变得极低，这种大脑能想象出一个像现在的**宇宙**这样有序的宇宙。不过，未来还很长，这种大脑应该会在某个时刻出现。

卢克：看来，我们需要一起冒险解决的是两个问题。

杰兰特：你说对了。第一个问题是……

卢克：我把它叫作"玻尔兹曼自我问题"。不妨假设现实与我对它的认知是一致的：我是地球上的一个人，由其他生物进化而来，生活在一个约有138亿岁的熵不断增大的广阔宇宙中，这就是我，真正的我。

现在，让宇宙自行涨落一段时间。最终，空间中的某个地方将会形成一个大脑，它对于自己的认知与我对自己的认知完全相同。它拥有和我相同的回忆和"感官"体验，认为自己生活在地球上，在澳大利亚麦克斯维尔长大，以及其他所有的一切。这就是玻尔兹曼自我。虽然这需要一段相当长的时间才能完成，但最终会有很多的玻尔兹曼自我。那些误以为自己是真正自我的玻尔兹曼大脑，远远超过那些认知正确的玻尔兹曼大脑。

现在，就有一个很尴尬的问题。我属于上文中的哪一种呢？考虑到二者都有相同的经历，我应该可以得出结论，即我是其中任何一种大脑的可能性相等。如果有上万亿个玻尔兹曼自我，我是真正自我的概率就不到万亿分之一。

这种结论的问题在于自相矛盾。想一下这个逻辑：如果我了解**宇宙**和熵的演化以及其他所有的一切，我可能就是一个玻尔兹曼大脑。但如果我是一个玻尔兹曼大脑，我的经历就与真正的宇宙无关，而只是短暂的熵的涨落产生的狂热幻想。所以，我并不了解**宇宙**和熵的演化以及其他所有的一切，因为我从未做过任何科学研究。这个论点最终推翻了它自己。玻尔兹曼自我问题令人担忧，但还有很多问题有待证实。

杰兰特：真是奇怪。那么，第二个问题是……

卢克：我把它叫作"玻尔兹曼观测者问题"，这个问题真让我们痛苦不已。这些关于玻尔兹曼大脑的谈话似乎荒诞不经，为什么愚蠢的物理学家们会在这种虚构的事情上浪费时间呢？这其实是一种误解，玻尔兹曼大脑问题最令人担忧的地方，就出现在我们的理论中。

如果你认为自己知道宇宙如何运转，你就不可能只保留你的想法中最精彩的部分。你将会认真对待你的理论，积极探索它可能导致的所有结果。如果有些结果看起来很可笑，那么你的理论可能出问题了。

宇宙学家已经发现玻尔兹曼大脑就潜伏在看上去就像暴胀一样合理的理论中，它甚至有可能出现在对**宇宙**未来的预测中，而根本不需要多元宇宙理论。真正的问题不在于我们有可能是玻尔兹曼大脑，而在于我们不是玻尔兹曼大脑。

科学理论面临的终极考验就是对观测结果进行预测。任何观测结果都能验证一个理论，哪怕是很平凡的理论，比如，"我们不是被热平衡海洋包围的孤岛上的大脑"。如果我们认真对待玻尔兹曼的多元宇宙理论，并做出预测，那么我们可能会以压倒性的概率预测出我们是被热平衡海洋包围的孤岛上的大脑。预测与观测结果不符……就这样推翻了一个理论。

玻尔兹曼观测者问题是指，我们不是玻尔兹曼大脑。如果你的理论预测出绝大多数观测者都是玻尔兹曼大脑，你的麻烦就大了。

那么，暴胀的多元宇宙理论有没有遇到这个问题呢？

杰兰特：也许吧。牛津大学的罗杰·彭罗斯认为，暴胀的多元宇宙理论和玻尔兹曼的多元宇宙理论遇到了同样的问题。这个结论听起来很熟悉。我们能观测到的宇宙区域（即可观测宇宙）一直处于低熵态，尽管这很好，但我们并不需要宇宙的所有地方都处于有序状态，非常小的一部分就足以满足地球上的生命所需。如图 8-3。

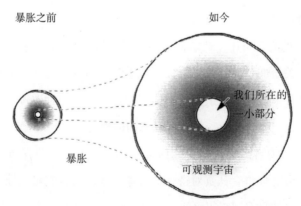

图 8-3　我们所在的局部小空间（比方说太阳系）和巨大的可观测宇宙，左侧是两者暴胀之前的样子，右侧是二者如今的样子

现在，让我们回到宇宙的过去，密切关注可观测宇宙和维持我们生存的那一小部分。我们可以一直追溯到暴胀发生之前，那时它们都非常小。

我们把左图中的那个小白圆圈叫作"宇宙卵"，其内部状况恰好满足暴胀开始、持续和结束的条件，并演变成右图中适合我们生存的那一小部分（白圆圈）。宇宙卵处于高度有序的低熵态，这是因为它将逐渐演化成我们周围的平滑宇宙，从引力的角度看，这就是一种有序的状态。

由于可观测**宇宙**处于低熵态，宇宙卵周围的区域也一定满足暴胀的条件。但是，生命并不需要这种状态，为什么它还会存在呢？这种状态是非常罕见的，这意味着在暴胀的多元宇宙中，可观测宇宙也是非常罕见的。

到底有多罕见呢？彭罗斯进行了粗略的计算：对于每一个和我们一样观测到相同规模的、平直有序的可观测宇宙的观测者来说，都有 $10^{10^{23}}$ 个人会观测到一个平直有序，但规模只有我们宇宙 1/10 的宇宙。这个数字太大了，根本无法理解。10^{123} 这个数字是可观测宇宙中粒子数的 10^{36} 倍，而这只是彭罗斯计算结果中的位数。

如果彭罗斯的说法是正确的，那么暴胀的多元宇宙中的大多数观测者都是玻尔兹曼大脑，或者是一片无序海洋中的有序小岛。所以，这个理论似乎也行不通。

卢克：难道暴胀的重点不是让宇宙变得广阔平滑吗？那么，这么多麻烦的小宇宙和聪明人又是从哪里来的？

杰兰特：想一下暴胀所需的条件。整个空间的尺寸至少要加倍 80 次，才能得到一个像现在这样广阔平滑的宇宙。暴胀的发生也需要一定的平滑度才能开始。彭罗斯的观点是，**宇宙**中的大部分区域都不会顺利地发生暴胀，也就不会像我们所处的区域这样尺寸变得足够大，以及足够平滑。[①]

卢克：要是这样的话，物理学家先生，你宝贵的理论之一认为我们已知的正确结论成立的概率极低。现在，你应该做什么呢？放弃所有的"科学"，带着耻辱退出？

杰兰特：讽刺的是，我们都知道从来没有物理学家对科学理论产生过这样的反应。我们都不愿意承认自己的某个观点是错误的，这说明现代物理学就像一场闹剧。

接下来，物理学家要做的就是从荒谬的结论着手倒推出基本假设。在彭罗斯的观点中，这些假设包括经过验证的物理学原理，也包括合理的推断和猜测。其中哪一项被替换，可以避免得到那个"$1/10^{10^{23}}$"的概率呢？

比如，彭罗斯认为需要运用控制初始条件的原则。他主张所谓的"韦尔假设"，也就是说一个宇宙的开端总是平滑有序的。

人们始终在回避量子引力问题，我们也没有一个能描述宇宙早期阶段的理论。尤其是，暴胀之前发生了什么？有最小的空间区域吗？量子引力理论对于膨胀的宇宙的熵值会做何解释呢？这些都是很难回答的问题。

卢克：好的。我来试着总结一下，看看能不能得出一些结论。我们知道如何利用多元宇宙来解释微调论，也就是创造出大量不同的宇宙，而生

---

① 其他物理学家也有类似于彭罗斯在《通向实在之路：宇宙法则的完全指南》（2004）中提出的超前论点，即暴胀本身需要特殊的初始条件来产生一个庞大的宇宙，并且必然会发生。这是学术上一个关键点，所以我们要为那些希望获取更多资料的人提供一些参考。对于科普级别的阐述，请参阅卡罗尔的《我们的宇宙是自然形成的吗？》（2006）和《从永恒到此刻》（2010）。有关更多学术上的细节，请参阅佩奇的《暴胀不能解释时间的不对称性》（1983），荷兰兹和瓦尔德的《暴胀的替代选择》（2002），阿尔布雷克特和盛博的《宇宙能承受暴胀吗？》（2004），卡罗尔和塔姆的《幺正演化与宇宙微调论》（2010年）。表达反对观点的著作有卡夫曼、林德和马克翰维的《暴胀理论和替代宇宙学》（2002）。

命只会出现在那些经过微调的宇宙中。

令人欣慰的是，我们已经掌握了一些必要的知识。一些既有的物理学和宇宙学理论似乎能够创造出一个多元宇宙，尽管这些理论建立的初衷并不是多元宇宙。弦理论将自然常数升级成像场一样的动态事物。宇宙暴胀能创造出宇宙域，从而实现弦理论中的不同可能性。

尽管多元宇宙看上去似乎来自科幻小说，但它正作为一种科学理论面临着严峻的考验。最重要的是，它能做出预测。原则上，我们应该可以用多元宇宙理论推导出我们期待的观测结果。一个优秀的多元宇宙理论能做出一些即使是目前最好的理论也不能做出的预测，比如常数的值。从温伯格对宇宙常数的预测开始，这种方法已经取得了一些进展。

多元宇宙理论会面对很多批评，这并不让人感到意外，因为它不能被直接观测到。即使多元宇宙存在，我们也永远不会从其他宇宙那里获得信息。多元宇宙可能明天就全部消失了，而我们根本就不知道。这是多元宇宙和物理学中其他不可观测的宇宙实体的重要区别。如果宇宙中的所有夸克都消失了，我们可能知道，也可能不知道，因为我们会和它们一起消失。这不是什么了不起的事，证据就是证据，哪怕是间接证据，但我们有理由要谨慎行事。

此外，从现代物理学中借鉴的那部分内容也不一定特别可靠。尽管暴胀理论做出了成功的预测，但其背后的机制我们尚不清楚。不管弦理论在数学上多么有吸引力，但目前还没有任何实验证据，更不用说弦景观了。这个理论过于复杂，以至于它做出的预测很不可靠。比如，加利福尼亚大学的汤姆·班克斯认为，弦景观是不同理论的集合，使可能存在的宇宙变得更加复杂。在牛顿的引力理论中，重置质量并不能改变引力的强度，同样地，包括宇宙暴胀在内，没有任何物理过程可以实现弦景观中的不同可能性。无论班克斯的观点是否正确，都表明专家之间的分歧很大。

还有很多我们没有讨论的内容，包括其他的量子引力理论，比如圈量子引力论，以及挑战暴胀的理论，比如罗伯特·布兰登贝尔格的"弦气体宇宙学"。每个物理学家似乎每人都有一个自己的理论。不过我的想法是，我们的理论不过是知识海滩上的几颗鹅卵石，一切才刚刚开始。

尽管存在这些不确定性因素，但玻尔兹曼观测者问题仍然很难解决。多元宇宙理论就像在走钢丝，一方面，如果不同的宇宙太少，就几乎不会出现允许生命存在的宇宙；另一方面，如果未经微调的宇宙太多，就可能会导致一个到处都是玻尔兹曼大脑的宇宙。即使你的多元宇宙中极有可能包含广阔无垠、高度有序、有恒星和行星且适合生命存活的宇宙，大多数的观测者也看不到。

杰兰特：如果用积极的方式看待这些问题，那么我们可以说它们能帮助我们发现真正的多元宇宙，找到未经雕琢的钻石。

卢克：没错儿，但消极的一面是，如果很多的多元宇宙理论都半路被淘汰，相关研究看起来就会很不可靠。我们应该……对多元宇宙理论进行微调。

杰兰特：当然，还有更多的科研工作要做，有更多的方程要解，有更多的方程要建立，有更多的关于宇宙的知识要探索，有更多的实验要设计和完成。

我们已经取得了很大的进展。虽然引发暴胀和创造多元宇宙的过程实际上并不关心其中某个宇宙有没有适合恒星形成、岩质行星生成和对自己的存在感到好奇的人类生存的环境，但是，我们所做的研究对于宇宙背后的机制来说是一种约束，而这种机制我们才刚刚开始了解。今后我们还需要做大量的工作，宇宙学家和量子物理学家只有绞尽脑汁地思考，才有可能解决这个问题。

卢克：是的，我们正在接近宇宙起源的真相和终极的自然法则。我们比动物园里4岁大的孩子好奇心更重，问的"为什么"更多。也许我们已经接近科学能够解释的极限了。

还有一个更古老的答案。

杰兰特：我知道你要说什么！

宇宙的设计者是谁？

卢克：简单地说，宇宙包含生命，因为它就是样样形成的。

杰兰特：我以前好像听过这个答案。"形成"是它字面上的意思，即设计和构建吗？

卢克：没错儿，就是指设计和构建。从人们开始思考世界为什么是这个样子开始，许多人就清楚地看到，各个部分的世界是有目的地结合在一起的。宇宙的各部分共同完成了一些事情：太阳带来生机，地球提供营养，云给予水，植物将所有这些转化为食物和氧气，让动物茁壮成长，让人类诞生、成长、学习、爱和劳动。整个系统似乎是经过深思熟虑的产物，这意味着有人设计并构建了它。

杰兰特：但是，科学已经对其中的很多问题做出了解释。我们不再相信雷神的存在，或者说电磁定律和云的自然属性至少让雷神失去了工作。我们知道是什么为恒星提供能量，也能够解释光合作用的化学基础，还知道生命所依赖的生化过程。神或者是众神，还有什么可做的呢？

卢克：这正是微调论会让大家重新对这一观点充满兴趣的原因，科学领域存在着不同层次的解释：我们用各种定律解释自己观察到的现象，甚至用更基本的定律来解释其他定律，比如，化学定律来源于决定电子绕核运动方式的量子力学定律。

如果我说"生命似乎是严丝合缝的"，你说"这是因为生命依赖于化学"，那么我要问的下一个问题就是"化学是严丝合缝的吗？"。我们应该更深入地研究宇宙的科学规律。微调论表明，从最深层的物理学角度来说，宇宙是严丝合缝的，因为绝大多数的其他常数和定律都不允许任何生命存在。

杰兰特：我们刚刚讨论了多元宇宙理论是不是科学的一部分。我们都认为它可能是，尽管我们因为不可能真的观测到另一个宇宙而要谨慎一些，但经验证据可以判定一种多元宇宙理论是对还是错。

如果什么都是伪科学，那只能依靠神了。在世界各地备受人们信仰的神和女神中，我们应该讨论哪一个呢？

卢克：设计论证或目的论论证是西方哲学传统的一部分，也是众多关于上帝是否存在的论证之一。①不管这些论证是否成功，它们都为"神灵观念到底应该是什么"的问题给出了非常有价值的解答。

最著名的论证应该是托马斯·阿奎纳的"五种证明"，阿奎纳是 13 世纪的哲学家和神学家。有件事足以说明阿奎纳的重要性，16 世纪，罗马天主教会在召开具有划时代意义的特利腾大公会议时，有三本书被恭放在圣坛上：《圣经》、教皇的法令和阿奎纳的《神学大全》。《神学大全》是一本教科书，专门为已经学过两年亚里士多德哲学的学生所写。在用 3 500 页的篇幅来叙述上帝、宇宙万物、人类、意志、教会、伦理和法律等的属性之前，阿奎那先用了一页的篇幅总结了证明上帝存在的 5 种方法，这些方法在他以前的著作中已经详细讨论过了。

目的论论证是阿奎纳使用的第五种证明方法。在他发现这种方法之前，他提出了证明上帝存在的三种方法，被统称为宇宙学论证。在了解了

---

① 内森·施耐德（Nathan Schneider）有一本很有趣的书叫《神的证明》（2013），里面对这些论证的历史进行了讨论。

上帝这个主角之后，我们就可以言归正传了。[①]

杰兰特：你刚说到"宇宙"了吗？这与我们熟悉的宇宙学有什么关系吗？

卢克：是的，在某种意义上，希腊语中的宇宙（cosmos）词可以指代整个**宇宙**。宇宙学论证来源于一种认知，即宇宙需要一个超越其自身的解释，也就是说我们熟悉的事物指向了另一种不同的事物。[②] 你可以试着用这种方法来结束孩子没完没了地问"为什么"。

哲学家早就开始尝试判断有关宇宙的哪些问题需要额外的解释。对于柏拉图和亚里士多德来说，答案是"运动"（意思是任何形式的变化），它指向了一个不动的主动者。对于某些阿拉伯的哲学家来说，宇宙起源还有一个外部因素。在阿奎纳的第二种论证方法中，这种外部因素是因果力：在因果关系中，任何事物的存在都是有外部原因的。在阿奎纳的第三种论证方法中，这个外部因素是偶然性：宇宙原本有可能不是现在这个样子，所以无法解释为什么是这样，而不是别的样子。对于德国哲学家戈特弗里德·莱布尼茨来说，存在是一个需要额外解释的问题：必须有足够的理由来证明事物到底为什么存在。你可以看到，宇宙学论证实际上包含很多种论证方法。

---

① 为了好奇的读者，我们介绍一下另外两种，第四种方法被称为完美度论证。在这5种方法中，它是最容易被现代读者所误解的，尤其是那些很有可能没学习过亚里士多德的思想，并且在21世纪形成了非常不同的世界观（和用词习惯）。感兴趣的读者可以从费泽的《阿奎纳（初学者指南）》（2009）中接受有用的速成培训，沃德的《为什么几乎可以确定有上帝？》（2009）中的论述更加现代化。如果你想读阿奎纳的著作，不妨看看彼得·克雷夫特写的《总结大全》（1990），里面提取和解释了一些重要的部分。

② 说任何有关上帝的话都会引来别人说："我说的不是那个意思"。例如，阿奎纳会反对说上帝是一个物体，甚至是一种存在。存在并不是上帝所拥有的性质，而是上帝的一部分："上帝是万物的存在"。如果你不介意我缺乏专业知识的话，我会努力说一些可能有人会同意的观点。

杰兰特：好吧，这好像不是我熟悉的宇宙学，不过请继续说下去。

卢克：让我们从一个类比开始。如果你把身边的某个东西举起来再扔出去，它最终会掉到地上。然而，你周围的大部分东西都不会自己向下坠落。这是因为地板、地基、土壤或岩石的作用吗？不是，因为如果你把它们挖出来，再高高地举起来扔出去，它们也会掉在地上。如果所有事物都有"向下坠落"的趋势，为什么它们不是自己坠落的？

下面有三个选项：

    A. 地下全都是泥土和石块，每一层都在支撑着上一层。

    B. 原初事实支撑，有一个神奇的浮动层。尽管这个浮动层是由正常情况下会向下坠落的物质构成的，但它不会下坠，而且没有任何原因。"浮动层为什么不会坠落？"的问题没有答案。

    C. 自我支撑。一些物体以某种方式进行自我支撑。"为什么它自身不会坠落呢？"的答案完全取决于物体的种类。

在我看来，A选项根本不算解释，因为所有的层可能一起下坠。B选项很令人失望，几乎不知所云。宇宙的情况如此有序、易懂，却得出了无法从最深层次的角度解释的因（从下面支撑）果（不会坠落）关系。

C选项是正确解释，也是最令人满意的答案。地球的核心由其内部的压力支撑，并控制着地球的重心。这种物质可以自我支撑，对抗自身的引力，也可以支撑别的东西。

论证的逻辑是：为了解释为什么所有可以坠落的东西都没有自主坠落，我们需要假设另一种不同的东西，即一个无支撑的支撑物或自我支撑物。我们需要一系列的支撑物，比如，我被椅子支撑着，又被地板支撑着，还被地基支撑着，以及一个适当的而不是任意的停止点。

把这个论证中的"被支撑"替换成"存在"，你就得到了一个粗略版的宇宙学论证。为了解释为什么原本可能不存在的事物却真实存在，我们必须假设存在另一种不同的事物，或一个没有原因的原因，或一个不是被创造出来的创造者，或一种必不可少的存在。而且，这种尝试可以让你的解释更完美。我们需要把上帝视为一种必然的存在，其存在的理由源于其自身的性质。

杰兰特：宇宙为什么不能被视为一种必然的存在呢？

卢克：这是一个很好的问题，但在我说出答案之前……

几乎可以肯定的是，对于这些论证，你能想到的所有反驳的理由早已被提出，而且被争论了数千年。几千年来，西方世界的一些最优秀的思想家都在思考有关上帝、存在、因果、时间、理性、逻辑、解释、偶然性、必然性等问题。他们的天文学研究比我们早 2 500 年。你可能不同意他们的观点，但你至少应该知道这些观点是什么。如果你想反驳这些观点，就要深入挖掘它们。①

无数浅薄的反对意见对宇宙学论证基本没有任何杀伤力。典型的反对意见包括：如果一切都是有原因的，那么上帝的因是什么？或者，更直接地说，是谁创造了上帝？又或者，是什么在支撑地球的核心？反对者不仅揭示宇宙学论证的瑕疵，还展示出自身理解力的缺乏。为了解释"本来可以坠落的物体并没有坠落"，我们需要一种新的物体，即一种不可能坠落的东西。要解释"原本不可能存在的东西却真实存在"，我们也需要一种新的东西，即一种不可能不存在的东西。此外，争论的重点是否认一切都有因。这个论证引出了很多难题，但"谁创造了上帝？"却不在其中。

杰兰特：如果这些古代哲学家都相信上帝，那么这个论证会受到多大

①　如果你需要帮助的话，可以参阅奥皮的《关于上帝的争论》（2009）和索贝尔的《逻辑与有神论》（2009），二者是这些观点中呼声最高的。要反驳这些观点，请参阅斯温伯恩的《上帝是否存在？》（2004），以及《布莱克威尔自然神学指南》（克雷格和莫尔兰，2009）。

程度的重视呢？

卢克：相当大。相信上帝并不意味着认为每一个关于上帝的论证都是对的。比如，阿奎纳不相信你能验证宇宙有起点，部分哲学家对亚里士多德的思想持怀疑态度，17 世纪的科学家和哲学家布莱士·帕斯卡认为所有的"证据"都是失败的。所以对于上帝是否存在，我们只能赌一把。

此外，对于宇宙学论证而言，最著名的批评家是 18 世纪的哲学家大卫·休谟和伊曼纽尔·康德。他们传奇般的批评意见已经流传了几个世纪，所以宇宙学论证可谓身经百战。虽然这个论证现在可能站不住脚了，但哲学系一年级的学生仍然无法轻易理解它的内容。

回到你的问题：为什么不假设宇宙本身或者宇宙中的某些东西是无因之因或者必然的存在呢？简短回答是：物质世界不是无因之因。它是什么、它怎么样以及它如何运转都不是我们完全了解的，这就是科学需要进行观测的原因，我们不可能足不出户就对宇宙了如指掌。

杰兰特：我们无法在这里细说几千年来的争论，我们只要记住宇宙学论证旨在告诉我们上帝究竟是什么样子。

卢克：重点在于，上帝是必然的存在。下面这段总结非常有用。

> 如果上帝存在，他就不可能是碰巧存在的；也就是说，他的存在不可能是一件偶然发生的事……上帝不可能是容易走向消亡的存在……最后，上帝也不可能不存在。他的存在不像人类只是一种偶然。虽然我们的存在是不确定的，但上帝不可能这样。我们认为上帝能够独立存在，他存在的原因深藏于他自身的性质之中，所以不可能是偶然。从某种意义上说，上帝的存在是必然的，因为这似乎是上帝概念的一部分。[1]

---

① 怀特《上帝和必然性》（1979）。

为了结束一再的追问，只举出一个偶然存在的例子是不够的，而应该寻找一种不同的解释，即一种不用从外部寻找原因的存在。

哲学家们在上帝应该具备何种必然性的问题上众说纷纭。其中最强大的一种观点是逻辑必要性，然而它似乎并不适用于上帝，因为"上帝不存在"这句话中没有严格的逻辑矛盾。一些有神论者认为，上帝是真实存在的：上帝不依赖于其他存在而存在，而其他存在却依赖于上帝而存在。还有一种观点是形而上学的必要性：即使"上帝不存在"这句话没有严格的逻辑矛盾，但不可能存在上帝不存在的世界。无论如何，上帝都不只是现实购物清单上的一件商品。

请记住，我们正在试图理解上帝的概念。如果提出"为什么上帝是必然存在的？"这个问题，就像在问"为什么独角兽和犀牛只有一只角？"一样。我们可以回答，只有一只角是独角兽或犀牛概念的一部分。所以，应该问的问题是：现实中有什么东西与这个概念相匹配吗？上帝真的存在吗？

杰兰特：为什么要重点关注这个特殊的概念呢？

卢克：因为它能厘清上帝与宇宙及自然法则之间的关系。相信上帝存在的有神论并不认为宇宙是一个能够解释自身存在原因的自给自足的独立系统……更何况天上还有一个神奇的仙女在外面一边闲逛一边找事做。**宇宙**时时刻刻都完全依赖于上帝而存在。上帝是每一个偶然事物存在的原因，所以自然法则就是上帝自由选择的**宇宙**运行方式。它们不是凌驾于上帝之上也不是独立于上帝的基本原则。

上帝和宇宙的关系有点儿像作家和他 / 她的书。我们不会在霍格沃茨魔法学校邂逅 J.K. 罗琳，或者在美丽的维罗纳偶遇莎士比亚。我们不能因为发现一个新人物、破译情节或找到解释故事开端的那一页，就否定作者的作用。上帝并不是我们在科学研究中遇到障碍的时候匆忙创造出来的，它的出现比科学革命还要早几千年，在很大程度上也是科学革命者的世界观。[①]

面对科学几乎无法回答的问题，比如"为什么某个事物会存在？""为什么**宇宙**要遵循数学法则？"，还有史蒂芬·霍金曾经提出的一个著名问题"是什么赋予这些方程力量，并创造出一个它们可以描述的宇宙？"，以及"为什么宇宙是这个样子，而不是其他样子？"等问题时，站在云端长着胡子的智者无法回答，圣诞老人和天上的仙女无法回答，飞行面条怪物也无法回答。古希腊的许多神都由柏拉图和亚里士多德随意支配，不过他们看出了其他需要，不只是需要另一个事物，也不只是需要另一个神。

关键点在于，如果上帝不存在，这并不是因为我们找到了一个替代品，也不是因为科学发现；而是因为现实根本不需要这样的解释，也许这样的解释真的没有意义。

杰兰特：我有一大堆的问题，我们赶紧讨论一下吧。

老实说，"必然的存在"的说法非常令人困惑。我知道什么是必然的真相，比如 2 + 2 = 4，或者所有单身汉都是未婚的。但如果更仔细地考虑一下，就忍不住要问谁说2+2就一定等于4？谁说所有单身汉都是未婚的，因为"单身汉"的字面意思？谁说上帝存在？嗯……上帝？上帝的本质？上帝的定义？到底哪一个是所谓的形而上学的必要性？

卢克：这些都是哲学家和神学家争论了几千年的问题，即使有神论群体内部的意见也不一致。

必然的存在是指由于其本身的性质而存在的事物。这就是上帝可以结

---

① 我不是历史学家，所以让我引用一句历史学家说的话。玛格丽特·奥斯勒在《科学革命将科学从宗教中解放出来》（2010）中说："研究自然世界的整个事业都被嵌在神学的框架，强调神的创造、设计和旨意。这些主题在 17 世纪几乎所有主要的自然哲学著作中都非常突出。"当然，我们不能要求太多。现代科学很大程度上都要归功于阿拉伯、希腊、罗马和巴比伦的思想家以及对新技术感兴趣的商业、民用和军用机构。

束没完没了的"为什么？"的原因。"2 + 2 = 4"和"我的名字是卢克"这两种说法都是正确的，但它们的真实性却有所不同。第一种说法一定是真的，而第二种只是恰好为真。无论如何，第一种说法都是真的，而第二种说法的真假则取决于我的父母，而且有可能是不对的。模态逻辑是基本的"真假"逻辑的延伸，包括不同类型或模式的真理。直白地说，"2 + 2 = 4"是必然的真相，而"我的名字是卢克"只是偶尔为真。

所以，正如有不同模式的真理一样，可能也有不同的存在模式。"上帝是必然的存在"的观点的吸引力在于它能解释任何事物存在的原因，以及为什么有偶然存在的事物。也就是说，尽管像我们、行星和宇宙这样的事物都真实存在，但并不是必然的存在。[①]

杰兰特：我的下一个问题是：上帝复杂吗？或者说，上帝比已知的复杂事物更复杂吗？

卢克：这是一个非常重要和普遍的问题，因为如果上帝是复杂的，那么任何关于上帝存在的论证都会迅速失效，所以复杂性会导致上帝的存在变得不可能。

理查德·道金斯在《上帝的迷思》（*The God Delusion*）一书的第 4 章中提出了这个反对观点。不过，他的观点比较粗略，所以我们必须增加一些细节。我认为他的论证应该是：

（a）有组织的复杂事物是不可能存在的。

（b）设计者比他设计的东西更有组织且更复杂。

（c）因此，设计者比他设计的东西更不可能存在。

---

① 模态逻辑在上 20 世纪得到了显著的发展。详见亚历山大·普鲁萨克和乔舒亚·拉斯马森即将出版的新书《必然的存在》，其中详述了模态逻辑的发展对有关上帝存在争论的影响。

（d）因此，上帝（终极设计者）是最不可能存在的，而更有可能的存在是宇宙。

针对这个论证我有两点意见。首先，上帝复杂吗？宇宙是一个复杂的地方，所以在我们的观点中必须有一些解释复杂性的内容。方法就是把复杂性变成我们的观点的结果，而不是变成观点的一部分。一个观点不会因为产生了复杂的结果就受到诟病。上帝的常见定义中一般会包含必然的、自由的、全能的存在。有些人认为这个定义还可以精简些：上帝是完美的存在，或者是我们所能想象的最伟大的存在。

其次，我认为这个论证存在模棱两可的谬误。也就是说，其中一个词在论证的过程中意义改变了。道金斯说：

> 同样的直观预测表明：脊椎动物的眼睛不太可能是偶然出现的（眼睛的组合方式有多少种，它们中有多少有视觉？），关于上帝的存在，我们也有类似的预测。[①]

更准确地说，我们应该把前提（a）改写成"有组织的复杂事物不可能是偶然出现的"。但是，如果这是论证中的"不可能"的意思，那么它的结论应该是"上帝极不可能是偶然出现的"，有神论者完全可以接受这一结论，因为它并不意味着上帝的存在是不可能的。

杰兰特：上帝有存在的必要，但如果在一个什么都不存在的宇宙里，上帝是否有存在的必要呢？我可以想象这样一个宇宙，那里没有上帝。

卢克：当然，你说的"什么都不存在"也没有逻辑矛盾。但是，你想象的是什么都没有的宇宙，还是一个黑暗的真空区？

---

① 理查德·道金斯《给迈克尔·普尔的回信》（1995）。

杰兰特：把上帝的存在说成上帝本身的一部分似乎混淆了"什么是什么"和"什么是否存在"这两个问题。毫无疑问，"上帝是什么？"和"上帝是否存在？"是彼此独立的问题。

卢克：即使对那些相信上帝的存在是绝对必要的人来说，"上帝是什么？"和"上帝是否存在？"也不是同一个问题。所以，人们有理由问：上帝有必要存在吗？

但这样一来，赌注也增加了。上帝的存在不能只是存在，他的存在要么是必然的，要么是不可能的。

杰兰特：如果我们改为探究上帝存在的事实必要性，就像你之前说的那样，上帝似乎并没有回答为什么万物会存在的问题。所以，上帝是终极的偶然存在，说到底还是偶然出现的。

卢克：是的，一个事实必要的上帝在理论上是偶然出现的，所以无法解释为什么万物会存在这个问题。对一些人来说，这个理由足够说服他们放弃上帝必然存在的观点。对于其他人来说，上帝是对偶然事物整体上最简单的解释，即它们最终都是由一个全能的、自由的实体创造的。

我认为关于上帝必然存在的想法似乎带有欺骗性。一个事物怎么能借助其自身的性质来解释自己的存在呢？我认为许多神话哲学家都认同，必然的存在是一种非常奇怪的想法。上帝完全不同于我们熟悉的任何东西，这是重点。宇宙学论证致力于寻找可以解释存在本身的事物，而日常生活中我们熟悉的事物无法做到这一点，我们周围的偶然事件也无法解释存在本身。我们只需要试着习惯解释存在本身的论证方法，因为在我看来，另一种方法更糟糕。

杰兰特：它是什么呢？

卢克：自然主义。[①]物质的东西是唯一的东西，大自然的终极法则是一切现实的终极原则。宇宙是绝对偶然的存在，因此无法解释。在所有可能存在的事物和可能发生的事件中，为什么会有这些东西和这些事件呢？自然主义者说，这个问题没有答案。这并不是因为我们找不到答案，也不需要更多的思考和证据，而是因为这个问题在原则上是无法回答的。

杰兰特：我们无疑找到了最简单的选择，不再需要未知的、令人迷惑的各种存在物。比如，在科学领域，我们将完全依赖于实证证据，并且只说"事情就是这样"即可。正如肖恩·卡罗尔所说："关于宇宙中发生的事情有一系列的解释，只要它们最终符合自然界的终极法则，就无须再做解释了。"

大自然终极法则的特点是，它们可以解释科学的经验事实。当然，原则上是这样，因为实践中我们往往解不出方程。然而，这无关紧要。有了大自然的终极法则，我们就有了简单、精确的数学理论来解释科学研究收集的所有数据。现在，我们就可以庆祝一下，去酒吧喝一杯了。

卢克：只有充分理解科学的终极规律，我们才能真正理解周围的物理现象。示意图如下：

---

① 其实还有很多别的选择。休谟认为，一个偶然事物组成的无限序列，而且每一件事都由前一件事情来解释，并且是下一件事的原因，这个序列就足够了，不需要别的解释。这就像选项 A：地球一直在下坠。事物的无限序列原本有可能是不同的，而且原本有可能根本就不存在。

我们可以用 17 世纪荷兰哲学家斯宾诺莎的话来说，抛开表象来看，宇宙的出现并不是偶然的。我们周围发生的一切都必须存在，而且每个事件都必须发生。或者，有某种必然的的存在，这种存在更像一种机制而不是一个人。这似乎也能使宇宙的存在成为必然，而且在任何情况下都以自然主义的方式来处理微调问题。还有约翰·莱斯利写的《价值法则》中说：偶然出现的事物存在是因为它们应该存在。道德要求是有创造性的。我想如果这种说法是真的，那就好了……

《世界为什么存在？》（2012）中有比较通俗易懂的解释，奥康纳在《有神论和终极解释》（2008）中的观点则更加经久不衰。

然而，科学并不知道是否存在能解释大自然的终极规律。

相比之下，自然主义则不是不可知论者，它宣称没有什么东西可以解释终极的自然规律。也就是说没有通向"科学盒子"的箭头，示意图如下：

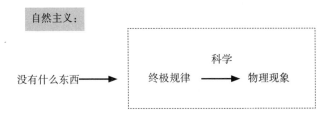

相反，有神论者认为，上帝创造并维持宇宙运转的方式是持续的、理性的和可观测的。发现这些规律使我们能够理解并预测物理现象。[①] 示意图如下：

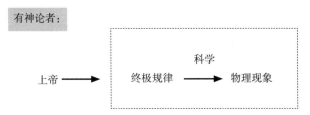

而且，这不是一次后科学革命，修正主义的神正一步步退出我们的视线。奥古斯丁在约 415 年说道："在整个造物过程中，大自然的发展具有一定的规律……支配着万物可做什么不可做什么。凌驾于大自然的所有的变化和发展之上的是造物主的力量。"阿奎纳在 13 世纪指出："一定存在接受神

① 这张图不应该代表自然神论，因为图中的关系在宇宙中的每一个地点和时间点都成立。

话的中间人；上帝让上等人去统治下等人，这不是因为他的能力所不及，而是因为他的仁慈。就这样，因果关系的尊严被平等地赋予了万物。"①

上帝在这里不是任何科学理论的竞争对手。有神论的对立面是自然主义，而不是科学。有神论给出了一种解释，自然主义却没有提供任何解释。要说自然主义与有神论相比有什么可取之处的话，就是有神论过于轻率地解释了不可解释的问题。但是，自然主义也没有提供更好的对大自然终极规律的解释。

因此，科学规律在自然主义者和有神论者眼中是一样的。考虑到一些定律在数学上遇到的困境，大自然的终极规律在自然主义者和有神论者眼中都是不一定存在的东西。在物理学中，我们解出方程的根，再与一些实验观测结果相比较，所有这些都不需要任何更深层次的定律。有神论没有告诉我们大自然的终极规律是什么，所以我们才需要科学。但是，自然主义也没有告诉我们大自然的终极规律，它只是告诉我们物质不能解释自己的性质和作用。科学的成功并不是自然主义的成功，自然主义的预测也不是科学的预测。

杰兰特：那么，我们如何在自然主义与有神论之间做出选择呢？

卢克：就像对待其他观点一样，我们要考虑其本质上的可能性。我们可以分别用这两种观点来检视周围的事物是不是令人奇怪或者出人意料。回到前文中举过的那个例子，如果我们认为"窃贼猜中了保险箱的密码"，那么当窃贼第一次就正确地输入了 12 位数字的密码时，我们应该大吃一惊。这提醒我们，也许应该考虑一下"内部人作案"的可能性。

现在，让我们站在自然主义的角度看看这个宇宙。你觉得神奇吗？如果确实有一个宇宙存在，它必定以某种方式存在。那么，为什么不是这种

---

① 奥古斯丁《论灵意与字句》（1982，第 93 页）。阿奎纳说的话引自克雷夫特《总结大全》（1990）中第 22 个问题。

方式呢？

杰兰特："这种与某种"的说法对于贝叶斯定理来说是一个危险信号。① 贝叶斯理论的核心原则之一是信息不能被随意忽略，所有的证据都必须加以考虑。

比如，假设基思赢了彩票大奖，在 1 000 万种可能的号码组合中选择了正确的那一组。在公平的情况下，基思的中奖概率是 1 000 万分之一！那么，基思作弊了吗？你可能忍不住会说我们应该计算一下某个人中奖的概率，而不是这个人中奖的概率。这是行不通的，因为这种说法默认基思只是一名普通的彩票玩家，但这恰恰是我们想要验证的情况。为了计算某个人的中奖概率，我们必须抛开对于基思的全部了解，因为其中一些信息可能会影响计算结果。基思也许是一个臭名昭著的骗子，认识彩票销售人员，而且有人看到他在机器上动了手脚。

卢克：所以，我们正在考虑从自然主义的角度看，这个宇宙存在的可能性有多少。在我看来，尽管对在自然主义而言没有哪个宇宙是出人意料的，但还是有很多可能存在的宇宙，想想迄今为止我们已经了解的和尚未思考过的所有不同的宇宙。

在自然主义中，没有哪个可能存在的宇宙比其他任何一个宇宙存在的可能性更大，因为没有什么可以超越自然的终极法则，或把我们推向任何特定的可能性。这不只是因为我们不了解背后的原因，还因为根据自然主义，没有什么可以解释为什么事实会依某种情况而变，而不是依其他情况而变。

在概率上，我们称这样的理论是信息不充分的，这不是一个贬义词。概率就是根据已知的信息，计算出某件事的确定性程度，但有时我们并不

① 回顾一下我们在第 7 章结尾处对贝叶斯概率论的讨论。

了解相关信息。信息不充分的理论往往假设很少，所以看起来很简单。但它们的概率受到所有可能情况的摆布。如果可能的情况非常多，概率就会被分散，也就意味着某种特定情况发生的可能性很小。比如，打开保险箱所需的数字密码位数越多，可能的情况就越多，不知情的窃贼猜中密码的可能性就越小。

而且我们之前说过，很小的可能性让你有机会考虑要不要换一种观点。如果采取另一种观点，这个宇宙更有可能出现，而且不是随意决定或者违背本质的，这种观点就更有可能是真的。

杰兰特：你的意思是，如果上帝存在并设置了自然规律，只要这个宇宙符合上帝的"口味"，它就很有可能会出现。

但问题是，我们不能通过方程预测上帝会做什么。那么，你怎样才能得到这些概率呢？

卢克：这是一个很好的问题。上帝不可能是科学理论的一部分，因为上帝不是物理存在。自然主义也不是科学理论，其中并没有方程。所以，从这两种观点看来，物理方程都是一样的。

在这里，我们需要用到自己的直觉，而不能指望计算出精确的概率。还有一种选择是不再深究这些观点是否正确。

杰兰特：接下来要说的就是我们一直在等待的微调论。

卢克：微调论向我们展示了已知自然规律的一个特点，看起来十分令人惊讶，方程中的某些内容还需要做出进一步的解释。我们的宇宙在孕育有智慧的道德代理人方面有非常罕见的天赋，这些道德代理人是有意识的自由的生命形式，能生存、学习和相爱，能思考数学和音乐，能探索世界，能做出重大的伦理决策，能相互沟通协作，并能养成一种品德。

杰兰特：但是，有神论如何使某个特定的宇宙变得更有可能存在呢？上帝应该是万能的，不会做出任何自相矛盾的事情。如果上帝能做到一切，就有可能什么都做，没有什么事物能阻止一个拥有无上权力的存在去创造他喜欢的任何东西。一个无法告诉我们任何特定结果的解释和没有解释一样糟糕，所以有神论与自然主义一样糟糕。

卢克：不妨这样想。我不会打鼓，这是与我相关的信息。如果你把我放在一个有鼓的房间里，那么我不会打鼓的事实就会限制你可能听到的声音。也就是说，所有可能从房间中传出的鼓声中，绝对不会有像专业鼓手打出的那种声音。如果你邀请到摇滚乐的传奇人物戴夫·格罗尔[①]，他曾经是涅槃乐队、喷火战机乐队和石器时代皇后乐队的主唱，就能听到更多种可能的鼓声。更强的能力对应着更多的可能性，也就更没有理由预期任何特定的可能性了。

不过，再好好想想这个例子。格罗尔不仅能力更强，他还是一位音乐家。尽管他能敲出更多种可能的鼓声，但他觉得其中有些声音更好听，更富艺术性。所以，他更有可能演奏那首《无人知晓》，而不是像业余爱好者一样乱敲一通。

总之，我的观点是，你可以说上帝的全能不能决定我们的归宿，但上帝应该是完美的，而不是失控的宇宙工厂，随心所欲地创造出各种宇宙。我们更期望上帝能创造出符合伦理标准的宇宙。

杰兰特：我们怎么知道上帝的伦理标准呢？如果假设我们可以读懂在道德上完美无瑕的全能上帝的思想，恐怕是有点儿不知天高地厚了。

卢克：我来介绍一下理查德·斯温伯恩在他写的《上帝是否存在？》一书中所进行的详细研究。简短地说，就是我们有道德标准，尽管这个标准像我们对物理现实的认知一样不完美，而且零碎繁杂。但是，如果相信爱比恨更好而且有尊严的人相信某件事是真的，那么这种相信肯定是有原因的。

---

① 我们真希望戴夫能读读这本书！

　　同样地，如果我们发现了一个数学定理，就知道了一位完美的数学家会知道的东西。如果我们找到了道德的真谛，就知道了一个完美的道德代理人遵循的道德准则。

　　其实，我们在这里似乎不需要进行太多的猜测。爱需要有一个对象，而一个符合道德准则的世界需要的是道德代理人，也就是有自由意志的生物，他们能认识并欣赏美好的事物、做好事，能相互作用、相互影响、彼此负责，能探索周围的环境，领会美好、爱情、知识和真理之美。一个能产生和维系这种生物生存的宇宙就是一个有道德价值的宇宙，一个上帝可能会创造的宇宙。

　　这里用"可能"就足够了。回想前文中讨论过的纸牌游戏，鲍勃给自己发了 5 把同花顺的牌。简怀疑鲍勃作弊，但鲍勃反驳道："你根本不了解我！就因为我是一个自由人，可以做自己想做的，你就自以为是地认为我在作弊。"但简仍怀疑鲍勃作弊，而且似乎有很充分的理由。连续 5 把同花顺牌出现的概率是 10^{29} 分之一。因此，简不需要假设鲍勃会作弊，或者有可能作弊。她只需要假设在他们开始玩牌之前，鲍勃作弊的概率远远大于 10^{29} 分之一。鲍勃必须用一个特别强有力的无罪推定才能反驳简的指控。同样地，只有一个非常强有力的反驳上帝想要创造一个包含道德代理人的宇宙的假设才能影响我们的结论。

　　这是最关键的一句话。我们已经看到，有很多可能存在的宇宙是不适合人类居住的荒芜之地。自然主义在没有掌握进一步信息的情况下，就认为所有情况都是有可能的，以此来规避预测错误的风险。但这也导致自然主义完全受现实中所有可能情况的影响，处境非常尴尬。这可能是一种情况最糟糕的信息不充分假说，因为它受制于每一种可能存在的物理事实。

　　相较之下，有神论提供了一种自然主义和科学都无法提供的解释。它有可靠的情报，所以在少量允许道德代理人存在的宇宙上押下了大赌注。

当这样的宇宙出现时，它就能"赚得盆满钵满"。①

杰兰特：等一下……既然爱因斯坦说"上帝不掷骰子"（尽管是在不同的语境中），为什么上帝却在允许代理人存在的宇宙上押下赌注呢？

卢克：让我们把那个打赌的类比讲清楚。我们所谈论的概率是指置信度，而不是可能性，我们并不认为上帝创造宇宙是偶然事件。同样地，在讨论这个宇宙在自然主义中的概率时，我们认为不存在偶然发生的过程在大量炮制自然主义的宇宙。这些都不是我们在描述物质的不确定性的物理理论中使用的客观概率。

这些概率属于贝叶斯定理的范畴。它们描述的是我们了解的事物，已经存在于我们的头脑中。我们想知道这些观点是否真实，贝叶斯概率是能够帮助我们的工具。押下赌注的是有神论，而不是上帝。

杰兰特：但是，我们的脑海中仍然有这样一幅画面：上帝在各种可能存在的宇宙中漫游，想要找到一个合适的宇宙。这听起来有点儿像特里·普拉切特在他的作品中所写的：②

---

① 与宇宙学论证一样，关于设计也有各种论证。这里只是其中一个版本。

　　一个更有名的不同版本是由威廉·佩利提出的，他说：如果你在荒野中行走，发现一只怀表，那你根据什么原理才能知道这一切是被设计的而不是意外？佩利让我们把同样的原理应用于眼睛、肌肉、骨骼、循环系统，有趣的是，还有万有引力定律的形成。请注意，这不一定是由类比而来的论点。在生物领域，它就是一种"填补空缺的上帝"的论证，因为上帝要与科学理论直接对抗。更现代的"智能设计"运动努力证明，我们对于自然原因的了解表明它们并不能填补某个特定的知识缝隙（例如细菌鞭毛、生命起源和生物信息的形成）。微调论的观点是（或至少应该是）不同的，因为它和任何科学理论都没有竞争关系。

　　阿奎纳的第五种方法与佩利的观点不同。对于阿奎纳来说，任何因果规律都表明，自然事物，不光是眼睛，还有行星、云和电子，都有一种固有的产生一些结果和效果的倾向。所以他得出结论："任何缺少智慧的存在都无法走向终点，除非被那些有知识和智慧的存在所控制；就像箭被弓箭手射出，击中靶子一样"。详见克雷夫特的《总结大全》（1990）和费泽的《阿奎纳（初学者指南）》（2009）。

② 来自《灵魂音乐》（1994，第 13 页）。

众神摆弄着人的命运。但一开始，他们必须先把所有棋子都放在棋盘上，再掷骰子。

卢克：正如概率在我们头脑中一样，可能性也是这样。当我们从有神论和自然主义的角度看世界时，就会面对一系列的可能性。我们可以把它们叫作概念上的可能性，即根据已知的一切，这些宇宙都有可能存在。

从自然主义的角度看，除了一致性之外，它对于我们所期望的物质世界没有任何限制，因为没有任何东西可凌驾于自然法则之上。因此，概念上的可能性非常多，根据已知的一切，任何具有自我一致性的宇宙在自然主义中都有可能存在。

现在，从有神论的角度看，根据已知的一切，什么样的宇宙是有可能存在的呢？这并不是在问对于上帝来说什么样的宇宙是有可能存在的。除非你是上帝，否则如果你没有掌握相关信息，就不能把它纳入考虑范畴。记住，推理是利用你掌握的信息尽可能地努力思考。所以，有神论在概念上的可能性和自然主义大致相同，也就是说根据已知的一切，任何具有自我一致性的宇宙在有神论中都有可能存在。

所以，这两种观点的区别在于它们为不同的可能性分配的概率。

杰兰特：上帝到底为什么要对宇宙进行微调？上帝难道不能在任何一个可能的宇宙中创造生命吗？

卢克：在有神论中，自然法则只描述了上帝维系宇宙运转的方式。所以，"上帝可以一直不遵循自然法则"的说法是没有道理的，因为这种一贯的不一致本身就是一条规则！我想起了在刘易斯·卡罗尔所写的《爱丽丝漫游仙境》中，白皇后向爱丽丝解释说：

"这里的规矩是，只有明天或昨天有果酱，但今天绝不会有果酱。"

爱丽丝反驳道："一定会有'今天有果酱'的时候的。"

"不会的。隔天才有果酱。今天是要隔过去的那一天，你知道的。"白皇后说。①

此外，如果说上帝随意创造了一个宇宙，然后不时地调整一下使其允许生命存在，这似乎有欠考虑。一个从一开始就具有合适定律的宇宙会更简单，也更容易研究。

不过，我能看出这个论证过程是有问题的。为了让大家一目了然，我来总结一下。

1. 自然主义对于自然终极规律的信息掌握得不充分。

2. 有神论偏爱允许道德代理人存在的自然终极规律，道德代理人包括智慧生命形式。

3. 已知的自然法则和常数是经过微调的，令人难以察觉的小幅微调就能产生智慧生命。

4. 因此，这种宇宙在有神论中出现的概率要比在自然主义中大得多。

杰兰特：没错儿。步骤 1 和 2 中所说的自然终极规律和步骤 3 中的已知自然法则之间存在相当大的差距。物理学家在拓宽和提升我们对于自然规律的理解方面已经取得了很大的进展，从亚里士多德到牛顿，到爱因斯坦，② 再到 20 世纪众多精心构建量子物理学的科学家。21 世纪初才崛起的物理学和宇宙学几乎肯定不是宇宙内部工作原理的最后结论，而应该是自

---

① 《爱丽丝漫游仙境》（1871）中的第 5 章。

② 如果你怀疑亚里士多德与牛顿和爱因斯坦一样，都是伟大的物理学家，那么请参阅罗维利的《亚里士多德物理学：一位物理学家的视野》（2015）。

然主义不熟悉的自然终极规律。我们无法通过改变自然终极规律和自然常数，来研究它们是否经过了微调，因为我们根本不知道它们是什么！

因此看来，这个论证陷入了进退两难的境地。如果有神论者声称上帝微调了我们熟悉的自然规律和常数，就不只是在与自然对抗，还在与科学对抗。有关微调论的争论变成另一个"填补空缺的上帝"的事物，更深层次的科学理论可以解释常数的值，再一次否定了借助神来解释问题的必要性。

卢克：这是一件令人担心的事，我们已知的自然规律和自然终极规律之间的差距往往被人们所忽视。然而，我不认为自然终极规律会推翻我们的论证，原因有以下三点。

第一，我们能做的就是调查已知的自然规律，以及更深层次的物理定律。我们对微调论已经尽可能深入地进行研究了。此外，我们发现微调一直伴随着我们，没有任何迹象表明微调会在更深层次上消失。为了解释质子的质量，除了其他原因以外，我们可以从夸克质量的角度去解释，可以从希格斯场性质的角度去解释，还可以从超对称性的角度去解释，在各个层面都有人为的限制。同样地，生命对于**宇宙**初始的膨胀率、密度和摄动的要求，可以转化为对于暴胀性质的要求。

第二，除非自然终极规律与我们所熟悉的所有定律完全不一样，否则即使没有常数，仍然可以改变初始条件。比如，弦理论中就有充分的自由度，虽然既有理论中的常数变成了初始条件，但自由度没有改变。我们可以随意改变数学框架中的任何部分，比如方程的形式。

第三，已知定律所描述的宇宙仍然是可能存在的宇宙。在这些描述中没有逻辑或数学上的矛盾。如果有，我们早就排除它们了。这些描述构建了一个可能的物理空间，在这个空间里，生命是经过微调的。我们之前说过，即使爱因斯坦梦寐以求的没有自由参数的理论真的出现了，也不能证明宇宙不可能是其他样子。

此外，关于我们是否应该期待没有自由参数的自然界终极规律在自然主义中出现，也是存在争议的。既然我们能够接受偶然出现的事实，为什么不能接受偶然出现的数字呢？又为什么要期待在自然主义中出现简单的理论？[①] 我们已经研究了一些可能的自然终极规律，即使它们不太可能是这个**宇宙**的终极法则，但足以引发争论。

杰兰特：在我看来，这里有一个大问题。我能想象出比现在更好的宇宙。我希望有一个道德上完美的存在能创造出一个道德上完美的宇宙，或者至少是最好的宇宙。我希望上帝能审视一下这个可能存在的宇宙，注意到癌症、死亡、仇恨、战争、苦难和疼痛，并迅速让它们消失。上帝也许更喜欢一个有道德代理人的宇宙，而不是这个烂摊子。

从有神论的角度来看，罪恶和苦难都是令人惊讶的存在。但从自然主义的角度看就没有那么大惊小怪了，因为任何一种宇宙中都有可能出现。由此可见，这个宇宙在有神论中是不太可能出现的。

卢克：罪恶和苦难问题是反对上帝存在的最著名的论证。苏格兰哲学家大卫·休谟指出，"伊壁鸠鲁的老问题并没有得到解决。他想要阻止罪恶，做不到吗？那么，这只能说明他无能为力。又或者他能做到，但却不愿意去做？那么，这只能说明他是恶毒的。再或者他既有能力又愿意去做呢？那么，罪恶从何而来呢？"[②]

---

① 奥卡姆剃刀原理，即简单的理论有效是应该成为所有可能的世界中应该遵循的一般推理原则，还是在我们的宇宙中起作用的经验法则呢？一方面，增加假设就会叠加概率，从而使复杂理论成立的可能性更小。另一方面，我想我可以想象出奥卡姆剃刀原理不适用的世界。如果世界本身是完全混乱的，那么期待简化就是非常幼稚，而且往往是错误的。这也是本章中众多未解决的问题之一。

② 休谟《有关自然宗教的对话》（1779），第10部分。休谟对伊壁鸠鲁的观点引用是否准确还有些争议。

人们对这个问题众说纷纭。古希腊人对它进行了讨论，并在《约伯记》中提及它，但没有直接给出答案，直到今天这仍然是一个让人头疼的问题。我下面所说的这些不过是九牛一毛。

有神论的典型回答来自奥古斯丁："上帝断定，利用恶来成全善要比不允许任何恶存在更好。"这样的说法合理吗？什么善值得利用恶来成全呢？一个常见的答案是自由意志，它是一件危险的礼物，但对爱而言是必需的，或者说在道义上的确是有意义的行为。这样一来，我们就可以讨论自由意志相同的世界会不会比现在的世界更好之类的问题。

我们言归正传。请注意，设计论证和罪恶问题是同一枚硬币的两面。它们都在问：一个道德上完美的存在会创造出这样的宇宙吗？那么，我们就看看认为上帝存在的观点能不能既解决罪恶问题，又化解设计论证的困境。比如，如果有神论者因为反对我们在知识、空间和时间上受到限制，所以不能判断善是否可能来自某些被感知的罪恶，自然主义者就可以说我们不能判断罪恶是否可能来自这个宇宙中被感知到的善。所以，也许我们并不知道上帝对这个宇宙是否满意。

无论如何，记住我们是站在有神论的角度看世界的。在有神论中，由显而易见的恶所成全的善要比由显而易见的善所成全的恶更有可能出现，因为我们有一位善良的上帝，指引着**宇宙**走向美好的未来。

最终，有神论者只能选择咬紧牙关。是的，我们**宇宙**中的恶太令人惊讶了，我不知道它为什么存在，又为什么有这么多的恶。但是，我不会像自然主义者表现得那么惊讶。典型的自然主义宇宙中根本不包含道德代理人，也就没有恶和善。所以，自然主义面对着两个令其惊讶的问题：恶的问题和善的问题。

杰兰特：好吧，我相信你也认为我们今天解决不了这个争论。但是，我认为我可以总结一下你的想法。对你来说，宇宙属性显然是经过微调的，因此才允许像你这样的有生命、能思考、活跃的生物存在。这一切并不是一个意外，也不是暴胀的宇宙中像骰子一样随机存在的事物。对你来说，条件是事先设定好的，各种参数也根据生命存在的需要被设定好了。

这个宇宙包含善，比如自由的道德代理人和所有他们能做、学习和欣赏的一切。这些特性的出现不是偶然的，它们反映的是造物主的意图，也就是那个设定参数的存在。我总结得怎么样？

卢克：大致就是这样。但是，我觉得你并不接受这个论证。

杰兰特：没错儿。我认为，道德观念是在我们进化的过程中产生的，目的是让我们在群体和家族中生存和发展。无论如何，所有人都会有看上去不太道德的时候。

卢克：不要把我们如何获得道德观念的问题，与道德观念是什么的问题混为一谈。我也从进化的过程中得到了眼睛，当眼睛告诉我那里有一棵树时，我相信它们是对的。当然，知道做什么是对的并不能保证做出的事情是对的。我们在道德上并不完美，但我认为我们知道的已经足以让我们理性地思考关于道德和上帝的问题。

杰兰特：这个论证看起来还是假设太多，而解释太少。宇宙有可能接受了造物主另一种方式的微调，不过没有任何最佳、完美之类的说法。

卢克：请继续。

计算机中的模拟宇宙

杰兰特：宇宙经历的微调看起来就像事先编好的程序。我的意思是科学家也可以通过编程这种方式在计算机上建立模型，探索**宇宙**的奥秘。我们可能就生活在某个"程序员"电脑里的模拟宇宙中。

卢克：这位"程序员"怎么知道在模拟的过程中设置什么物理定律，

才能使生命形式不断进化并探究他们为什么存在呢？

杰兰特：事实上，这与多元宇宙理论差别不大。优秀的程序员会研究不同参数带来的影响，可能会进行许多次独立的模拟，然后对不同的结果进行比较研究。大多数模拟都会产生没有生命的宇宙，但我们却发现自己生活在一个生机勃勃的宇宙中。

卢克：所以，我们伟大的造物者是一位理论物理学家，他在计算机上模拟着不同的宇宙。这听起来有点儿耳熟……上帝的身份怎么和我们一样？

无论如何，这是一个合乎逻辑的观点。我们不妨从这个角度思考一下，假设我们是模拟宇宙中生活在一个围绕模拟恒星运转的模拟行星上的模拟存在，会得到什么有趣的结果吗？

杰兰特：我们在模拟物理现象时，需要取近似值，因为计算机的计算能力有限，会束缚我们的模拟过程。假设要模拟宇宙膨胀过程中物质的演化过程。尽管我们知道气体是由原子组成的，暗物质也是由一些基本粒子组成的，但是我们无法模拟单个原子和粒子的运动，因为现在的计算机实在没有足够的内存来处理如此庞大的数据。

宇宙学并不是唯一需要取近似值的学科。当模拟水流经管道的过程，或者空气流过飞机机翼的过程时，我们不会把水和空气看成是一个一个的原子，而是把它们看作连续流体。为什么？尽管这在微观上是失败的做法，但它们却能以我们感兴趣的尺度来展现现实世界中的现象。

卢克：所以，如果我们也是模拟出来的，我们就是程序员对更复杂的宇宙取近似值之后的结果吗？

杰兰特：不一定。程序员可以模拟他们能想到的具备数学上的一致性的任何物理定律。在我们的宇宙中，需要把物理定律与自然做比较，以判断它们能否准确地描述我们观测到的现象。要做到这一点，我们需要验证模拟结果。我们可以用这种方法验证任何定律，哪怕只是出于好奇心或者为了好玩。

与大多数书面计算过程不同，计算机模拟可以从不同的细节入手来构建宇宙，就这样，计算机中有了各种小宇宙。

卢克：我想先弄清楚一件事，你是说我们应该认为这些模拟产生的宇宙和我们所在的**宇宙**一样真实。在我们的宇宙中，这些模拟宇宙只是一长串的 0 和 1，但在计算机程序里"生存"的人却生活在一个功能完备的宇宙中。

杰兰特：我想是的。我们不太了解要创造出有意识的个体，需要怎么做，但我们可以模拟创造生命的过程。

我想，还有一个问题需要思考。我们都编写了使用伪随机数发生器来探究可能性的程序。所有类型的模拟宇宙的产生都有很多原因。程序员的注意力不只是放在这个宇宙上，他也不只是想着如何创造生命，人类可能只是副产品。程序员的注意力可能主要放在模拟的其他方面，他甚至可能不知道我们的存在。

卢克：好吧，我希望他不会因为感到无聊而停止模拟。

杰兰特：我们还应该希望，更高层宇宙中的"清洁工"不会为了给他的多维真空吸尘器充电而拔掉电脑的电源插头。

卢克：2015 年，我烧了三块电脑逻辑板，这可是一个新纪录。所以我希望那些更高维数的电脑冷却风扇能开到最大。

抛开这些顾虑，假设程序员模拟的目的是创造一个生命可以存活的宇宙，而且他知道我们在这里，并监控着我们的进化。那么，这与上帝假说有什么不同吗？

杰兰特：二者当然有一些相似之处，即宇宙都是按计划构建和运转的。但是，创造宇宙的意图却完全不同。如果我们的宇宙并非由必然存在的、无所不知的、道德完美的上帝创造出来的，我们就只是一个青少年所做的高中科学实验，只不过这个青少年所在的宇宙比我们的要复杂得多。

卢克：从表面上看，我们只是把问题提升了一个层级。为什么这个宇宙允许生命存在？因为它来自一个允许生命和计算机存在的宇宙。你猜猜，我接下来要问什么问题？

事实上，模拟宇宙似乎比多元宇宙还糟糕。多元宇宙考虑到各种可能的变化，创造出数量庞大的宇宙，生命会在其中某个地方出现。而对模拟宇宙而言，首先要有程序员和计算机。

杰兰特：你说得对，但是有一种方法可以解决这个问题。我们研究过的大多数可能的宇宙都与我们的宇宙有点儿相似，这一点很好理解。我们的宇宙方程受到了物理学家们的极大关注，包括那些我们最擅长解的方程。

即使与我们的预期相反，在可能的物理空间中有一片遥远的绿洲，或者在目之所及的地方有允许生命存在的宇宙也无妨。模拟多元宇宙——如果你愿意接受这种说法——展示了如何从任何一个允许生命存在的宇宙开始，创造出大量其他允许生命存在的宇宙，甚至是经过微调的宇宙。

卢克：我们怎么验证自己是否真的生活在模拟宇宙中？

杰兰特：我们可以寻找证明宇宙是离散的而不是连续的证据，因为这似乎违背了连续的自然法则。

此外，任何懂得计算机编程的人都会告诉你，大部分的程序都是不完美的。漏洞和问题会渐渐显现，并产生令人意想不到的结果。如果我们一直睁大眼睛寻找这些漏洞，也许就能知道这是不是一个模拟宇宙。这不容易做到，因为在不知道代码如何工作的情况，我们怎么能识别出漏洞呢？如果一个漏洞是我们已经发现的宇宙缺陷，该怎么办？比如，如果数值极小的宇宙常数有四舍五入导致的误差，也就是说，计算机的计算结果不能

显示出数字的所有位数，该怎么办？ ①

对话结束了

旁白者：我们的两位宇宙学家都已经很累了。时间不早了，一些奇怪的想法也逐渐变得合情合理了。在太阳下山之前，是时候得出一些结论了。

卢克：有点儿太快了。我的意思是，一切都还无法控制。我们只是单纯地想知道，如果**宇宙**和现在不同，会怎么样。最终，我们梳理了大部分的物理学和宇宙学知识，顺便介绍了概率论，对数学稍加研究，以外行人的身份探究了几个哲学问题，还试图把多元宇宙放入计算机程序。

我尝试着总结一下。一组方程描述了我们对大自然运转方式的理解，我们强烈怀疑这些方程并不是自然的终极规律，而只是一些更深刻、更简单的终极规律的一个特例。我们的定律看起来尤其不足的一个地方，就是方程本身和方程解中存在的自由参数。

为了寻找新观点的线索，物理学家们研究了改变这些参数值后所产生的结果。这些结果往往是灾难性的，对参数的看似微小的调整，就会对宇宙创造并维持生命的能力造成巨大的、无法弥补的破坏。这就是宇宙微调论。

物理学更深层次的理论会告诉我们关于这些参数的什么信息呢？它们可能是数学常数，它们是理论生来就有的，在不改变方程或理论的数学结

---

① 比恩、达沃迪和萨维奇在《宇宙作为数据模拟的限制》（2014）中探讨了这个观点，以及由宇宙是一种计算机模拟的假设所导致的其他一些结果。事实上，康拉德·楚泽在 1969 年就讨论了模拟宇宙。有关更多细节，请参阅弗雷德金的《数字力学：基于可逆万能细胞自动机的信息过程》（1990），沃尔弗拉姆的《一种新科学》（2002，第 1 197 页）和特霍夫特的《决定论细胞自动机与玻色子量子场理论在 1+1 维度中的二元性》（2013）。

构的情况下，是不能改变的。它们也可能是像场一样的动态实体，随时间和空间的变化而变化。在这种情况下，微调论可以给出一种完全不同的解决方案：多元宇宙＋人择原理。有一个庞大的宇宙集合，生命有可能存在于其中的某个角落，而观测者只能看到能够创造观测者的宇宙。

或者，所有这些关于自然终极规律和科学有望给出的最深层次解释的讨论，都把我们引向了一些著名的"大问题"：万物到底为什么存在？为什么这个特定的宇宙会存在？根据自然主义，这些问题都是无法回答的，你只需要说服自己，你并非真的想要一个答案。而根据有神论，一个完美的存在就可以回答这些深层次的问题。上帝这个必然的存在解释了万物存在的原因，他道德上的完美使其更有可能创造出一个像我们的**宇宙**这样允许道德代理人存在的宇宙。不过，这又会引发更多的问题。比如，上帝必然存在的说法成立吗？

杰兰特：我想，我还是坚持多元宇宙理论。我们的宇宙只是庞大宇宙集合中的一个，每个宇宙都有不同的物理定律和物质属质，这些都是在它们诞生之初随机选择的。我们已经知道，几乎所有可能的宇宙都是贫瘠荒芜或者即将坍缩的。不过，我们发现自己身处极少数允许生命存活的宇宙之一，这是因为人择原理在发挥作用。

卢克：对于多元宇宙理论的常见批评意见是不切实际，而且无法验证。我怀疑这是由于我们的宇宙学理论太深奥了，很难利用它们进行预测。我认为，如果某种多元宇宙理论能正确且简单地预测出**宇宙**的常数值和初始条件，那将是非常了不起的成就，（在这个过程中）还避免了玻尔兹曼大脑问题。

但是，那些玻尔兹曼大脑问题还是令人担忧，它可能会导致整个多元宇宙理论陷入困境。

杰兰特：今晚，我要睡一个好觉！有没有什么美好的愿景能让我一边想象一边进入梦乡呢？

卢克：我不能确定它是不是美好，但确实还有另一种观点。我们**宇宙**维系生命的能力，在一定程度上源于它创造恒星的能力。当一颗大质量的恒星在相对短暂的生命尽头坍缩时，会像超新星一样发生猛烈的爆炸。这种爆炸的强度可能非常之大，以至于恒星核心的密度会被压缩到难以想象的程度，然后形成一个黑洞。李·斯莫林从理论上说明（在物理学中，从理论上说明有时意味着"利用方程预测"）以这种方式形成的黑洞，可能会催生一个婴儿宇宙，这个新宇宙将与它的父辈非常相似。

杰兰特：真的吗？创造一个黑洞实际上就是创造了一个全新的宇宙？

卢克：是的。一旦你有了一个能够创造恒星和黑洞的宇宙，它就会开始创造和自己一样的婴儿宇宙，这些新宇宙中也有恒星和黑洞。在婴儿宇宙中形成的黑洞又会创造出更多的宇宙，然后会有越来越多的宇宙后代。就这样，我们有了能够自我复制的宇宙！

如果你在多元宇宙的背景下思考这一理论，就意味着通过不断产生的宇宙后代，大部分宇宙都是有恒星和黑洞的。也许，生命就能在这些宇宙中找到一个由恒星提供能量的地方。于是，多元宇宙中的大多数宇宙都允许生命存在。

杰兰特：那么，能够承载生命的宇宙将变成常态，而不再是罕见的意外。

卢克：没错儿。尽管你还是需要想办法创造出第一个能产生黑洞的宇宙，但至少看起来还是很容易做到的，让引力去大显身手吧。

事实上，黑洞太容易形成了，可能会导致这个观点也陷入困境。在大爆炸时期凹凸不平的宇宙或者在暴胀涨落的宇宙中，直接形成黑洞更容易一些，而无须先形成恒星。而且，这种观点背后的物理学原理也只是猜测。

那么，模拟宇宙的观点怎么样呢？我们都在一个精心设计的计算机模拟宇宙中，创造这个宇宙的"程序员"是一个来自多维世界的存在。这个画面对你有吸引力吗？

杰兰特：没有，我没什么特别的。生命的目的就是生存，而不管是谁或是什么让它们存在。

旁白者：现在，两位宇宙学家都默默地看着窗外的公园。他们注意到太阳正从地平线上慢慢消失，寒意和黑暗渐渐袭来。他们决定结束这次对话。

杰兰特：我们会凭借什么样的方式知道答案呢？

卢克：还需要克服一些障碍。对于自然规律更深刻的了解，以及新的利用中微子或引力波的探测方法或许有助于我们进一步了解宇宙的起源。

杰兰特：没错儿。我们需要量子引力理论。其他的力在宇宙早期的演化过程中一定扮演了重要的角色，但广义相对论和量子力学的数学框架却完全无法兼容。而且，没有人知道该如何把它们统一起来。

那么，弦理论、圈量子引力论，以及我们在《新科学家》和《科学美国人》杂志的显著位置上看到的其他有趣的理论呢？

卢克：是的，这些领域已经有了一些研究成果，但没有任何实验证据的支持。人们对弦理论最初的乐观态度正在消退，对于万有理论的研究也已经很久没有进展了，至少还要等 10 年。

杰兰特：如果根本没有万有理论，会怎么样？

卢克：说来有趣，我认为我们可以在这里做一个简要的人择论证。自然法则似乎比生命所需的更加精炼。我们可以很轻易地在不影响宇宙创造生命的能力的前提下使自然法则变得糟糕一些。然而，我们的宇宙却没有这些糟糕的特点。这表明自然法则的简单性在减弱，所有万有理论还是有希望出现的。

主要问题在于我们发现不了正确的法则，因为我们没有利用正确的数学语言。但数学纯粹靠思考，所以我们只要更努力地思考即可。

杰兰特：如果我们没有万有理论，能通过"宇宙大爆炸"找到宇宙的起源吗？

卢克：我不知道，但看起来不大可能。我们将看到，只要我们的近似值是有效的，就无法进行下一步。

与此同时，我们可能仍然找不到能够验证我们观点的任何方法，我们仍然只有不完整的证据。在这种情况下，我们要努力保持清醒的头脑，考虑到所有的选择，并小心自己的偏见。

杰兰特：这让我想起了什么。

卢克：当然，但今天不行了。时间太晚了，我必须回家。不管还有多少毫无生机的贫瘠宇宙，至少在这个世界上，我还有两个需要我帮他们洗澡的孩子。

杰兰特：是啊。此刻，这个宇宙已经足够我们应付的了。晚安！

旁白者：两位宇宙学家向着不同的方向走去，他们的身影渐渐消失在夜幕中。

致　谢

"为什么不去做呢？"多亏了这句话，才有了这本书。当杰兰特说自己一直很想写一本书的时候，杰出的科学传播者卡尔·克鲁兹尔尼奇博士对他说了这句话。从此以后，卡尔博士就成了我们源源不断的信息、灵感和动力来源。

尽管写书是一个挑战，但图书出版和印刷的过程要神秘得多，对两位完全不了解图书行业的宇宙学家来说尤其如此。但是，来自剑桥大学出版社的文斯·希格斯和我们在迈克尔咖啡馆的一次谈话，让我们坚定了出版这本书的决心。这本书能与读者见面，多亏他堪称典范的支持、帮助和专业素养，他值得拥有我们最诚挚的谢意。

不论距离远近，我们的很多同人都为这本书做出了贡献。感谢麦克·欧文和罗德里戈·伊巴塔为我们提供天文图像，以及帕斯卡·伊拉希所做的宇宙模拟。还有很多人与我们就微调论进行过交谈、争论和激烈辩论，但鉴于人数太多，无法在这里一一列出。我们希望这本书能让你们相信，这个看似微不足道的问题其实很重要。

我们还要感谢那些愿意阅读这本书初稿的勇士们，他们是：尼克·贝特、乔恩·夏普和剑桥大学出版社的匿名评论者。我们也很感谢罗宾·柯林斯、特伦特·多尔蒂、艾伦·汉林、纳光弘木内、汤姆·墨科、马特·佩恩、乔希·拉斯马森、布拉德·瑞特勒、麦克·罗亚、丹尼尔·卢比奥和斯图尔特·斯塔尔。

朋友是我们生活中至关重要的一部分，杰兰特感谢在过去 30 年中与他不定期见面的马特和乔恩，他们给他带来了很多欢笑和勇气。我们还要感谢罗德里戈的友情和充满智慧的观点，从物理学到经济学，从历史学到生物学，以及上帝末日假说。

我们从家人那里获得了无限的爱与支持。语言根本不足以表达我们的感情，但杰兰特还是要对布林和迪伦说，"你们从出生的那一刻起，就是我一生中最重要和最美好的存在。要不是有兹登卡，你们对我来说还会更加美好和重要。"杰兰特还要对他的父母和哥哥说，"希望这本书能让你们知道他实际上是靠什么谋生的！"

卢克要感谢杰兰特邀请他作为这本书的合著者，还有他标志性的值得信赖的急性子。卢克还要特别感谢在他进行微调论讲座时所有与他互动的观众，特别是参加 2011 年和 2015 年圣托马斯夏季宗教哲学研讨会的哲学家们，以及研讨会的组织者麦克·罗塔和迪恩·齐默尔曼。

卢克要感谢伯纳黛特，拥有这样一位愿意支持他写书、旅行、每周六下午陪他打板球，还会弹奏低音尤克里里的妻子，简直"远胜一切"，伯纳黛特真是太了不起了。卢克要对他的孩子说，"你们是这个星球上最可爱的孩子，感谢你们在每天早上我去上班前都坚持和我拥抱、亲吻和击掌。"卢克要对他的父母和兄弟姐妹说，"感谢你们不变的爱与支持。有关'盒子里的光子'问题，详见这本书第 6 章。"

如果要对崭露头角的作家说些什么，那就是把握今天，打开崭新的文档，把该发的邮件发出去，要记住运气确实会眷顾勇敢者。

关于宇宙微调论有大量的文献，既有科普类的，也有专业类的。

科普类

《六个数》（*Just Six Numbers*），马丁·里斯。强烈推荐，这位皇家天文学家绝不会让你失望，本书的重点全部放在了宇宙学和天体物理学方面。里斯清楚地阐述了包括暴胀在内现代宇宙学思想，并对多元宇宙进行了强有力的辩护。

《金发之谜》（*The Goldilocks Enigma*），保罗·戴维斯。戴维斯是一位优秀的作家，而且一直是这一领域的重要贡献者。他很擅长讨论物理学，尤其是希格斯机制。当他误入到形而上学的思想时，仍然进行了全面缜密地思考。

《宇宙景观：弦理论与智慧设计论的错觉》（*The Cosmic Landscape：String Theory and the Illusion of Intelligent Design*），李奥纳特·苏士侃。萨斯坎德是一个很棒的解释者，他的许多在线讲座都能证明这一点。

《大自然的常数》（*Constants of Nature*），约翰·巴罗。这本书讨论了自然常数背后的物理学问题，很好地展现了现代物理学、宇宙学和它们与数学的关系，其中还包括一章对人择原理和多元宇宙的讨论。

《宇宙学：宇宙的科学》（*Cosmology：The Science of the Universe*），爱德华·哈里森。宇宙学最好的入门图书之一。除了有关宇宙生命和多元宇宙的章节以外，整本书都值得一读。

《宇宙逍遥》（*At Home in the Universe*），约翰·惠勒。这是一本有思想也很有趣的散文集，其中一些内容涉及人择问题。

《灵巧的宇宙》（*The Ambidextrous Universe*），马丁·加德纳。讨论了宇宙中对称和不对称的重要性，非常有趣。

《微调论的谬误：为什么宇宙不是为我们、上帝和多元宇宙设计的》（*the fallacy of fine-tuning：why the universe is not designed for us and god and the multiverse*），维克多·斯坦格。这本书提出了不同的观点。斯坦格认为物理学已经解决了微调论的所有问题，而不需要多元宇宙。下面要提及的卢克写的科学综述中有一部分是对这本书的回应，并且发现了很多瑕疵。

专业类

《人择宇宙学原理》（*The Cosmological Anthropic Principle*），约翰·巴罗和弗兰克·提普勒。领域内的标杆。即使你不能理解文中的公式，这本书还是值得一读的，因为论述非常清楚。最后几章的内容猜测的成分相当大，但显然你可以对此持保留态度。

《宇宙或多元宇宙》（*Universe or Multiverse*），由伯纳德·卡尔选编，其中包含这一领域内大多数专家的大量论文。

综述类

微调论来源于保罗·狄拉克提出的所谓"大数假说"，以及亚瑟·爱丁顿、乔治·伽莫夫等人的相关研究。当罗伯特·迪克用人择原理解释大数重合时，人们才开始重视微调论。在下面这些领域内的经典论文中，迪克的观点得到了验证和延伸：

- 《大数重合与宇宙学中的人择原理》，卡特（1974）。
- 《人择原理与物理世界的结构》，卡尔和里斯（1979）。
- 《人择原理》，戴维斯（1983）。

还有一些论文尽管没有讨论微调论，却展示了宇宙的宏观特征与基本常数值之间的关系。如果你不介意有一点儿偏数学的话，这些论文读起来也是很有意思的。

- 《宏观物理学现象与基本常数值的关系》，普雷斯和莱特曼（1983）。
- 《日常生活中标准模型的18个任意参量》，卡恩（1998）。

这里有几篇很好的综述文章，是按照专业程度从低到高的顺序排列的。

- 《了解我们宇宙中的微调》，科恩（2008）。详细介绍了恒星中原子核结合和核合成的微调，主要针对本科物理系的学生。
- 《宇宙学中的数字巧合与"调谐"》，里斯（2003）。
- 《宇宙为什么是这样的》，霍根（2000）。该领域的一篇很好的综述，包含最新的研究成果，也是最先将人为约束拓展到大统一理论的论文之一。
- 《宇宙的智能生命微调》，巴恩斯（2012）。这是继霍根2000年完成综述之后，卢克对领域内所完成的重要工作进行的又一次全面回顾。

•《粒子物理学与弦理论之间的生命》，谢莱肯斯（2013）。以弦理论学家的角度所写的一篇范围很广的综述。

•《不同的常数、引力与宇宙》，乌赞（2011）。微调论的研究领域和对这个宇宙中基本常数变化的研究是有重叠的，原因显而易见，二者都是在问"如果基本常数发生改变，会怎么样？"乌赞对于这个问题进行了全面的概述。

哲学类

莱斯利（1989）所著的《宇宙》一书非常清楚地阐释了我们应该从微调论中得出什么样的结论。还有一些是关于现代宇宙学中提到的一些哲学问题，包括微调论在内的一般性综述，比如埃利斯（2006）写的《宇宙学中的哲学问题》和史明克（2013）写的《宇宙哲学》。

哲学家对宇宙生命微调论如此感兴趣的一部分原因是，在它讨论上帝是否存在时，常常把微调论作为前提。在我们看来，很多关于微调论的文献，无论是赞成还是反对，都严重偏题。一些比较好的文章有《现代物理学与古老信仰》（巴尔，2003）《上帝的存在》（斯温伯恩，2004）《有神论与终极解释》（奥康纳，2008）和《目的论论证：一次对于宇宙微调论的探索》（柯林斯，与克雷格和莫尔兰合作完成，2009）。

不出意料的是，下面这些文章的主张仍然饱受争议：《逻辑与有神论》（索贝尔，2009）《关于上帝的争论》（奥普拉，2009）和《宇宙需要上帝吗？》（卡罗尔，2012）。

Adams, Fred C. (2008). Stars in Other Universes: Stellar Structure with Different Fundamental Constants. *Journal of Cosmology and Astroparticle Physics*, **08**, 010.

Adams, Fred C. and Gregory Laughlin (1997). A Dying Universe: The Long Term Fate and Evolution of Astrophysical Objects. *Reviews of Modern Physics*, **69**(2), 337–372.

Aguirre, Anthony (2001). Cold Big-Bang Cosmology as a Counterexample to Several Anthropic Arguments. *Physical Review D*, **64**, 083508.

Albert, David Z. (2000). *Time and Chance*. Cambridge, MA; London: Harvard University Press.

Albrecht, Andreas and Lorenzo Sorbo (2004). Can the Universe Afford Inflation? *Physical Review D*, **70**, 063528.

Aldrich, John (2008). R. A. Fisher on Bayes and Bayes' Theorem. *Bayesian Analysis*, **3**(1), 161–170.

Augustine (415). *De Genesi Ad Litteram*. Translated and annotated by John Hammond Taylor (1982). New York: The Newman Press.

Augustine (420). *Enchiridion: On Faith, Hope, and Love*. Translated by Albert C. Outler. Philadelphia: Westminster Press, 1955.

Banks, Tom (2012). The Top 10^{500} Reasons Not To Believe in the String Landscape. arXiv:1208.5715.

Barnes, Luke (2012). The Fine-Tuning of the Universe for Intelligent Life. *Publications of the Astronomical Society of Australia*, **29**(4), 529–564.

Barnes, Luke (2014). Cosmology Q & A. *Australian Physics*, **51**, 42–46.

Barr, Stephen M. (2003). *Modern Physics and Ancient Faith*. Notre Dame, IN: University of Notre Dame Press.

Barr, Stephen M. and Almas Khan (2007). Anthropic Tuning of the Weak Scale and of m_u/m_d in Two-Higgs-Doublet Models. *Physical Review D*, **76**, 045002.

Barrow, John (2002). *The Constants of Nature: The Numbers That Encode the Deepest Secrets of the Universe*. London: Pantheon Books.

Barrow, John D. and Frank J. Tipler (1986). *The Anthropic Cosmological Principle*. Oxford: Clarendon Press.

Beane, Silas R., Zohreh Davoudi and Martin J. Savage (2014). Constraints on the Universe as a Numerical Simulation. *The European Physical Journal A*, **50** (148), 9–17.

Berry, Michael (1978). Regular and Irregular Motion. In S. Jorna, ed., *Topics in Nonlinear Dynamics*. New York: American Institute of Physics.

Boltzmann, Ludwig (1895). On Certain Questions of the Theory of Gases. *Nature*, **51**, 413–415.

Brandenberger, Robert H. (2008). String Gas Cosmology. arXiv:0808.0746.

Burgess, Cliff and Guy Moore (2007). *The Standard Model: A Primer*. Cambridge: Cambridge University Press.

Cahn, Robert (1996). The Eighteen Arbitrary Parameters of the Standard Model in Your Everyday Life. *Reviews of Modern Physics*, **68**, 951–959.

Carr, Bernard (ed.) (2009). *Universe or Multiverse?* Cambridge: Cambridge University Press.

Carr, Bernard J. and Martin J. Rees (1979). The Anthropic Principle and the Structure of the Physical World. *Nature*, **278**(12), 605–612.

Carroll, Lewis (1871). *Through the Looking-Glass, and What Alice Found There*. New York: Macmillan.

Carroll, Sean M. (2006). Is Our Universe Natural? *Nature*, **440**, 1132–1136.

Carroll, Sean M. (2010). *From Eternity to Here: The Quest for the Ultimate Theory of Time*. Oxford: Oneworld Publications.

Carroll, Sean M. (2012). Does the Universe Need God? In J. B. Stump and Alan G. Padgett, eds., *The Blackwell Companion to Science and Christianity*. Chichester: Wiley-Black.

Carroll, Sean M. (2014). In What Sense Is the Early Universe Fine-Tuned? arXiv:1406.3057.

Carroll, Sean M. and Heywood Tam (2010). Unitary Evolution and Cosmological Fine-Tuning. arXiv:1007.1417.

Carter, Brandon (1974). Large Number Coincidences and the Anthropic Principle in Cosmology. in M. S. Longair, ed., *Confrontation of Cosmological Theories With Observational Data*. Dordrecht: D. Reidel.

Cathcart, Brian (2004). *The Fly in the Cathedral: How a Small Group of Cambridge Scientists Won the Race to Split the Atom*. London: Viking.

Chalmers, David (1996). *The Conscious Mind: In Search of a Fundamental Theory*. New York: Oxford University Press.

Close, Frank (2011). *The Infinity Puzzle: Quantum Field Theory and the Hunt for an Orderly Universe*. New York: Basic Books.

Cohen, Bernard (2008). Understanding the Fine Tuning in Our Universe. *The Physics Teacher*. **46**, 285–289.

Cook, Matthew (2004). Universality in Elementary Cellular Automata. *Complex Systems*, **15**(1), 1–40.

Craig, William Lane and J. P. Moreland (eds.) (2009). *The Blackwell Companion to Natural Theology*. Oxford: Wiley-Blackwell.

Dass, Tulsi (2005). Measurements and Decoherence. arXiv:quant-ph/0505070.

Davies, Paul. C. W. (1983). The Anthropic Principle. *Progress in Particle and Nuclear Physics*, **10**, 1–38.

Davies, Paul. C. W. (2006). *The Goldilocks Enigma: Why Is the Universe Just Right for Life?* London: Allen Lane.

Davies, Paul. C. W. (2010). *The Eerie Silence*. Boston; New York: Houghton Mifflin Harcourt.

Dawkins, Richard (1995). Reply to Michael Poole. *Science and Christian Belief*, **7**(1), 48–49.

Dawkins, Richard (2006). *The God Delusion*. London: Bantam Press.

Diamond, Jared (2005). *Collapse: How Societies Choose to Fail or Survive*. London: Viking Penguin.

Dine, Michael and Alexander Kusenko (2003). The Origin of the Matter-Antimatter Asymmetry. *Reviews of Modern Physics*, **76**(1), 1–30.

Dingle, Herbert (1953). On Science and Modern Cosmology (Presidential Address). *Monthly Notices of the Royal Astronomical Society*, **113**, 393–407.

Eagle, Antony (2011). *Philosophy of Probability: Contemporary Readings*. London: Routledge.

Eddington, Arthur S. (1928). *The Nature of the Physical World*. Cambridge: Cambridge University Press.

Ellis, George F. R. (2007). Issues in the Philosophy of Cosmology. In Jeremy Butterfield and John Earman, eds., *Handbook in Philosophy of Physics*. Amsterdam: North Holland.

Epelbaum, Evgeny, Hermann Krebs, Dean Lee and Ulf-G. Meißner (2011). Ab Initio Calculation of the Hoyle State. *Physical Review Letters*, **106**(19), 192501.

Epelbaum, Evgeny, Hermann Krebs, Timo A. Lähde, Dean Lee and Ulf-G. Meißner (2013). Viability of Carbon-Based Life as a Function of the Light Quark Mass. *Physical Review Letters*, **110**(11), 112502.

Evrard, Guillaume and Peter Coles (1995). Getting the Measure of the Flatness Problem. *Classical and Quantum Gravity*, **12**(10), L93.

Feser, Edward (2009). *Aquinas (A Beginner's Guide)*. Oxford: Oneworld Publications.

Feynman, Richard P. (1965). *The Character of Physical Law*. Cambridge, MA: MIT Press.

Feynman, Richard P. (1988). *QED. The Strange Theory of Light and Matter*. Princeton, NJ: Princeton University Press.

Feynman, Richard, Robert B. Leighton and Matthew L. Sands (1970). *The Feynman Lectures on Physics (3 Volume Set)*. Boston: Addison Wesley Longman.

Fowler, William A. (1966). The Stability of Supermassive Stars. *The Astrophysical Journal*, **144**, 180–200.

Fredkin, Edward (1990). Digital Mechanics: An Informational Process Based on Reversible Universal Cellular Automata. *Physica*, **D45**, 254–270.

Gamow, George (1965). *Mr. Tompkins in Paperback*. Cambridge: Cambridge University Press.

Gardner, Martin (1964). *The Ambidextrous Universe*. New York: Basic Books.

Gardner, Martin (1970). Mathematical Games: The Fantastic Combinations of John Conway's New Solitaire Game 'Life'. *Scientific American*, **223**, 120–123.

Gibbons, Gary W. and Neil Turok (2008). Measure Problem in Cosmology. *Physical Review D*, **77**, 6, 063516.

Gleick, James (2012). *The Information: A History, A Theory, A Flood*. New York: Vintage Books.

Goldacre, Ben (2009). *Bad Science: Quacks, Hacks, and Big Pharma Flacks*. London: Fourth Estate.

Goldacre, Ben (2014). *Bad Pharma: How Drug Companies Mislead Doctors and Harm Patients*. London: Faber & Faber.

Greene, Brian (1999). *The Elegant Universe*. New York: W. W. Norton.

Gribbin, John (1985). *In Search of the Double Helix*. New York: McGraw-Hill.

Gross, David J. (1996). The Role of Symmetry in Fundamental Physics. *Proceedings of the National Academy of Sciences USA*, **93**(25), 14256–14259.

Guy, R. K. (2008). John H. Conway. In D. J. Albers and G. L. Alexanderson, eds., *Mathematical People: Profiles And Interviews*, 2nd edn. Wellesley, Massachusetts: A K Peters, Ltd.

Hall, Lawrence J., David Pinner and Joshua T. Ruderman (2014). The Weak Scale from BBN. *Journal of High Energy Physics*, **12**(134), 29.

Harnik, Roni, Graham D. Kribs and Gilad Perez (2006). A Universe Without Weak Interactions. *Physical Review D*, **74**, 035006.

Harrison, Edward (2000). *Cosmology: The Science of the Universe*. Cambridge: Cambridge University Press.

Hawking, Stephen W. (1988). *A Brief History of Time: From the Big Bang to Black Holes*. New York: Bantam Books.

Hawking, Stephen W. and Don N. Page (1988). How Probable Is Inflation? *Nuclear Physics B*, **298**, 789–809.

Helbig, Phillip (2012). Is There a Flatness Problem in Classical Cosmology? *Monthly Notices of the Royal Astronomical Society*, **421**, 561–569.

Hogan, Craig J. (2000). Why the Universe Is Just So. *Reviews of Modern Physics*, **72**, 1149–1161.

Hogan, Craig J. (2009). Quarks, Electrons, and Atoms in Closely Related Universes. In Bernard Carr, ed., *Universe or Multiverse?* Cambridge: Cambridge University Press.

Hollands, Stefan and Robert M. Wald (2002). Essay: An Alternative to Inflation. *General Relativity and Gravitation*, **34**, 2043–2055.

Holt, Jim (2012). *Why Does The World Exist? One Man's Quests for the Big Answer*. London: Profile Books.

Hoyle, Fred (1950). *The Nature of the Universe*. Oxford: Blackwell.

Hoyle, Fred (1957). *The Black Cloud*. London: William Heinemann Ltd.

Hoyle, Fred (1994). *Home Is Where the Wind Blows: Chapters from a Cosmologist's Life*. California: University Science Books.

Hume, David (1779). *Dialogues Concerning Natural Religion*. Web edition published by eBooks@Adelaide: ebooks.adelaide.edu.au/h/hume/david/h92d

Jaynes, Edwin (2003). *Probability Theory: The Logic of Science*. Cambridge: Cambridge University Press.

Jeans, James (1931). *The Stars in Their Courses*. Cambridge: Cambridge University Press.

Kofman, Lev, Andrei Linde and Viatcheslav Mukhanov (2002). Inflationary Theory and Alternative Cosmology. *Journal of High Energy Physics*, **10**, 057.

Kragh, Helge (2010). When Is a Prediction Anthropic? Fred Hoyle and the 7.65 Mev Carbon Resonance. philsci-archive.pitt.edu/5332/

Kreeft, Peter (1990). *A Summa of the Summa*. San Francisco: Ignatius Press.

Leslie, John (1989). *Universes*. London: Routledge.

Li, Ming and Paul M. B. Vitányi (2008). *An Introduction to Kolmogorov Complexity and Its Applications*. New York: Springer-Verlag.

Livio, M., D. Hollowell, J. W. Truran and A. Weiss (1989). The Anthropic Significance of the Existence of an Excited State of C-12. *Nature*, **340**(6231), 281–284.

Loeb, Abraham (2014). The Habitable Epoch of the Early Universe. *International Journal of Astrobiology*, **13**(4), 337–339.

MacDonald, J. and D. J. Mullan (2009). Big Bang Nucleosynthesis: The Strong Nuclear Force Meets the Weak Anthropic Principle. *Physical Review D*, **80**(4), 043507.

McGrayne, Sharon (2012). *The Theory That Would Not Die*. New Haven, CT: Yale University Press.

McGrew, Timothy, Lydia McGrew and Eric Vestrup (2003). Probabilities and the Fine-Tuning Argument. In Neil Manson, ed., *God and Design*. London: Routledge.

Mears, Ray (2003). *The Real Heroes of Telemark*. London: Hodder & Stoughton.

Meißner, Ulf-G. (2015). Anthropic Considerations in Nuclear Physics. *Science Bulletin*, **60**(1), 43–54.

Mitton, Simon (2011). *Fred Hoyle: A Life in Science*. Cambridge: Cambridge University Press.

Nussbaumer, Harry and Lydia Bieri (2009). *Discovering the Expanding Universe*. Cambridge: Cambridge University Press.

O'Connor, Timothy (2008). *Theism and Ultimate Explanation*. London: Wiley-Blackwell.

Olive, K. A. et al. (Particle Data Group) (2014). Review of Particle Physics. *Chinese Physics C*, **38**, 090001.

Oppy, Graham (2009). *Arguing About Gods*. Cambridge: Cambridge University Press.

Osler, Margaret J. (2010). Myth 10. That the Scientific Revolution Liberated Science from Religion. In Ronald L. Numbers, ed., *Galileo Goes to Jail and Other Myths about Science and Religion*. Cambridge, MA: Harvard University Press.

Page, Don N. (1983). Inflation Does Not Explain Time Asymmetry. *Nature*, **304**, 39–41.

Penrose, Roger (1979). Singularities and Time Asymmetry. In W. Israel and S.W. Hawking, eds., *General Relativity: An Einstein Centenary Survey*. Cambridge: Cambridge University Press.

Penrose, Roger (2004). *The Road to Reality: A Complete Guide to the Laws of the Universe*. London: Vintage.

Pochet, T., J. M. Pearson, G. Beaudet and H. Reeves (1991). The Binding of Light Nuclei, and the Anthropic Principle. *Astronomy and Astrophysics*, **243**(1), 1–4.

Polchinski, Joseph (2006). The Cosmological Constant and the String Landscape. arXiv:hep-th/0603249.

Pratchett, Terry. (1994). *Soul Music*. London: Victor Gollancz.

Press, William H. and Alan P. Lightman (1983). Dependence of Macrophysical Phenomena on the Values of the Fundamental Constants. *Philosophical Transactions of the Royal Society A*, **310**(1512), 323–336.

Rees, Martin (2001). *Just Six Numbers: The Deep Forces That Shape The Universe*. New York: Basic Books.

Rees, Martin (2003). Numerical Coincidences and 'Tuning' in Cosmology. In N. C. Wickramasinghe, Geoffrey Burbidge and J. V. Narlikar, eds., *Fred Hoyle's Universe*. Dordrecht, The Netherlands: Kluwer.

Reia, Sandro and Osame Kinouchi (2014). Conway's Game of Life Is a Near-Critical Metastable State in the Multiverse of Cellular Automata. *Physical Review E,* **89** (5), 052123.

Rovelli, Carlo (2015). Aristotle's Physics: A Physicist's Look. *Journal of the American Philosophical Association,* 1(01), 23–40.

Schellekens, A. N. (2013). Life at the Interface of Particle Physics and String Theory. *Reviews of Modern Physics,* **85,** 1491–1540.

Schilpp, P. (ed.) (1969). *Albert Einstein: Philosopher-Scientist.* Peru, IL: Open Court Press.

Schneider, Nathan (2013). *God in Proof: The Story of a Search from the Ancients to the Internet.* Berkeley: University of California Press.

Schrödinger, Erwin (1935). Die gegenwärtige Situation in der Quantenmechanik (The Present Situation in Quantum Mechanics). *Naturwissenschaften,* **23**(49), 823–828.

Seuss, Dr (1954). *Horton Hears a Who!* New York: Random House.

Silver, Nate (2015). *The Signal and the Noise.* New York: Penguin Books.

Smeenk, C. (2013). Philosophy of Cosmology. In R. Batterman, ed., *Oxford Handbook of Philosophy of Physics.* New York: Oxford University Press.

Smolin, Lee (1997). *The Life of The Cosmos.* New York: Oxford University Press.

Sobel, Jordan Howard (2009). *Logic and Theism.* Cambridge: Cambridge University Press.

Stenger, Victor (2011). *The Fallacy of Fine-Tuning: Why the Universe Is Not Designed for Us.* New York: Prometheus Books.

Storrie-Lombardi, Lisa J. and Arthur M. Wolfe (2000). Surveys for $z > 3$ Damped Lyα Absorption Systems: The Evolution of Neutral Gas. *The Astrophysical Journal,* **543**(2), 552–576.

Susskind, Leonard (2005). *The Cosmic Landscape: String Theory and the Illusion of Intelligent Design.* New York: Little, Brown and Company.

Susskind, Leonard and George Hrabovsky (2014). *Classical Mechanics: The Theoretical Minimum.* London, Penguin Books.

Swinburne, Richard (2004). *The Existence of God.* Oxford: Oxford University Press.

't Hooft, Gerard (2013). Duality Between a Deterministic Cellular Automaton and a Bosonic Quantum Field Theory in 1+1 Dimensions. *Foundations of Physics,* **43**(5), 597–614.

Taleb, Nassim Nicholas (2010). *The Black Swan.* New York: Random House.

Tegmark, Max (1997). Letter to the Editor: On the Dimensionality of Spacetime. *Classical and Quantum Gravity,* **14**(4), L69–75.

Tegmark, Max. (1998). Is 'The Theory of Everything' Merely the Ultimate Ensemble Theory? *Annals of Physics,* **270**(1), 1–51.

Tegmark, Max and Martin J. Rees (1998). Why Is the Cosmic Microwave Background Fluctuation Level 10^{-5}? *The Astrophysical Journal*, **499**(2), 526–532.

Tegmark, Max, Alexander Vilenkin and Levon Pogosian (2005). Anthropic Predictions for Neutrino Masses. *Physical Review D*, **71**(10), 103523.

Tegmark, Max, Anthony Aguirre, Martin Rees and Frank Wilczek (2006). Dimensionless Constants, Cosmology, and Other Dark Matters. *Physical Review D*, **73**(2), 023505.

Turok, Neil (2002). A Critical Review of Inflation. *Classical and Quantum Gravity*, **19**, 3449.

Uzan, Jean-Philippe (2011). Varying Constants, Gravitation and Cosmology. *Living Reviews in Relativity*, **14**(2).

Vallentin, Antonina (1954). *Einstein: A Biography*. Translated from the French by Moura Budberg. London: Weidenfeld and Nicolson.

Ward, Keith (2009). *Why There Almost Certainly Is a God*. Oxford: Lion Hudson.

Way, M. J. and D. Hunter (eds.) (2013). *Origins of the Expanding Universe: 1912–1932*. ASP Conference Series 471, San Francisco: Astronomical Society of the Pacific.

Weinberg, Steven (1987). Anthropic Bound on the Cosmological Constant. *Physical Review Letters*, **59**, 2607–2610.

Weinberg, Steven (1993). *Dreams of a Final Theory*. London: Vintage Books.

Weinert, Friedel (2004). *The Scientist as Philosopher: Philosophical Consequences of Great Scientific Discoveries*. New York: Springer.

Wheeler, John (1994). *At Home in the Universe*. New York: American Institute of Physics.

White, John D. (1979). God and Necessity. *International Journal for Philosophy of Religion*, **10**, 177.

Williams, Bernard (1978). *Descartes: The Project of Pure Reason*. New York: Penguin.

Winsberg, Eric (2012). Bumps on the Road to Here (from Eternity). *Entropy*, **14**(3), 390–406.

Wolfram, Stephen (1984). Universality and Complexity in Cellular Automata. *Physica D: Nonlinear Phenomena*, **10**(2), 1–35.

Wolfram, Stephen (2002). *A New Kind of Science*. Champaign, IL: Wolfram Media.

Zurek, Wojciech H. (2002). Decoherence and the Transition from Quantum to Classical: Revisited. arXiv:quant-ph/0306072.

Zuse, Konrad (1969). *Rechnender Raum (Calculating Space)*. Braunschweig: Friedrich Vieweg & Sohn.